Wirtschaftswachstum

Wirtschaftswachstum

Beiträge zur ökonomischen Theorie und Politik

Herausgegeben von

RUDOLF SCHILCHER

Walter de Gruyter & Co. · Berlin 1964

vormals G. J. Göschen'sche Verlagshandlung · J. Guttentag, Verlagsbuchhandlung · Georg Reimer · Karl J. Trübner · Veit & Comp.

Archiv-Nr. 1 364 641. — Satz und Druck: Deutsche Zentraldruckerei, Berlin 61. — Printed in Germany.

Vorwort

Dieses Buch ist Prof. Dr. ANDREAS PAULSEN zugeeignet, der am 4. März 1964 sein fünfundsechzigstes Lebensjahr vollendet.

Paulsen widmet sich in Forschung und Lehre zunehmend den Themen Wirtschaftswachstum und Wirtschaftliche Entwicklung. Durch Beiträge zu diesem Problemkreis wollen die Verfasser ihrem Lehrer, durch Unterstützung ihres Vorhabens will der Verlag seinem Autor Dank und Verbundenheit bekunden.

In den Aufsätzen werden zunächst einzelne Aspekte der Theorie des Wachstums untersucht, sodann Fragen der Methode behandelt und schließlich Beispiele praktischer Probleme geboten. Dabei wurde Vertiefung in der einzelnen Problematik versucht, nicht aber Vollständigkeit im Hinblick auf das Gesamtthema erstrebt, das in einigen Beiträgen unmittelbar angesprochen, durch andere indirekt beleuchtet werden sollte.

Rudolf Schilcher

Inhalt

Wolfram Libbert, Dr. rer. pol., Berlin

Wachstum und Unternehmergewinne 9

Wilhelm Wedig, Diplom-Volkswirt, Berlin

Zur Problematik der Behandlung autonomer Investierungen in Wachstumsmodellen 21

Wolfgang Möller, Diplom-Volkswirt, Berlin

Technischer Fortschritt und Faktorsubstitution 34

Günter Ollenburg, Dr. rer. pol., Berlin

Der Akzelerator: Makro- oder Mikrotheorie? 41

Heinz Langen, Prof. Dr. rer. pol., Mannheim

Die Abhängigkeit betrieblicher Bareinnahmen von evolutorisch verlaufenden Umsätzen 61

Manfred Liebrucks, Dr. rer. pol., Berlin

Wachstumsstabilisierung durch den Pigou-Effekt 72

Rudolf Schilcher, Prof. Dr. rer. pol., Berlin

Inflation und Wirtschaftswachstum 79

Werner Jung, Dr. rer. pol., Berlin

Zur Frage der Anwendungsmöglichkeiten der Marxschen Theorie der Profitrate bei der Analyse der kapitalistischen Entwicklung 95

Friedrich Jonas, Dr. rer. pol., Münster

Betrachtungen über einen Essay von Alfred Marshall 117

Wolfgang Wetzel, Prof. Dr. rer. pol., Kiel

Zum Problem der unverzerrten Schätzung von Wachstumsraten 131

Gerhard Zeitel, Prof. Dr. rer. pol., Mannheim

Der Einfluß veränderter Vorleistungen in einzelnen Unternehmensbereichen auf Produktivität, Wirtschaftlichkeit und Preise 138

Klaus Dieter Arndt, Dr. rer. pol., Berlin

Anwendung und Zuverlässigkeit vierteljährlicher Gesamtrechnungen 153

Ingeborg Köhler-Rieckenberg, Dr. rer. pol., Berlin

Wachstumsprobleme der USA 176

Horst Seidler, Dr. rer. pol., Berlin

Grundfragen wirtschaftlichen Wachstums der Insel Mauritius 183

Wachstum und Unternehmergewinne

Wolfram Libbert

Die in der Regel überproportionale Zunahme der Unternehmereinkommen in Zeiten beschleunigten Wirtschaftswachstums gehört zu den von der Wirtschaftstheorie seit geraumer Zeit erkannten und auch von der empirischen Wirtschaftsforschung hinlänglich belegten Begleiterscheinungen der wirtschaftlichen Entwicklung. Allerdings ist dieser Parallelverlauf des Anteils der Unternehmereinkommen am Sozialprodukt und der Höhe der Zuwachsrate stets unter konjunkturellen und somit kurzfristigen Aspekten betrachtet worden. Ein Ansatz, eine generelle, unmittelbare Abhängigkeit der Gewinne vom Verlauf des langfristigen Wachstumstrends nachzuweisen, ist bisher noch nicht vollzogen worden. In der vorliegenden Studie soll der Versuch unternommen werden, den genannten Zusammenhang nachzuweisen.

Es ist hier nicht beabsichtigt, anderen Konzeptionen über das Entstehen des Unternehmergewinns eine neue Theorie gegenüberzustellen. Es dürfte der Wirklichkeit kaum gerecht werden, Auftreten und Höhe der Gewinne allein aus *einer* bestimmenden Größe herzuleiten und somit durch eine monokausale Theorie zu erklären. Auf weitere Determinanten der Gewinnbildung kann jedoch in diesem Rahmen nicht eingegangen werden. Der Gang der folgende Untersuchung wird sich daher darauf beschränken, unter den verschiedenen möglichen Bestimmungsfaktoren des Unternehmergewinns einen herauszugreifen und in isolierter Betrachtung zu behandeln.

Um die grundlegenden Gedanken anhand eines einfachen Modells herausarbeiten zu können, bezieht sich die folgende Analyse auf eine geschlossene Wirtschaft ohne staatliche Aktivität. Ausgangspunkt sei die „Keynes'sche Formel für den Unternehmergewinn" in der Form

$$G = I - S_{nu} + C_u . \tag{1}$$

In Gleichung (1) bezeichnen G den Unternehmergewinn (Einkommen der Unternehmer), I die Nettoinvestition, S_{nu} das Sparen der Nichtunternehmer und C_u den Konsum der Unternehmer. Da $I - S_{nu} = S_u$, dem Sparen der Unternehmer, kann (1) auf die Definitionsgleichung $G = S_u + C_u$ zurückgeführt werden oder auch, durch Verminderung beider Seiten um C_u, auf $S_u = I - S_{nu}$ und damit auf die definitorische Gleichheit $I = S$.

Beziehung (1) ist damit zunächst eine am Ende jeder Periode zwangsläufig erfüllte ex-post-Identität. Sie soll darüber hinaus auch einen kausalen Zusammenhang aufzeigen, wie er z. B. mit der „allgemeinen Existenzbedingung für den Unternehmergewinn"

$$G = C_u + I > S_{nu}\ ^{1}$$

formuliert wird. Diese Aussage läßt sich in zwei aus der Kreislaufanalyse gewonnene Theoreme zerlegen. Gemeint sind einmal das Entstehen des Unternehmersparens als den „klassischen Marktprozeß überlagernde Kreislaufgewinne"[2] in Höhe der (positiven) Differenz zwischen Nettoinvestition und Sparen der Nichtunternehmer und zum anderen die bis auf die Marx'sche Kreislaufbetrachtung zurückzuverfolgende These, die Unternehmer insgesamt können ihren Gewinn in Höhe ihrer Konsumausgaben selber bestimmen. Nach Beziehung (1) kann damit das gesamte Unternehmereinkommen als von zwei Faktoren abhängig betrachtet werden, nämlich von der Differenz zwischen Nettoinvestition und Sparen der Nichtunternehmer einerseits, vom Konsum der Unternehmer andererseits. Diese Trennung soll nicht — etwa dem Vorgehen Preisers[3] ähnlich — zwei verschiedene Bestandteile des Unternehmergewinns unterscheiden. Sie empfiehlt sich vielmehr, da — wie noch zu zeigen — das in Höhe der (positiven) Differenz $I - S_{nu}$ entstehende Unternehmersparen den eigentlichen Ansatzpunkt für den Nachweis einer Wachstumsabhängigkeit des Unternehmergewinns bietet.

Soll die aus der Identität $I = S$ abgeleitete Formel $S_u = I - S_{nu}$ als Bestimmungsgleichung für das Sparen der Unternehmer verwendet werden, so ist ein Kausalzusammenhang nachzuweisen, der es gestattet, I und S_u als unabhängige Determinanten des Unternehmersparens zu behandeln. Hierzu kann an die Ableitung des „dynamischen Marktlagengewinns" in Preisers Analyse des Multiplikatorprozesses[4] angeknüpft werden. Als Anstoß wird hier eine autonome Erhöhung des Investitionsvolumens angenommen, die nicht von einer entsprechenden Zunahme der Konsumgüterproduktion begleitet wird. Der durch den entsprechenden Einkommenszuwachs induzierten Erhöhung der Nachfrage nach Konsumgütern — von einem möglichen Konsum-lag wird abgesehen — steht damit ein zunächst unverändertes Angebot gegenüber.

---

[1] Vgl. E. Preiser, Bildung und Verteilung des Volkseinkommens, 2. Aufl., Göttingen 1961, S. 168. — Symbole teilweise geändert.

[2] W. Schreiber, Investieren, Sparen, Wirtschaftswachstum und Eigentumsbildung, in: Jahrbücher für Nationalökonomie und Statistik, Bd. 171 (1959), S. 253.

[3] a.a.O., S. 134 f.

[4] a.a.O., S. 136 ff.

Mit diesen Annahmen ist eine ex ante ungleichgewichtige Situation gegeben. Die mit den Produktions- und Absatzplänen der Unternehmer festgelegte Aufteilung der Gesamtproduktion in Konsum- und Investitionsgüter stimmt nicht mit der von den Haushalten geplanten Verwendung des Einkommens zu Nachfrage nach Konsumgütern und Sparen überein, geplante Entstehung und Verwendung des Einkommens sind ex ante nicht im Gleichgewicht. Die geplante Investition übersteigt das geplante Sparen[5] um den gleichen Betrag, um den das geplante Konsumgüterangebot die geplante Nachfrage unterschreitet. Als Folge ergeben sich Ausgleichsbewegungen, die in den entsprechenden, am Ende einer beliebigen Periode zwangsläufig gleichen ex-post-Größen als ungeplante Bestandteile enthalten sind.

Als Grenzfälle dieses ex-post-Ausgleichs zwischen Entstehung und Verwendung sind grundsätzlich drei verschiedene Ablaufformen möglich[6]. Eine Anpassung der Verwendung an die Entstehung liegt vor, wenn infolge eines Konsum-lags die zusätzlichen Einkommen zunächst gespart werden. Der Ausgleich erfolgt dann — jedenfalls vorübergehend — über ungeplantes Sparen der Nichtunternehmer. Eine weitere Ausgleichsform wäre die Befriedigung der die Produktion übersteigenden Nachfrage nach Konsumgütern über entsprechenden Bestandsabbau, d. h. eine Anpassung der Einkommensentstehung an die Verwendung über ungeplante, in diesem Fall negative Investitionen. In diesen beiden Fällen läßt sich der induzierte Ausgleichsprozeß als eine rein reale Bewegung interpretieren. Als alternative Ablaufmöglichkeit verbleibt eine rein nominale Ausgleichsbewegung über erhöhte — und angesichts der das geplante Angebot überschießenden Nachfrage auch realisierbare — Preisforderungen auf den Konsumgütermärkten. Die steigenden Preise bedeuten entsprechend steigende Erlöse, die dann ein entsprechendes ungeplantes Sparen der Unternehmer entstehen lassen.

Eine Ableitung des Unternehmersparens aus der Differenz zwischen Nettoinvestition und Sparen der Nichtunternehmer hätte die Möglichkeit sämtlicher behandelten Ausgleichsformen zu berücksichtigen. In einer Prozeßanalyse wären die geplanen Größen I und S_{nu} um ex post

[5] Da von einem Konsum-lag abgesehen wird, ergibt sich das geplante Sparen (Konsumieren) der Haushalte durch Multiplikation der Spar-(Konsum-)neigung mit dem tatsächlich erzielten Einkommen. Die Berücksichtigung eines Konsumlags würde die hier behandelte Situation lediglich um eine Periode hinauszögern.

[6] Vgl. z. B. die Darstellung eines Katalogs der ungeplanten Größen und ihres Entstehens bei W. Krelle: Sparen und Investieren in der volkswirtschaftlichen Gesamtrechnung, in: Jahrbücher für Nationalökonomie und Statistik, Bd. 167 (1955), S. 144 f.

auftretende, vermittels entsprechender Verhaltensweisen zu bestimmende, ungeplante Bestandteile zu ergänzen. Mit den so ermittelten realisierten Größen I und S_{nu} ist dann gleichzeitig das Sparen der Unternehmer bestimmt, die Beziehung $S_u = I - S_{nu}$ ist also als Bestimmungsgleichung für das Sparen der Unternehmer verwendbar.

Preiser weist in der erwähnten Darstellung[7] ausdrücklich auf die Möglichkeit der hier als real bezeichneten Ausgleichsvorgänge hin. Sein Modell sieht jedoch lediglich rein nominale Ausgleichsbewegungen vor. Es ist daher als Grenzfall zu verstehen, der das Entstehen des Unternehmersparens in Höhe der Differenz zwischen Nettoinvestition und Sparen der Nichtunternehmer besonders hervorheben soll. Dieser als „dynamischer Marktlagengewinn" bezeichnete Gewinnbestandteil tritt nach Preiser nur vorübergehend auf[8]. Das Investitionsvolumen wird nach der anfänglichen Zunahme als unverändert behandelt. Die Produktion von Komsumgütern folgt der steigenden Nachfrage, bis — dem Multiplikatortheorem entsprechend — in einem neuen Gleichgewichtszustand das geplante Sparen der Nichtunternehmer die Höhe des Investitionsvolumens erreicht. Die Konsumgüterpreise fallen während dieses Prozesses allmählich auf ihr Ausgangsniveau zurück, entsprechend sinkt der „dynamische Marktlagengewinn" auf Null.

Zu anderen Ergebnissen wird man jedoch — wie im folgenden zu zeigen ist — bei langfristiger Analyse anhand eines erweiterten Harrod-Domar-Modells gelangen. Beziehung (1) enthält lediglich absolute Größen, sie ist daher für die Verwendung in einem solchen Wachstumskonzept nicht geeignet. Der Unternehmergewinn sei daher durch die Quote des Unternehmergewinns am Sozialprodukt ersetzt. Entsprechend wird (1) durch Division beider Seiten durch Y zu

$$\frac{G}{Y} = \frac{I}{Y} - \frac{S_{nu}}{Y} + \frac{C_u}{Y}. \tag{1 a}$$

Weiter folgt, wenn Y_{nu} das Einkommen der Nichtunternehmer bezeichnet:

$$\frac{G}{Y} = \frac{I}{Y} - \frac{S_{nu}}{Y_{nu}} \cdot \frac{Y_{nu}}{Y} + \frac{C_u}{Y}, \quad \text{oder, da } Y_{nu} = Y - G:$$

$$\frac{G}{Y} = \frac{I}{Y} - \frac{S_{nu}}{Y_{nu}} \left(1 - \frac{G}{Y}\right) + \frac{C_u}{Y},$$

$$\frac{G}{Y}\left(1 - \frac{S_{nu}}{Y_{nu}}\right) = \frac{I}{Y} - \frac{S_{nu}}{Y_{nu}} + \frac{C_u}{Y},$$

---

[7] a.a.O., S. 133.

[8] Vgl. a.a.O., S. 157.

und (2) $$\frac{G}{Y} = \frac{\frac{I}{Y} - \frac{S_{nu}}{Y_{nu}} + \frac{C_u}{Y}}{1 - \frac{S_{nu}}{Y_{nu}}}.$$

Beziehung (2) ist im Prinzip ebenso zu interpretieren wie Beziehung (1). Sie gibt, im Unterschied zu jener, lediglich nicht die absolute Höhe der Unternehmergewinne an, sondern deren Anteil am Volkseinkommen. Entsprechend erscheinen als Determinanten dieses Anteils die Investitionsquote, der Anteil des Unternehmerkonsums am Volkseinkommen und die Sparneigung der Nichtunternehmer.

Die Verbindung zur Wachstumstheorie kann nun hergestellt werden, indem — nach der allgemeinen Form der Wachstumsgleichung

$$\frac{\Delta Y}{Y} = \frac{I}{Y} \cdot \frac{\Delta Y}{I}$$

— die Investitionsquote durch das Produkt aus Wachstumsrate und marginalem Kapitalkoeffizienten ersetzt wird. Damit wird (2) zu

(3) $$\frac{G}{Y} = \frac{\frac{\Delta Y}{Y} \cdot \frac{I}{\Delta Y} - \frac{S_{nu}}{Y_{nu}} + \frac{C_u}{Y}}{1 - \frac{S_{nu}}{Y_{nu}}}.$$

Diese Beziehung kann, wie leicht zu zeigen ist, in die Bedingung für ein langfristiges Wachstumsgleichgewicht in der Form

$$\frac{\Delta Y}{Y} \cdot \frac{I}{\Delta Y} = \frac{S}{Y}$$

überführt werden. Wird nämlich (3) nach dem Produkt aus Wachstumsrate und marginalem Kapitalkoeffizienten aufgelöst, so lassen sich die übrigen Größen zu der Summe aus den beiden Sparquoten

$$\frac{S_u}{Y} + \frac{S_{nu}}{Y} = \frac{S}{Y}$$

reduzieren. Beziehung (3) kann damit als Spezialfall dieser allgemeinen Gleichgewichtsbedingung betrachtet werden. Sie gibt an, wie hoch die Quote der Unternehmergewinne am Sozialprodukt sein muß, wenn bei gegebenen Werten für die Wachstumsrate, den marginalen Kapitalkoeffizienten, die Sparneigung der Nichtunternehmer und den

Anteil des Konsums der Unternehmer am Volkseinkommen die Sparquote insgesamt der von der Wachstumsrate und dem marginalen Kapitalkoeffizienten geforderten Investitionsquote entsprechen soll.

Die folgende Analyse gilt dem Nachweis einer Tendenz, diese von (3) geforderte Höhe des Unternehmersparens herzustellen. Dem bisherigen Vorgehen folgend, bleibe dabei der Unternehmerkonsum zunächst unberücksichtigt. Da aus (3) der Quotient C_u/Y nicht ohne weiteres ausgeschaltet werden kann, sei die wenig realitätsnahe Annahme, die Unternehmer nähmen nicht am Konsum teil, gestattet. In Beziehung (3) kann unter dieser Annahme G durch das Sparen der Unternehmer S_u ersetzt werden.

Ausgangspunkt sei eine gleichgewichtige Wachstumsrate, bei der der Konsum der Unternehmer gleich Null und das Sparen der Nichtunternehmer gleich der Investition seien. Wie aus (3) unmittelbar hervorgeht, wäre in diesem Fall das Sparen der Unternehmer — und damit der Unternehmergewinn ebenfalls — gleich Null. Als Gleichgewichtsstörung sei eine autonome Erhöhung der Wachstumsrate angenommen, die Sparneigung der Nichtunternehmer bleibe unverändert. Bei konstanter Investitionsquote wird dann, den Ergebnissen des Harrod-Domar-Modells entsprechend, die Zuwachsrate der Produktionskapazitäten hinter der der Produktion zurückbleiben. Das beschleunigte Wachstum wäre also nur über eine Erhöhung der Kapazitätsausnutzung zu erreichen, als Folge würde eine Tendenz zu verstärktem Kapazitätsaufbau ausgelöst, die so lange anhalten müßte, bis die Investitionsquote die von dem Produkt aus Wachstumsrate und marginalem Kapitalkoeffizienten angezeigte Höhe erreicht hätte.

Damit wäre im Prinzip die gleiche Situation gegeben wie in der Ausgangslage des Preiser'schen Modells. Dort wurden zwar lediglich die absoluten Größen betrachtet, die Annahme einer Erhöhung des Investitionsvolumens bei unveränderter Konsumgüterproduktion ist jedoch gleichbedeutend mit der Annahme einer Erhöhung der Investitionsquote. Auch die Sparneigung der Nichtunternehmer wurde von Preiser als unverändert angenommen. Die Folge ist hier ebenso wie dort ein Nachfrageüberhang auf den Konsumgütermärkten; in beiden Fällen versuchen die Nichtunternehmer, einen Teil der bei der Produktion von Investitionsgütern verdienten Einkommen zur Nachfrage nach Konsumgütern zu verwenden. Dieser Versuch muß scheitern und die dargestellten Ausgleichsmechanismen in Bewegung setzen.

Zwar kann zunächst ein zumindest teilweiser Ausgleich über die oben genannten realen Ausgleichsbewegungen angenommen werden. Ungeplantes Sparen der Nichtunternehmer kann jedoch — wie erwähnt —

nur über einen Konsum-lag und damit als lediglich vorübergehend unterstellt werden. Entsprechendes gilt für das ungeplante Investieren. Zu Beginn des untersuchten Prozesses wird aller Wahrscheinlichkeit nach ein Teil der überschießenden Nachfrage nach Konsumgütern über einen ungeplanten Bestandsabbau befriedigt werden. Im weiteren Verlauf dagegen wird eine entgegengesetzte Tendenz zur Wiederauffüllung der abgesunkenen Bestände und darüber hinaus zur Anpassung an das erhöhte — und weiter steigende — Umsatzvolumen einsetzen. Wenn die Wachstumsrate nicht auf ihre Ausgangshöhe zurücksinkt, der marginale Kapitalkoeffizient unverändert bleibt und die Sparneigung der Nichtunternehmer kleiner ist als die zur Aufrechterhaltung des Wachstums erforderliche Investitionsquote, ist daher eine rein nominale Ausgleichsbewegung über steigende Konsumgüterpreise unvermeidlich. Die Lücke zwischen der von den Unternehmern insgesamt geplanten Investitionsquote und der Sparneigung der Nichtunternehmer wird im Verlauf dieses Ausgleichsvorgangs durch ungeplantes Sparen der Unternehmer geschlossen[9].

Im Unterschied zu Preisers kurzfristiger Betrachtungsweise bietet nun die hier vorgenommene langfristige Modellanalyse die Möglichkeit, nachzuweisen, daß die so entstandene Knappheitssituation auf den Konsumgütermärkten, die den Anstoß zu der geschilderten nominalen Ausgleichsbewegung gab, anhalten kann. In dem (kurzfristigen!) Preiserschen Modell bleibt der Kapazitätseffekt der Investitionen unberücksichtigt. Bei dieser Art des Vorgehens kann angenommen werden, die anfänglich gestiegene Investitionsquote werde im folgenden durch eine bei konstantem Investitionsvolumen allmählich (der Nachfrage entsprechend) zunehmende Konsumgüterproduktion wieder auf das Ausgangsniveau und damit auf die Sparquote der Nichtunternehmer zurückgedrängt. In einer langfristigen Wachstumsanalyse dagegen kann der Kapazitätseffekt der Investitionen nicht vernachlässigt werden. Das Wachstum der Produktionskapazitäten muß, dem marginalen Kapitalkoeffizienten entsprechend, mit dem der Produktion korrespondieren. Die Investitionsquote kann dann bei gegebener Wachstumsrate und gegebenem marginalen Kapitalkoeffizienten[10] nicht mehr als unabhän-

---

[9] Eine ausführlichere Darstellung dieses Prozesses siehe bei W. Libbert: Gleichgewichtswerte für Preisniveau und Einkommensverteilung in einer wachsenden Wirtschaft, Berlin 1962, S. 87 ff.

[10] Um Mißverständnisse zu vermeiden, bedarf es hier einer Präzisierung. Für die Wachstumsgleichung $\frac{\Delta Y}{Y} = \frac{I}{Y} \cdot \frac{\Delta Y}{I}$ gilt im Prinzip das gleiche wie für die Beziehung $I = S$. Sie ist ex post zwangsläufig erfüllt und besagt zunächst nichts weiter, als daß der Quotient aus Investitionsquote und Wachstumsrate ex post gleich dem Verhältnis zwischen realisierter Zunahme der Produktionskapazität

gige Variable behandelt werden, sondern sie muß dem Produkt der beiden letztgenannten Größen entsprechen. Bleiben diese beiden Größen in der hier untersuchten Situation unverändert, so ist die im Preiserschen Modell unterstellte Anpassung der Investitionsquote an die Sparneigung der Nichtunternehmer ausgeschlossen.

Wird nun in unserem Modell die nach der anfänglichen Zunahme erreichte Wachstumsrate des Einkommens aufrechterhalten, so wird sich die Investitionsquote langfristig in der beschriebenen Weise auf die von dieser Zuwachsrate und dem gegebenen marginalen Kapitalkoeffizienten angezeigte Höhe einstellen. Solange diese Investitionsquote höher ist als die Sparneigung der Nichtunternehmer, kann die Knappheitssituation auf den Konsumgütermärkten nicht beseitigt werden. Das über den beschriebenen Ausgleichsprozeß entstandene Sparen der Unternehmer bleibt unter diesen Umständen bestehen.

Das Sparen der Unternehmer wird nach diesen Überlegungen durch die Wachstumsrate, den marginalen Kapitalkoeffizienten und die Sparneigung der Nichtunternehmer bestimmt. Behandelt man von diesen Determinanten den marginalen Kapitalkoeffizienten als technisch bestimmte Größe und die Sparneigung der Nichtunternehmer als durch deren Verhaltensweisen gegeben, so ist das Sparen der Unternehmer — bzw., wenn der Unternehmerkonsum unberücksichtigt bleibt, der gesamte Unternehmergewinn — allein von der Wachstumsrate abhängig. Als Ergebnis der bisherigen Analyse können damit zwei Thesen herausgearbeitet werden.

Nicht nur eine Veränderung der Investitionsquote, sondern auch eine Veränderung der Sparneigung der Nichtunternehmer oder des marginalen Kapitalkoeffizienten würden langfristig die geschilderten nominalen Ausgleichsbewegungen auslösen. Neben einem konstanten marginalen Kapitalkoeffizienten wäre damit auch eine unveränderte Sparneigung der Nichtunternehmer als Bedingung für ein langfristiges Wachstumsgleichgewicht zu fordern. Bleiben diese beiden Größen sowie die Wachstumsrate unverändert und unterschreitet die Sparneigung der Nichtunternehmer die von der Wachstumsrate und dem marginalen

---

und realisierter Zunahme der Produktion ist. Als Gleichgewichtsbedingung gilt sie nur unter der Voraussetzung, daß — gleichgewichtige Ausgangslage vorausgesetzt — dieses Verhältnis, das bei gegebener Wachstumsrate von der Investitionsquote abhängt, von den Unternehmern als gleichgewichtig angesehen wird. Ist letzteres nicht der Fall, so weicht die tatsächliche Kapazitätsausnutzung von der von den Unternehmern als gleichgewichtig betrachteten ab. Langfristig gesehen, werden diese Abweichungen Tendenzen zu einer entsprechenden Korrektur der Wachstumsrate des Investitionsvolumens und damit auch der Investitionsquote auslösen.

Kapitalkoeffizienten bestimmte Investitionsquote, so wird durch den beschriebenen Ausgleichsmechanismus ein in seinem Verhältnis zum Volkseinkommen von den genannten Determinanten bestimmtes Sparen der Unternehmer induziert. Der in dem Modell von Preiser nur vorübergehend auftretende „dynamische Marktlagengewinn" wird unter dieser Bedingung zu einer ständigen Begleiterscheinung des gleichgewichtigen Wachstumspfades[11]. Auch unter der Bedingung vollkommenen Wettbewerbs könnten diese Gewinne nicht „wegkonkurriert" werden. Ist also die Wachstumsrate genügend hoch, um bei gegebenem marginalen Kapitalkoeffizienten eine die Sparquote der Nichtunternehmer übersteigende Investitionsquote zu bedingen, so wird sie auch ständig einen entsprechenden Anteil des Unternehmersparens am Volkseinkommen gewährleisten.

Eine weitere Konsequenz ergibt sich aus dieser Analyse hinsichtlich des Stabilitätsgrades des Wachstumsgleichgewichts. Mit dem Anteil des Unternehmersparens am Volkseinkommen ist auch die Sparquote insgesamt S/Y zu einem Teil als wachstumsabhängig zu behandeln. Bei Abweichungen vom Gleichgewichtspfad wird durch die hier behandelten nominalen Ausgleichsbewegungen eine Tendenz ausgelöst, über eine Veränderung des Anteils des Unternehmersparens am Volkseinkommen die Sparquote insgesamt an die dem Produkt aus Wachstumsrate und marginalem Kapitalkoeffizienten entsprechende Investitionsquote anzupassen. Jede Wachstumsrate kann so in eine gleichgewichtige übergehen, wenn die in (3) enthaltenen Determinanten des Unternehmersparens eine bestimmte Zeitspanne unverändert bleiben. Nach dem Harrod-Domar'schen Wachstumskonzept dagegen kann jeweils nur *eine* Zuwachsrate ein (labiles!) Gleichgewicht gewährleisten. Dieser Widerspruch ergibt sich lediglich daraus, daß in jenen Modellen die Sparquote insgesamt als wachstumsunabhängig, hier jedoch als wachstumsabhängig aufgefaßt wird.

Abschließend ist der bisher ausgeschlossene Konsum der Unternehmer als in Beziehung (3) enthaltene Determinante des Unternehmergewinns insgesamt in die Analyse einzubeziehen. Das Entstehen von Unternehmergewinnen in Höhe des Unternehmerkonsums ist am zweckmäßigsten

[11] Ob ein langfristiges Wachstum unter der Bedingung Investitionsquote gleich Sparneigung der Nichtunternehmer möglich wäre, erscheint zweifelhaft, da unter dieser Bedingung ein Sparen der Unternehmer und damit jede Eigenkapitalbildung ausgeschlossen wäre. Damit wäre jedoch das hier gestellte Problem umgekehrt und die Frage nach der Abhängigkeit des Wachstums von ausreichenden Gewinnen als Investitions- und Expansions-Anreizen angeschnitten, die in diesem Rahmen nicht aufgegriffen werden kann.

anhand eines stationären Kreislaufmodells darzustellen[12]. Wenn die Unternehmer insgesamt in Erwartung eines bestimmten Gewinns am Konsum teilnehmen, so müssen, wenn die gesamten Einkommen der Nichtunternehmer zur Nachfrage nach Konsumgütern verwendet werden, am Ende der Periode Unternehmergewinne in Höhe des Konsums der Unternehmer entstehen, da die Gesamtnachfrage nach Konsumgütern die (kontraktbestimmten!) Einkommen der Nichtunternehmer und damit den Kostenwert[13] der Gesamtproduktion (hier gleich Konsumgüterproduktion) eben um diesen Betrag übersteigt. Im Grunde ist das Entstehen dieses Gewinnbestandteils mit dem des oben behandelten Unternehmersparens identisch. Die Gesamtproduktion muß zu Preisen, die den Kostenwert übersteigen, abgesetzt werden, wenn die gesamten Kosteneinkommen (die hier der Einfachheit halber den Einkommen der Nichtunternehmer gleichgesetzt wurden) zur Nachfrage nach Konsumgütern verwendet werden, ein Teil der Gesamtproduktion aber in andere Verwendungsbereiche fließt. Dabei spielt es keine Rolle, ob diese für die Bezieher von Kontrakteinkommen nicht konsumierbaren Einkommensteile als Investitionsgüter verwendet oder von Beziehern nicht kontraktbestimmter Einkommen konsumiert werden. Das gleiche gilt, wenn zwar nicht die gesamten kontraktbestimmten Einkommen zur Nachfrage nach Konsumgütern verwendet werden, aber der Anteil des Sparens aus kontraktbestimmten Einkommen am Volkseinkommen den Anteil der in andere Verwendungsbereiche fließenden Einkommensteile unterschreitet. In einer wachsenden Wirtschaft, in der über den Unternehmerkonsum hinaus noch weitere Gewinne in Höhe einer positiven Differenz zwischen Nettoinvestition und Sparen der Nichtunternehmer anfallen, ist daher der Prozeß der Gewinnbildung ein einheitlicher Vorgang.

Überträgt man diese Überlegungen auf ein langfristiges Gleichgewichtsmodell, so würde jede Veränderung der Relation C_u/Y nach (3) über entsprechende nominale Ausgleichsbewegungen eine gleichgerichtete Veränderung von G/Y auslösen. Zusätzlich zu den bisher genannten Bedingungen gleichgewichtigen Wachstums ist daher ein konstanter Anteil des Unternehmerkonsums am Volkseinkommen als weitere Gleichgewichtsbedingung zu fordern.

Die Frage nach der langfristigen Entwicklung der Relation C_u/Y kann nur über bestimmte Hypothesen für das Verhalten der Unternehmer

---

[12] Hierzu kann auf die Darstellung bei E. Schneider: Einführung in die Wirtschaftstheorie, Bd. I, 9. Aufl., Tübingen 1961, S. 63 ff. verwiesen werden.

[13] Unternehmerlohn und Eigenkapitalverzinsung wären zwar ebenfalls zu den Kosteneinkommen zu rechnen, können hier jedoch der Einfachheit halber unberücksichtigt bleiben.

beantwortet werden. Faßt man zunächst den Konsum der Unternehmer als autonom bestimmt auf, so wäre seine absolute Höhe zu jedem Zeitpunkt von traditionell oder gewohnheitsmäßig gegebenen Ansprüchen an die Lebenshaltung abhängig zu behandeln. Ein im Zuge des langfristigen Wachstums des Volkseinkommens allgemein steigender Lebensstandard könnte dann die Annahme rechtfertigen, auch der Konsum der Unternehmer würde mit der gleichen Rate anwachsen wie das Volkseinkommen. Zu dem gleichen Schluß würde auch die Annahme führen, der Unternehmerkonsum sei von den Unternehmergewinnen insgesamt abhängig, wobei als bestimmende Größe der in der Vorperiode realisierte oder der für die jeweils betrachtete Periode erwartete Gewinn anzusetzen wäre. Im Prinzip gleichbedeutend wäre die Annahme, die Gewinnentnahmen der Selbständigen sowie die Ausschüttungen der Kapitalgesellschaften stünden langfristig in konstantem Verhältnis zur Gesamtproduktion und die Sparneigung der Unternehmer, die in diesem Fall lediglich auf die den Unternehmerhaushalten tatsächlich zufließenden, nicht einbehaltenen Gewinne zu beziehen wäre, bliebe ebenfalls unverändert.

Auf diese Thesen gestützt, erschiene die Annahme eines im langfristigen Wachstum annähernd konstanten Anteils des Unternehmerkonsums am Volkeinkommen durchaus gerechtfertigt. Dabei böten die beiden letztgenannten Annahmen den Vorteil, auch den Unternehmerkonsum und damit die Gewinne insgesamt indirekt als wachstumsabhängig zu betrachten. Allerdings ist hier nicht beabsichtigt, Prognosen über die langfristige Entwicklung der Gewinnquote bzw. über die ihrer hier behandelten Determinanten aufzustellen. Ziel der Untersuchung war der Versuch, die Wachstumsabhängigkeit des Unternehmergewinns aufzuzeigen. Der Zweckmäßigkeit halber wurde dabei von der Vorstellung eines langfristigen Wachstumsgleichgewichts ausgegangen und auch kurz die einer solchen Vorstellung zugrunde liegenden Annahmen erörtert. Dabei wurde das verwendete Modell auf eine geschlossene Wirtschaft ohne staatliche Aktivität eingeengt. Eine unmittelbare Anwendbarkeit der hier vollzogenen Analyse auf die Realität ist bereits aus diesem Grunde ausgeschlossen. Die Einbeziehung des Außenhandels und des Staates würde jedoch an den behandelten Zusammenhängen im Prinzip nichts ändern. Auch können generell die unter der Bedingung langfristigen Gleichgewichts erarbeiteten Thesen nicht ohne weiteres auf die Realität übertragen werden.

Anders verhält es sich mit den bei Störungen des Wachstumsgleichgewichts induzierten Ausgleichsbewegungen. Abgeleitet aus der ex-post-Identität $I = S$, muß Beziehung (3) am Ende jeder Periode erfüllt sein. Sind dann in den realisierten Größen ungeplante Bestandteile enthalten, so herrscht kein Gleichgewicht, und es werden Ausgleichsbewegungen in der dargestellten Weise ausgelöst. Das gleiche gilt entsprechend, wenn zwar zu Beginn einer Periode Gleichgewicht gegeben ist, im Verlauf dieser Periode aber sich eine oder mehrere der in (3) enthaltenen Größen verändern. Der hier als Preissteigerungsprozeß bei steigender Gewinnquote herausgearbeitete nominale Ausgleichsvorgang kann dabei auch, wenn beispielsweise die Wachstumsrate zurückgeht, in umgekehrter Richtung ablaufen. Schwankungen der Wachstumsrate können nun auch als Abweichungen von einem langfristigen, als gleichgewichtig unterstellten Wachstumstrend aufgefaßt werden. Wenn oben aus den Bedingungen langfristigen Gleichgewichts eine konstante, ceteris paribus von der Wachstumsrate abhängige Gewinnquote abgeleitet wurde, so gilt dann das gleiche entsprechend auch für eine um einen nach Beziehung (3) durch den langfristigen Wachstumstrend gegebenen Durchschnittswert schwankende Gewinnquote.

Zur Problematik der Behandlung autonomer Investierungen in Wachstumsmodellen

Wilhelm Wedig

I.

Der Begriff „autonome Investition" hat in der Literatur über die Probleme des wirtschaftlichen Wachstums in den letzten Jahrzehnten wiederholt zu differierenden Auffassungen und zu anhaltenden Diskussionen geführt. Sei es, daß dieser Begriff in verschiedener Weise charakterisiert wurde, sei es, daß die Wirkungen der Investierungen, die als „autonom" bezeichnet wurden, nicht einheitlich gesehen wurden, sei es aber auch, daß diese Investitionen in den einzelnen Wachstumsmodellen teils als exogene, teils als endogene Größe behandelt wurden.

In den Wachstums- und Konjunkturmodellen wurden die Investierungen oft in „induzierte" und „autonome" aufgegliedert, wobei der erste Teil über die Beziehung des sog. Akzelerationsprinzips durch Veränderungen des Konsums bzw. des Volkseinkommens bestimmt wurde.[1] In dieser Weise fanden die Investierungen beispielsweise in Modellen von Samuelson und Hicks Berücksichtigung.

Samuelson entwickelte bereits im Jahre 1939 ein Modell, in dem er durch das Zusammenwirken von Multiplikator und Akzelerator Oszillationsbewegungen des Volkseinkommens erklärte.[2] Durch den Einbau eines time-lag in die Konsumfunktion und entsprechende Wahl der Größen der marginalen Konsumquote und des Akzelerationskoeffizienten kam Samuelson zu verschiedenen Bewegungsabläufen des Volkseinkommens in der Zeit als Folge des Multiplikator- und Akzeleratoreffektes. Als Impuls für die Bewegung diente eine laufende Änderung der „autonomen" staatlichen Investierungen.

---

[1] Vgl. M. J. Ulmer, Autonomous and Induced Investment, in: The American Economic Review, Bd. 42, 1952, S. 587.

[2] P. A. Samuelson, A Synthesis of the Principle of Acceleration and Multiplier, in: The Journal of Political Economy, Bd. 47, 1939. — P. A. Samuelson, Interactions between the Multiplier Analysis and the Principle of Acceleration, in: The Review of Economics and Statistics, Bd. 21, 1939. S. 75 ff. Abgedr. in: Readings in Business Cycles Theory; Selected by a Committee of the American Economic Association, 2. Aufl., London 1954, S. 261 ff.

Hicks übertrug ein dem Samuelson-Modell ähnliches Schwingungsmodell auf das Modell einer gleichmäßig fortschreitenden Wirtschaft.[3] Der Wachstumstrend wurde in diesem Modell durch die ständig mit einer konstanten Rate zunehmenden autonomen Investitionen bestimmt; die Schwingungen wurden durch das Zusammenspiel von Multiplikator und Akzelerator erklärt.

Hicks selbst betont in seinen Ausführungen die Schwierigkeit, eine genaue und scharfe Abgrenzung zwischen den autonomen und induzierten Investitionen vorzunehmen, indem er schreibt, „naturally the distinction is not in practice a sharp one"[4]. Seine Kritiker[5] werfen ihm vor allem die Nichtberücksichtigung des Kapazitätseffektes der Investitionen vor, d. h. sie bemängeln, daß die autonomen Investitionen im Hicks'schen Modell zwar Ersparnisse absorbieren, aber keine Produktionskapazität schaffen.

Es wird also kritisiert, daß Hicks nicht den entscheidenden Unterschied zwischen der kurzfristigen Gleichgewichtsanalyse von Keynes und der Wachstumstheorie von Harrod und Domar sehe: die Erhöhung des Kapitalstocks und damit die Erzeugung von Produktionskapazität durch die im gleichgewichtigen Wachstum mit einer konstanten Rate wachsenden Investierungen. Deshalb ist Hicks der Vorwurf gemacht worden, er „transfers Keynes' shortperiod analysis into the long period without introducing the essential point of the long period — the growth of pro-

---

[3] J. R. Hicks, A Contribution to the Theory of Trade Cycle, Oxford 1950, S. 95 ff.

[4] J. R. Hicks, A Contribution . . ., S. 59. — Ferner: R. F. Harrod, Notes on the Trade Cycle Theory, in: Economic Journal, Bd. 61, 1951, S. 267: „No hard-and-fast line can be drawn between 'induced' and 'autonomous' investment." — N. Kaldor, Mr. Hicks and the Trade Cycle, in: Economic Journal, Bd. 61, 1951, S. 842: „But this means that autonomous and induced investment are not, after all, different animals."

[5] Vgl. u. a.: J. J. Duesenberry, Hicks on the Trade Cycle, in: The Quaterly Journal of Economics, Bd. 64, 1950, S. 464 ff. — R. F. Harrod, Noves on . . . a.a.O., S. 266 ff. — N. Kaldor, Mr. Hicks . . . a.a.O., S. 831 ff. — S. C. Tsiang, Accelerator, Theory of the Firm and the Business Cycle, in: The Quarterly Journal of Economics, Bd. 63, 1951, S. 336 ff. — W. W. Rostow, Some Notes on Mr. Hicks and History, in: The American Economic Review, Bd. 41, 1951, S. 317 ff. — S. S. Alexander, Issues of Business Cycle Theory Raised by Mr. Hicks, in: The American Economic Review, Bd. 41, 1951, S. 861 ff. — J. Robinson, The Model of an Expanding Economy, in: Economic Journal, Bd. 62, 1952, S. 42 ff. — A. D. Knox, The Acceleration Principle and the Theory of Investment: A Survey, in Economica, New Series, Bd. 19, 1952, S. 269 ff. — A. F. Burns, Hicks and the Real Cycle, in: The Journal of Political Economy, Bd. 60, 1952, S. 13 ff.

ductive capacity resulting from investment" [6]. Kaldor fügt noch hinzu, er diskutiere nicht „in any detail the nature of this autonomous investment and what lies behind it" [7].

Mit diesen Kritiken an der Behandlung der autonomen Investierungen als „nicht-produktiv" im Modell von Hicks befaßt sich ein Aufsatz von Hamberg und Schultze [8]. Hier werden die autonomen Investitionen als „nicht durch Einkommensänderungen induzierte" Investierungen charakterisiert und sie werden den akzelerations-induzierten Investitionen gegenübergestellt. Außerdem versuchen Hamberg und Schultze die so definierten autonomen Investitionen in zwei Gruppen aufzuteilen: die „competitive autonomous investments" und die „non competitive autonomous investments". Der Unterschied wird in folgendem gesehen: Entweder werden die autonomen Investierungen dadurch, daß sie Ersparnisse abschöpfen, zu einer Verringerung des Umfangs der induzierten Netto-Investitionen, damit zu einer Veränderung der Zusammensetzung der Gesamtnachfrage und zum Entstehen einer Überschußkapazität in bestimmten Bereichen infolge Veraltens und Brachliegens eines Teiles des Kapitalstocks führen („competitive autonomous investments") oder nicht („non competitive autonomous investments")[9].

Unter Berücksichtigung dieses Kriteriums ergibt sich nach Hamberg und Schultze ein unterschiedlicher Einfluß der autonomen Investierungen auf den Akzelerationskoeffizienten und die Wachstumsrate des Sozialprodukts, indem Diskrepanzen zwischen dem technischen Kapitalkoeffizienten und dem Akzelerator auftreten [10]. Änderungen der Größe des makroökonomischen Kapitalkoeffizienten, also des Verhältnisses von Kapitalbestand und Produktionskapazität, werden aber bewußt vernachlässigt, da in Übereinstimmung mit Harrod angenommen wird, daß die Effekte des „capital deepening" und „capital widening" sich insofern ausgleichen, daß der Wert des Kapitalkoeffizienten unverändert bleibt [11].

---

6 J. Robinson, The Model ... a.a.O., Fußnote 1, S. 42.

7 N. Kaldor, Essays on Economic Stability and Growth, London 1960, S. 203.

8 D. Hamberg and L. C. Schultze, Autonomous vs. Induced Investment: The Interrelatedness of Parameters in Growth Models, in: Economic Journal, Bd. 71, 1961, S. 53 ff.

9 Vgl. D. Hamberg and L. C. Schultze, Autonomous ... a.a.O., S. 55 ff.

10 Vgl. auch: D. Hamberg, Economic Growth and Instability, New York 1956, S. 42/43.

11 Vgl. D. Hamberg and L. C. Schultze, Autonomous ... a.a.O., Fußnote 1, S. 63. — Ferner: R. F. Harrod, Dynamische Wirtschaft, Wien 1949, S. 33 ff.

II.

Wenn wir die verschiedenen, im vorigen Abschnitt kurz skizzierten Modelle und Kritiken beurteilen wollen, ist in dem Wirrwarr der unterschiedlichen Begriffsbestimmungen und der abweichenden Meinungen prinzipiell festzustellen, daß ein methodischer Grundsatz oft keine Beachtung gefunden hat: die Unterscheidung von Theorie und Wirklichkeit [12].

Es muß mit Nachdruck betont werden, daß es in der Realität grundsätzlich kein überzeugendes Kriterium für die Aufgliederung der verschiedenen Investitionen gibt. Dazu sind die Arten und auch die Wirkungen der einzelnen Investierungen, die uns in der Praxis begegnen, zu vielfältig und zu wenig transparent. Es mag beispielsweise nur auf die differierenden Effekte der zahlreichen öffentlichen Investitionen hingewiesen werden, die zu den unterschiedlichsten Folgerungen Anlaß gaben.

Wenn die Investitionen gegliedert werden sollen, müssen Modelle gebildet werden, d. h. es muß versucht werden, die in der Realität dargebotenen Erscheinungen zu formalisieren; nur so können methodisch einwandfreie Aussagen gewonnen werden.

Unter „Formalisierung" ist aber keinesfalls zu verstehen, daß die Wirklichkeit abgebildet oder durch Abstraktion vereinfacht werden soll, indem ein gewisser „Kern", der für die Fakten relevant ist und somit das „Wesentliche" darstellt, herauskristallisiert wird. Einem solchen Unterfangen dürfte der Erfolg von vornherein versagt bleiben, da Realität und Modell nie übereinstimmen können. Wegen der Vielfalt und geringen Überschaubarkeit der Gegebenheiten ist eine Abbildung der Wirklichkeit unmöglich, und eine Vereinfachung kann leicht zu einer Verfälschung der tatsächlichen Verhältnisse führen. Die Realität ist nicht „mathematisierbar".

Formalisierung soll vielmehr beinhalten, daß aus realen Erscheinungen einzelne ökonomische Tatbestände gleichsam herausfiltriert und in mathematischen Gleichungen funktional erfaßt werden. Ein Problem wird durch die Formalisierung in eine bestimmte „Form" gebracht, die durch die Anwendung der Regeln der Mathematik gekennzeichnet ist. Ein „Modell" ist demnach lediglich eine andere Sprachform durch Verwendung mathematischer Symbole.

Die Bildung von „Axiomen", d. h. Größenbeziehungen, auf denen das Modell basiert, geschieht durch die Annahme von Funktionen, aus

[12] Die folgenden Ausführungen basieren auf einer Anregung meines verehrten Lehrers Prof. A. Paulsen.

denen sich durch tautologische Umformungen Folgesätze und damit bestimmte Abläufe konstruieren lassen. Ein auf diese Weise als „Ableitungszusammenhang" gewonnenes Modell muß der Realität „isomorph" sein; wir wollen darunter nicht, wie schon oben ausgeführt, eine „Abbildung" oder „Spiegelung", sondern einfach eine „Aussage in anderer Sprachform" oder eine „Versetzung in ein anderes Medium" unter Beachtung der Strukturgleichheit verstehen.

Die Setzung der Axiome ist durchaus wichtig, jedoch brauchen sich diese Postulate nicht durch eine unbedingt strenge Realitätsnähe auszuzeichnen. Die sog. „Grenzfälle" haben oft eine größere Aussagekraft und sind keineswegs irrelevant.

Die Axiome sind nicht zu identifizieren mit „Theorien", da sie lediglich als „Formulierungen in Symbolen nach mathematischen Prinzipien" gedeutet werden können und somit Instrumente der Analytik sind. Von Theorien wäre zu sprechen, wenn durch die Modelle die Realität adäquat wiedergegeben werden soll.

Wenn durch die logische bzw. mathematische Auswertung der Voraussetzungen und Axiome des Modells bestimmte Resultate — in Form von Abläufen — erzielt werden, so sagt das selbstverständlich noch nichts über die realen Verhältnisse aus. Für die Wirklichkeit erhebliche Schlußfolgerungen können nur gezogen werden, indem die Modellergebnisse ökonomisch interpretiert werden. Die Möglichkeit der „Verifikation" bzw. „Falsifikation" von Modellen kann in diesem Zusammenhang bedeutsam sein. Allerdings dürfte die Frage, ob die Modellaussagen „richtig" oder „wahr" sind, schwierig zu beantworten und mit ökonomischen Mitteln kaum zu klären sein.

Wenn wir unser Modell nach diesem — hier nur kurz skizzierten — Prinzip aufbauen, können wir die zu behandelnden Investierungen durchaus in Gruppen einteilen. Diese Gattungen sind modellmäßig streng voneinander zu trennen, indem evidente Merkmale gefunden werden, die exakt zu bestimmen sind.

Die Wahl der Kriterien, die zur Unterscheidung einzelner Arten von Investierungen führen, kann nach den verschiedensten Gesichtspunkten vorgenommen werden und ist grundsätzlich davon abhängig, welches Ziel mit der Klassifikation der Investitionen verfolgt werden soll. Die Zweckmäßigkeit muß also für die jeweilige Thematik der Untersuchung entscheidend sein.

Wenn Hicks, Harrod und Kaldor beispielsweise betonen, die Trennung der Investierungen in „autonome" und „induzierte" sei nicht scharf durchzuführen, so muß dazu kritisch bemerkt werden, daß im Modell ohne weiteres beide Typen präzise abgegrenzt werden können, wenn nämlich beide Gruppen durch die Setzung bestimmter Axiome in Form von Funktionen oder Gleichungen charakterisiert werden. Die Definition der Begriffe ist dann für das jeweilige Modell völlig eindeutig.

Der Zweckmäßigkeitsgesichtspunkt entscheidet auch darüber, ob z. B. die autonomen Investierungen im Modell als produktiv oder als nur einkommen-schaffend behandelt werden. Da Hicks es für sein Modell als ausreichend erachtet, die von ihm als „autonom" bezeichneten Investierungen lediglich als Anstoß zur Expansion des Volkseinkommens wirken zu lassen, geht die Kritik Kaldors, daß es im Hicks'schen Modell an einer Aussage darüber fehle, wann und warum diese autonomen Investierungen durchgeführt werden[13], am Kern vorbei. Sie kann nur als Kritik am Axiom, also an einer Grundlage des Modells, gedeutet werden.

Hamburg und Schultze stellen in ihrem schon genannten Aufsatz einmal die akzelerations-induzierten Investierungen den autonomen Investitionen gegenüber[14], zum anderen wird die Zweiteilung der autonomen Investitionen vor allem darauf gestützt, daß die „competitive autonomous investments" ein Sinken des Akzelerationskoeffizienten bewirken, die „non competitive autonomous investments" dagegen den Wert des Akzelerators nicht beeinflussen[15]. Wegen der vielen Einwände gegen die Wirksamkeit des Akzelerators als Verhaltenskoeffizient[16] soll im folgenden ein Versuch angedeutet werden, die Axiome in veränderter Form zu setzen, so daß auf Grund dieser Voraussetzungen ein Modell konstruiert werden kann, das Aussagekraft besitzt.

III.

Zunächst ist folgende Überlegung anzustellen: Welche Gliederungsprinzipien können überhaupt modellmäßig relevant sein, um die einzelnen Investitionstypen zu klassifizieren? Kann ein allgemeines Schema aufgestellt werden, das in übersichtlicher Form die möglichen Einteilungsarten wiedergibt?

Prinzipiell wollen wir auf folgender Unterscheidung aufbauen: In einem Modell können die Investierungen einerseits nach ihren Wirkungen, andererseits nach ihren funktionalen Zusammenhängen mit anderen Modellgrößen gegliedert werden.

---

13 Vgl. Anmerkung 7.

14 Vgl. D. Hamberg and L. C. Schultze, Autonomous ... a.a.O., S. 54/55.

15 Vgl. D. Hamberg and L. C. Schultze, Autonomous ... a.a.O., S. 57/58.

16 Vgl. P. Grütermann, Theorie des Akzelerationsprinzips, Zürich 1961, und die dort angegebene Literatur.

Unter Berücksichtigung des ersten Gesichtspunktes können wir davon ausgehen, daß alle Investierungen einen Einkommenseffekt, aber nur einige Investitionen einen Kapazitätseffekt haben. Die Investitionen, die nicht den Kapitalbestand der Volkswirtschaft erhöhen, könnten weiter danach geordnet werden, ob sie einen sogenannten „Produktivitätseffekt" besitzen, indem sie die Effizienz der Wirtschaft steigern, oder nicht[17]. Wir kämen zu folgendem Schema:

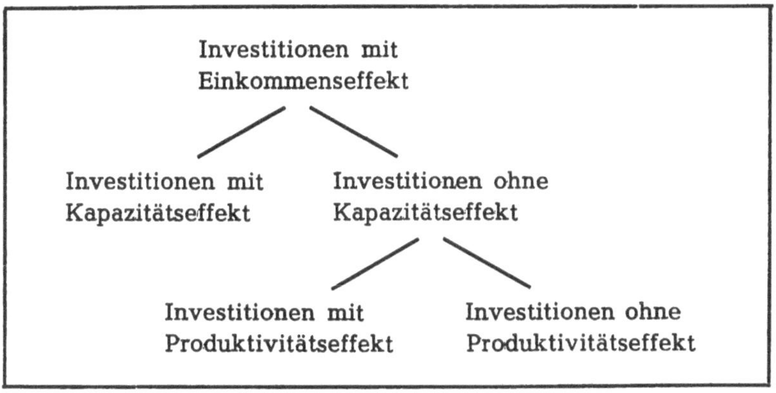

Theoretisch exakter dürfte aber die Unterscheidung zu bewältigen sein, die auf den funktionalen Beziehungen basiert. Dabei können wir folgende Einteilung bilden: Einige Investierungen werden mit konstanten Parametern eingesetzt und sind dann als „exogen" zu bezeichnen. Diese Kennzeichnung als „exogene" oder „von außen vorgegebene" Größe besagt nicht, daß die Investition nicht in einem funktionalen Zusammenhang mit anderen Modellgrößen steht, daß sie also nicht mit dem System im Sinne eines allgemeinen und allseitigen Bestimmtseins verbunden ist. Die exogene Größe ist generell dadurch zu charakterisieren, daß sie nicht als abhängige, sondern nur als unabhängige Variable in Form eines Parameters im Modell enthalten ist.

Wir wollen dagegen eine Investition als „endogene" Größe im Modell behandeln, wenn sie als abhängige Variable erscheint, d. h. wenn sie in einer explizit gegebenen Funktion von einer anderen makroökonomischen Veränderlichen des Systems — das Symbol „X" möge im Schema dafür eingeführt werden — abhängt.

---

17 Diese „Produktivitätseffekte" oder auch „indirekten Kapazitätseffekte" können hier nicht näher diskutiert werden. Es wird beispielsweise verwiesen auf: H. Haller, Finanzpolitik, Grundlagen und Hauptprobleme, 2. Auflage, Tübingen/Zürich 1961, S. 252 ff. — H. Meinhold, Investitionen, in: Handwörterbuch der Sozialwissenschaften, 5. Band, Tübingen/Göttingen 1956, S. 333 ff., und die dort angegebene Literatur.

Dieses Funktionsverhältnis kann verschiedener Art sein: Die Investierungen können mit der Änderung des Volkseinkommens, ΔY, mit der Wachstumsrate des Volkseinkommens, $\Delta Y/Y$, mit der Höhe des Volkseinkommens, Y, oder auch mit anderen Systemgrößen (z. B. mit dem Unternehmergewinn, mit dem Bevölkerungswachstum usw.) funktional verbunden sein. Folgendes Schema mag diese Beziehungen darstellen:

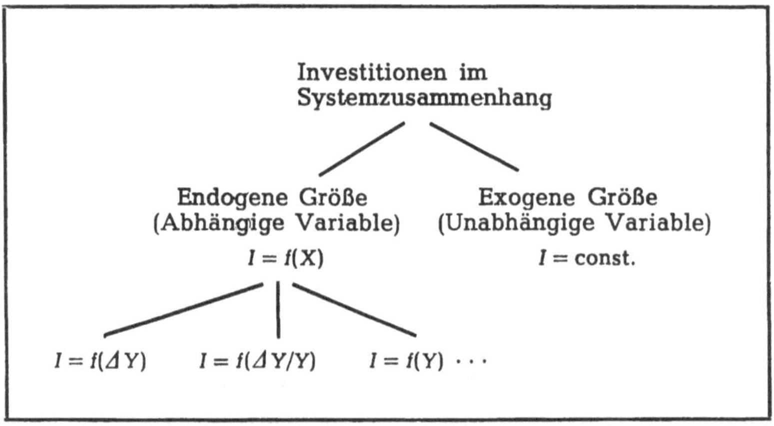

Wenn wir die Investierungen in solchen Schemata zu ordnen versuchen, ist es im Grunde belanglos, welche Investitionsart mit der Bezeichnung „autonom" zu versehen ist. Auf keinen Fall kann aber die Frage, welche Investierungen als „autonom" behandelt werden sollen, durch Befragung der Realität entschieden werden.

IV.

Abschließend soll noch ein Versuch angedeutet werden, das bekannte Wachstumsmodell vom Harrod-Domar-Typ, das nur akzelerations-induzierte Investierungen enthält, zu erweitern. Wir wollen dieses einfache Wachstumsmodell mit zwei Modellen vergleichen, für die unterschiedliche Annahmen getroffen werden und die daher differierende Wachstumspfade ergeben.

Modell I: Dieses Modell entspricht dem einfachen Harrod-Domar-Modell, das folgendermaßen zu charakterisieren wäre:

1. Als Prämissen liegen die Keynes'schen Einkommensgleichungen der Periode t zugrunde:

(1) $$Y = C + I\,,$$

(2) $$Y = C + S\,,$$

woraus die Identität von Investieren und Sparen folgt:

(3) $$I \equiv S\,.$$

2. Als Axiom wird einmal gesetzt, daß die Konsum- und die Sparfunktion linear sind und durch den Ursprung gehen (ohne Berücksichtigung von time-lags):

$$C = b\,Y, \tag{4}$$

$$S = s\,Y, \tag{5}$$

$$b + s = 1. \tag{6}$$

Zum anderen wird als Produktionsfunktion zwischen dem Output und dem Kapitalstock eine direkte Proportionalität angenommen; der Proportionalitätsfaktor, der das Verhältnis von Kapitalbestand und Ausstoß angibt, ist der Kapitalkoeffizient (v) bzw. sein Kehrwert, die Kapitalproduktivität (o):

$$P = o\,K = \frac{1}{v} K. \tag{7}$$

Es wird ein konstanter makroökonomischer Kapitalkoeffizient unterstellt, so daß gilt:

$$v = \frac{K}{P} = \frac{\Delta K}{\Delta P} = \frac{I}{\Delta P}. \tag{8}$$

Die Gleichung

$$I = \Delta K = v\,\Delta P \tag{9}$$

sagt aus, daß die Investierungen in der gleichen Periode den Kapitalbestand der Wirtschaft erhöhen.

3. Gleichgewichtiges Wachstum soll vorliegen, wenn folgende zwei Gleichgewichtsbedingungen erfüllt sind:

a) Die geplanten Größen von Investieren und Sparen sind gleich:

$$I \overset{!}{=} S. \tag{10}$$

b) Das Volkseinkommen soll mit einer Rate wachsen, die die Produktionskapazität voll nutzt:

$$\Delta P \overset{!}{=} \Delta Y. \tag{11}$$

Verbinden wir diese Gleichgewichtsbedingung mit Gleichung (9), so können die Investitionen als abhängig von der Variation des Volkseinkommens dargestellt werden:

$$I = v\,\Delta Y. \tag{12}$$

Aus den Definitionen, Axiomen und Gleichgewichtsbedingungen ergibt sich die gleichgewichtige Wachstumsrate des Volkseinkommens in einfacher Weise:

$$g_h = \frac{\Delta Y}{Y} = \frac{s}{v}. \tag{13}$$

Wenn wir die Variablen datieren und die homogene Differenzengleichung erster Ordnung — entwickelt aus den obigen Gleichungen —

(14) $$Y_t = \left(\frac{v}{v-s}\right) Y_{t-1}$$

lösen, kommen wir zu folgendem Wachstumspfad des Volkseinkommens:

(15) $$Y_t^h = Y_0 \left(\frac{v}{v-s}\right)^t .$$

Modell II: Neben den durch Gleichung (12) gegebenen „induzierten" Investierungen werden jetzt noch Investitionen berücksichtigt, die exogen vorgegeben sind und die wir als „autonom" definieren wollen. Diese Investierungen sollen nicht den Kapitalstock vergrößern, d. h. sie haben keinen Kapazitätseffekt. In unser Modell führen wir sie durch eine parametrische Konstante ($\bar{I}$) ein, so daß folgendes Schema die Investierungen des Modells wiedergibt:

Investitionen	
Induziert	Autonom
$I^i = \Delta K = v \Delta Y$	$I^a = \bar{I}$

Ausgehend von der Bestimmungsgleichung des Volkseinkommens

(16) $$Y = C + I^i + I^a ,$$

kann unter Zugrundelegung der im vorigen Modell eingeführten Axiome und Bedingungen folgende gleichgewichtige Wachstumsrate entwickelt werden:

(17) $$g_i = \frac{\Delta Y}{Y} = \frac{s}{v} - \frac{\bar{I}/Y}{v} .$$

Diese Rate ist — im Gegensatz zum Modell I — nicht mehr konstant, sondern sie wird mit wachsendem Volkseinkommen ansteigen. Sie ist jedoch kleiner als die Rate g_h, denn es gilt:

(18) $$\frac{s}{v} > \frac{\bar{I}/Y}{v} .$$

Diese Ungleichung ist dadurch zu beweisen, daß die Ersparnisse der Periode durch die induzierten und die autonomen Investitionen erschöpft werden:

(19) $$S = I^i + I^a .$$

Oder: die Sparrate, $s = S/Y$, muß der gesamten Investitionsrate, $I^i/Y + I \;\; Y = i + a$, entsprechen:

(20) $$s = i + a\,,$$

so daß die Quote der als „autonom" bezeichneten Investierungen allein geringer ist als die Sparrate:

(21) $$s > a\,,$$

wodurch der Beweis für die Richtigkeit der Gleichung (18) erbracht ist. Zur Ableitung des Wachstumspfades muß die inhomogene Differenzengleichung

(22) $$Y_t = \left(\frac{v}{v-s}\right) Y_{t-1} - \frac{\bar{I}}{v-s}$$

gelöst werden. Das allgemeine Integral dieser Gleichung lautet:

(23) $$Y_t^i = \left(Y_0 - \frac{\bar{I}}{s}\right)\left(\frac{v}{v-s}\right)^t + \frac{\bar{I}}{s}\,.$$

Das Volkseinkommen wächst also wieder gemäß einer Exponentialfunktion, nur ist der Wachstumspfad gegenüber dem einfachen Harrod-Domar-Modell weniger steil.

Modell III: Die Aufteilung der Investierungen soll jetzt in der Weise erfolgen, daß neben den induzierten Investitionen, die einen Kapazitätseffekt aufweisen, noch „autonome" Investierungen einbezogen werden, die den Kapitalbestand der Wirtschaft nicht erweitern, die jedoch mit dem Volkseinkommen ständig proportional wachsen:

(24) $$I \;= a\,Y\,.$$

Diese jetzt als „autonom" bestimmten Investitionen sind im Modell als endogene Größe zu charakterisieren, da sie abhängige Variable sind. Die vorgegebene konstante Investitionsquote, a, dagegen wird als Parameter eingeführt und ist somit exogen. Das Investitionsschema des Modells sieht folgendermaßen aus:

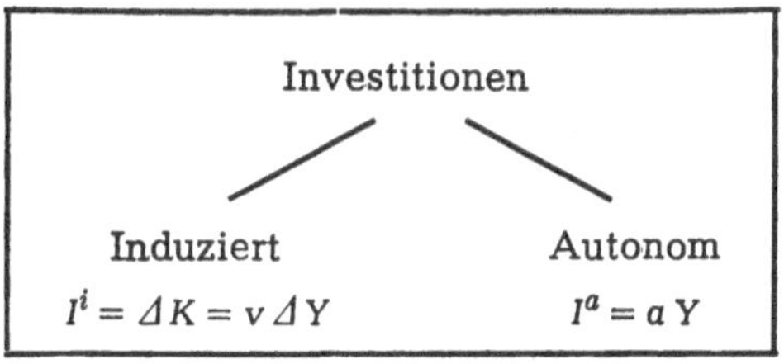

Die gleichgewichtige Wachstumsrate dieses Modells ist wieder konstant:

(25)
$$g_a = \frac{\Delta Y}{Y} = \frac{s}{v} - \frac{a}{v} < g_h .$$

Den Wachstumspfad erhalten wir durch die Integration der homogenen Differenzengleichung

(26)
$$Y_t = \left(\frac{v}{v - s + a}\right) Y_{t-1} ,$$

die zu folgendem Ergebnis führt:

(27)
$$Y_t^a = Y_0 \left(\frac{v}{v - s + a}\right)^t .$$

Das Volkseinkommen entwickelt sich wiederum nach einer Exponentialfunktion. Der Wachstumspfad ist noch flacher als im Modell II, da die Wachstumsrate im Modell II, g_i, zwar geringer ist als im Modell I, jedoch mit steigendem Volkseinkommen größer wird, während die Wachstumsrate des Modells III, g_a, immer um den gleichen Betrag, a/v, kleiner ist als die Rate g_h. Dieses kann in folgender Darstellung veranschaulicht werden:

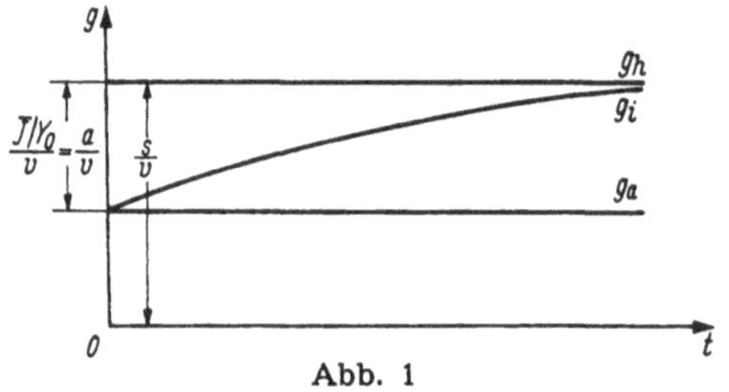

Abb. 1

Die verschiedenen Wachstumspfade des Volkseinkommens — wir können solche Kurven berechnen, indem wir einfache Zahlenwerte in die Gleichungen (15), (23) und (27) einsetzen — gibt folgende Abbildung wieder:

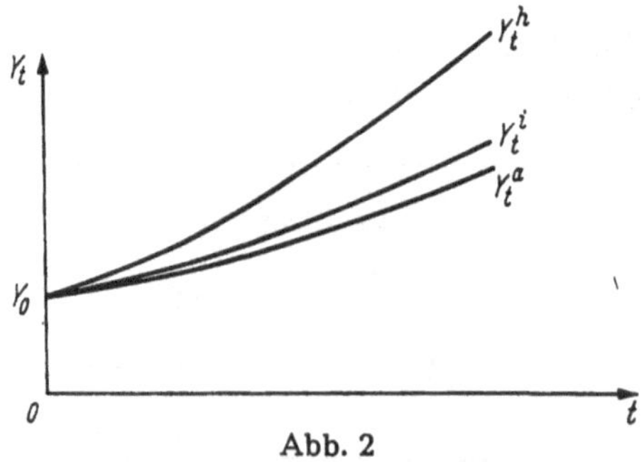

Abb. 2

V.

Zusammenfassend können wir als Ergebnis festhalten: Werden „autonome" Investierungen im Wachstumsmodell vom Harrod-Domar-Typ eingeführt, so verringert sich die gleichgewichtige Wachstumsrate des Volkseinkommens. Diese Aussage gilt sowohl für den Fall, daß die autonomen Investitionen als konstant vorausgesetzt werden als auch für die Möglichkeit wachsender autonomer Investierungen.

Nach Gleichung (20)

$$s = i + a$$

werden die gesamten Ersparnisse der Periode durch die induzierten und autonomen Investierungen erschöpft. Im einfachen Harrod-Domar-Modell wurden allein induzierte Investitionen berücksichtigt, so daß die Gleichgewichtsbedingung lautete:

$$s = i.$$

Nach Einbeziehung der autonomen Investitionen müssen die gesamten Ersparnisse der Periode in Höhe der gesamten Investierungen geplant werden; der Teil des Sparens, der durch induzierte Investitionen absorbiert werden könnte, wird demnach reduziert. Die autonomen Investierungen vergrößern jedoch nicht den Bestand des produktiven Kapitals der Wirtschaft, so daß die gleichgewichtige Wachstumsrate des Volkseinkommens im Vergleich zum einfachen Wachstumsmodell vom Harrod-Domar-Typ abnimmt.

Harrod hat in seinen grundlegenden Schriften zwar auf die Möglichkeiten der Unstabilität der gleichgewichtigen Wachstumsrate hingewiesen, indem er Diskrepanzen zwischen der tatsächlichen, der „warranted" und der natürlichen Wachstumsrate annahm [18], jedoch wird die Bedeutung der „autonomen" Investitionen in diesem Zusammenhang von ihm nicht diskutiert.

Dagegen wird u. a. bei Hamberg das oben erzielte Ergebnis, daß die „autonomen" Investitionen die gleichgewichtige Wachstumsrate variieren, erwähnt [19].

Eine Verfeinerung der kurz skizzierten Modelle könnte insofern noch erreicht werden, als die Einflüsse der als „autonom" definierten Investitionen auf die Größe des technischen Kapitalkoeffizienten Berücksichtigung finden. Dazu müßten wir die sog. „Produktivitätseffekte" der autonomen Investierungen in die Analyse einbeziehen; jedoch ist eine solche Erweiterung im Rahmen dieser Arbeit nicht möglich.

---

18 Vgl. R. F. Harrod, Dynamische Wirtschaft, S. 105 ff. — derselbe, Notes on ... a.a.O., S. 265 ff.

19 Vgl. D. Hamberg, Economic Growth ... a.a.O., S. 218. — D. Hamberg and L. C. Schultze, Autonomous ... a.a.O., S. 53/54.

Technischer Fortschritt und Faktorsubstitution

Wolfgang Möller

Es wird immer wieder behauptet, die Wirkungen des technischen Fortschritts seien von Substitutionsvorgängen nicht zu unterscheiden. Entweder wird dann eine analytische Trennung der Vorgänge für sinnlos gehalten, weil sie als empirische Erscheinungen nicht gesondert vorkommen oder überhaupt nicht gesondert vorkommen können, oder eine analytische Aufspaltung wird als unmöglich betrachtet.

Kaldor[1] z. B. argumentiert, eine Erhöhung der Kapitalintensität durch vermehrten Kapitaleinsatz bei konstanter Arbeitsmenge sei nur insoweit möglich, als technische Neuerungen eine Aufnahmebereitschaft für Kapital schaffen. Umgekehrt können auch Verbesserungen der Produktionstechnik nur durchgesetzt werden, wenn zusätzliches Kapital bereitgestellt wird. Infolgedessen wäre es allein sinnvoll, eine „technical progress function" aufzustellen, welche den technischen Fortschritt und die Nettoinvestitionen gleichzeitig mit der Veränderung des Volkseinkommens oder besser der Produktionskapazität verknüpft. Kaldor bildet daher die Beziehung:

$$\frac{Y_{t+1} - Y_t}{Y_t} = \alpha + \beta \frac{I_t}{K_t},$$

die für konstanten Arbeitseinsatz gilt.

Die Bindung von Investitionsmöglichkeiten an den technischen Fortschritt ist jedoch nicht ganz starr: Einem Einkommenszuwachs durch technischen Fortschritt allein, also in Höhe von α wird ausdrücklich Raum gegeben. Der Kapazitätseffekt der Investitionen ist durch den technischen Fortschritt eindeutig bestimmt; ohne technischen Fortschritt ist er in jedem Falle Null. Außerdem kann das Ausmaß der Neuerungen eine Obergrenze für wirksame Investitionen festlegen.

Danach läßt sich keine Beziehung

$$\frac{\Delta Y}{Y} = \beta \frac{\Delta K}{K}$$

als Kurve darstellen, die durch zusätzlich auftretenden technischen Fortschritt verschoben würde. Zur Kennzeichnung der Veränderung in

---

[1] N. Kaldor, A Model of Economic Growth, in: Economic Journal, Vol. LXVII, 1957, S. 591 ff.

der Produktionsweise eignet sich hier nur die Veränderung des Kapitalkoeffizienten: Je nachdem, ob die Kapazität stärker, um genausoviel oder weniger gestiegen ist als der Kapitalbestand, liegt nach Kaldor kapitalsparender (K/Y gesunken), neutraler ($K/Y = \text{const.}$) oder kapitalbeanspruchender „technischer Fortschritt" vor. Damit wird die Wirkung veränderter Produktionsweise genauso verbunden betrachtet wie die Veränderung der Produktionsweise selbst.

Eine derart enge Verflochtenheit von technischem Fortschritt und Änderung der Kapitalintensität besteht aber schon empirisch nicht. Kaldor selbst gesteht zu, daß die Produktionskapazität durch technischen Fortschritt allein, ohne Änderung der Kapitalintensität, steigen kann. Außerdem gibt ein bestimmter technischer Fortschritt — wenigstens bis zu einer Obergrenze — Steigerungen der Kapitalintensität in verschiedenem Ausmaß Raum. Es ist weiter fraglich, ob alle Möglichkeiten der Steigerung der Kapitalintensität, welche die alte Produktionsfunktion schon bot, bereits ausgeschöpft wurden. Ist das nicht der Fall, so kann auch in Abwesenheit von technischen Neuerungen durch Investitionen noch eine Kapazitätssteigerung erreicht werden. Auch Verminderungen der Kapitalintensität trägt Kaldor mit seiner technical progress function nicht Rechnung.

Eine Trennung der Fortschritts- und Substitutionseffekte, d. h. von Verschiebungen der Funktion und Bewegungen auf der gegebenen Funktion wird daher schon den empirischen Gegebenheiten eher gerecht. Darüber hinaus ist es gerade die Aufgabe der Analyse, Vorgänge, die tatsächlich meist oder häufig verbunden auftreten, gesondert darzustellen und so durchsichtiger zu machen. Eine solche gedankliche Zerlegung von Fortschritts- und Substitutionseffekt ist auch von dem Modell Kaldors aus offensichtlich gut möglich.

Hier kann auf die Untersuchung von Ott verwiesen werden[2]. Ott stellt augenscheinlich zu Recht fest, daß die technical progress function Kaldors eine Cobb-Douglas-Funktion darstellt, in die zusätzlich neutraler technischer Fortschritt eingeführt wurde; dabei ist Neutralität des technischen Fortschritts durch gleichbleibende Grenzrate der Substitution von Arbeit in bezug auf Kapital bei konstanter Kapitalintensität gekennzeichnet. Eine solche Funktion hat Solow mit besonders gutem Erfolg dazu benutzt, in statistischen Zahlenreihen die Komponenten technischer Fortschritt und Faktorsubstitution gesondert nachzuweisen[3].

---

[2] A. E. Ott, Produktionsfunktion, technischer Fortschritt und Wirtschaftswachstum, in: Einkommensverteilung und technischer Fortschritt; (Schriften des Vereins für Socialpolitik, N. F. Bd. 17) Berlin 1959.

[3] R. M. Solow, Technical Change and the Aggregate Production Function, in: The Review of Economics and Statistics, Vol. XXXIX, 1957, p. 312.

Als weiterer Einwand gegen eine Trennung von technischem Fortschritt und Faktorsubstitution gilt folgendes: Eine neue Produktionsweise kann zwar, sofern sie überhaupt zur Erstellung des gleichen Produkts wie bisher dient, allein auf verbesserten Verfahren beruhen, die unter Benutzung qualitativ gleichbleibender Faktoren angewendet werden. Dieser Fall ist jedoch die Ausnahme. Gewöhnlich müssen mit dem Verfahren auch die Faktorqualitäten geändert werden, so daß technische Neuerungen notwendig mit einer Substitution zwischen qualitativ unterschiedlichen Faktoren einer Faktorklasse (z. B. Kapital) einhergehen.

Jedoch, wenn schon die Analyse mit einer Aggregation der Faktoren zu den Klassen Arbeit und Kapital (oder auch zu anderen Faktorgruppen) arbeitet, weil die Beziehungen zwischen den Faktorklassen (oder -gruppen) beleuchtet werden sollen, müßte es möglich sein, die angeschnittene Schwierigkeit auf ein Indexproblem zu reduzieren. Das soll hier aber nicht erörtert werden.

Die Analyse von Fortschritts- und Substitutionseffekten bei vorliegendem technischen Fortschritt bereitet auch in ihrer einfachsten Form immer wieder Schwierigkeiten[4]. Es soll daher zu zeigen versucht werden, daß sie bei zweckmäßigem Vorgehen möglich ist. Die einfache Isoquantenanalyse, wie sie in der herkömmlichen Preis- und Produktionstheorie verwendet wird, bietet sich als durchaus brauchbares Hilfsmittel an.

Eine Produktionsfunktion beschreibt den rein technischen Zusammenhang zwischen Ausstoßmengen und den zu ihrer Erstellung notwendigen Faktormengen. Eine bestimmte gegebene Funktion kann diese Beziehung für einen vorliegenden Stand der Technik beschreiben, der auf Erfindungen der Vergangenheit beruht. Die grafische Darstellung für den Fall zweier Faktorgruppen (A und K) und einer Produktart im zweidimensionalen Koordinatensystem ergibt eine Isoquantenschar. Jede Isoquante stellt die Faktorkombinationen dar, die bei bester Ausnutzung der technischen Möglichkeiten dieselbe Produktmenge erbringen. „Gestalt und Eigenschaften (der Funktion sind) nur empirisch zu bestimmen"[5], abnehmende Grenzraten der Substitution dürften jedoch häufig sein.

Veränderungen der möglichen Produktionstechnik wegen neuer Erfindungen bedeuten eine veränderte Produktionsfunktion, dargestellt durch eine Verschiebung der ganzen Isoquantenschar. „Technischer *Fortschritt*" beinhaltet außerdem eine verbesserte Technizität, d. h. mengenmäßige Ergiebigkeit der Produktion. Grundlegende Kennziffer

---

[4] Vgl.: H. Walter, Technischer Fortschritt und Faktorsubstitution, in: Jahrbücher für Nationalökonomie und Statistik, Bd. 175, 1963, S. 97 ff.

[5] E. Schneider, Artikel: Produktionstheorie, in: Handwörterbuch der Sozialwissenschaften, 47. Lieferung; Stuttgart, Tübingen, Göttingen 1963, S. 597.

für den technischen Fortschritt ist deshalb die (steigende) Durchschnittsproduktivität der Faktoren oder, damit gleichbedeutend, die (sinkenden) Durchschnittskosten des Erzeugnisses. Nach Einführung der ergiebigeren Technik erbringt eine Faktorkombination mehr Produkteinheiten — die durch den entsprechenden Koordinatenpunkt verlaufende Isoquante hat einen höheren Mengenindex — bzw. eine bestimmte Produktmenge kann nun durch die Kombination kleinerer Faktormengen erzielt werden — die Isoquante mit dem alten Mengenindex durchläuft Punkte, welche kleinere Faktormengen darstellen.

Um eine übersichtliche Darstellung zu erhalten, wird der technische Fortschritt in der zweiten Art beschrieben und grafisch dargestellt. Allein die Isoquante mit einem bestimmten Produktmengenindex (*I*) wird herausgegriffen und für die Zeitpunkte vor (*t*) und nach (*t* + 1) der Einführung der Neuerung aufgezeichnet. So ergibt sich beispielsweise das Bild der folgenden Zeichnung.

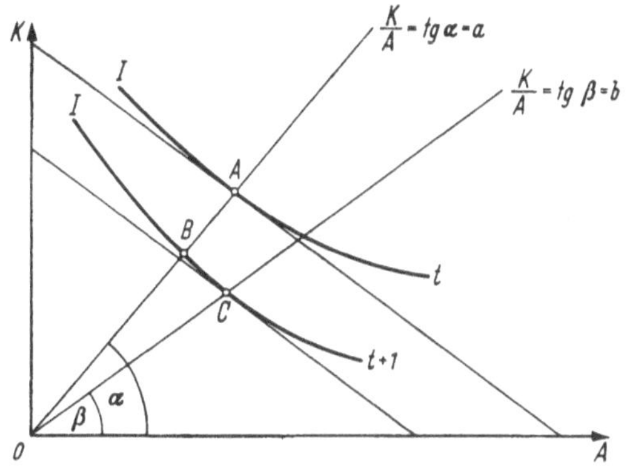

Die Verschiebung der Isoquanten gegen den Ursprung deutet zwar an, *daß* technischer Fortschritt vorliegt. Die *Art* der Neuerung kann aber noch genauer beschrieben werden. Es bieten sich vor allem zwei Möglichkeiten, die rein technischen Veränderungen näher zu kennzeichnen, die mit „Realkostensenkung" nur der allgemeinen Tendenz nach beschrieben sind.

Wählt man zwei Vergleichspunkte (*A* und *B*) auf den Isoquanten, welche dieselbe Kapitalintensität aufweisen, so kann die Art der Neuerung charakterisiert werden durch den Vergleich der Verhältnisse der Grenzproduktivitäten (oder der Grenzrate der Substitution) vor und nach der Isoquantenverschiebung. Arbeitssparender (kapitalsparender, neutraler) technischer Fortschritt liegt vor, wenn die Grenzproduktivität des Kapitals stärker (weniger, genauso stark) gestiegen ist als die der Arbeit.

Wählt man zwei Vergleichspunkte (*A* und *C*) auf den Isoquanten, welche dieselbe Grenzrate der Substitution zwischen den Faktoren aufweisen, so kann die Veränderung der Kapitalintensität (von *a* auf *b*) zwischen diesen Punkten die Art der Neuerung angeben: Ist die Kapitalintensität gestiegen (gefallen, gleich geblieben), so kann der technische Fortschritt (relativ) arbeitssparend (kapitalsparend, neutral) genannt werden.

Es ist hervorzuheben, daß insoweit nur technische Beziehungen betrachtet worden sind, in denen allein sich der technische Fortschritt zunächst widerspiegelt.

Wird allen möglichen Faktorkombinationen durch das jeweilige Isoquantensystem das bei dem gegebenen technischen Horizont technisch optimale Produktionsergebnis zugeordnet, so können durch das Hinzutreten ökonomischer Bedingungen wirtschaftliche Optima ermittelt werden: Größte Wirtschaftlichkeit wird erzielt, wenn die Produktionsmittel in einem Mengenverhältnis eingesetzt werden, bei dem ihre Grenzproduktivitäten in demselben Verhältnis stehen wie ihre Preise (Minimalkostenkombination).

Charakterisiert das Mengenverhältnis der Faktoren, z. B. die Kapitalintensität, einen „Produktionsprozeß", so wird durch das Preisverhältnis also die Prozeßwahl entschieden; oder umgekehrt: Bei gegebener Produktionsfunktion bestimmt der gewählte Produktionsprozeß die Gleichgewichtspreise der Faktoren. Die Höhe des Prozeßniveaus, ausgedrückt durch den Isoquantenindex, wird damit nicht festgelegt.

Die Prozeßwahl ist also nur bei Berücksichtigung der technischen und ökonomischen Bedingungen verständlich. Der technische Fortschritt betrifft unmittelbar aber nur die technische Struktur (Produktionsfunktion). Daher sollen diese primären Wirkungen dargestellt werden durch den Vergleich der besten Produktionsmöglichkeiten mit Hilfe desselben Prozesses vor und nach Einführung der Neuerung. Die Bewegung von *A* nach *B* (s. Zeichnung) kann „reiner Fortschrittseffekt" genannt werden.

Ein „Substitutionseffekt" in der Form der Wahl eines neuen Produktionsprozesses kann zusätzlich auftreten, wenn die Grenzrate der Substitution zwischen den Faktoren bei dem alten Verfahren durch den Fortschrittseffekt verändert wurde (nicht-neutraler technischer Fortschritt), während das Preisverhältnis konstant blieb. Bei konstanten Preisen und neutralem technischen Fortschritt bleibt ein Substitutionseffekt jedenfalls aus. Andererseits ist ein „Preiseffekt" denkbar, weil sich die Faktorpreise anpassen müssen, wenn ein Produktionsverfahren trotz veränderter Grenzproduktivitäten beibehalten wird. Substitutionseffekte werden am ehesten zu erwarten sein, wenn kleinere Bereiche der Wirtschaft von einer Erfindung Nutzen haben. Findet eine Neuerung weit verbreitete Anwendung, so dürften Änderungen des Preisverhältnisses den Substitutionstendenzen entgegenwirken.

Substitutionseffekt (z. B. die Bewegung von *B* nach *C* in der Zeichnung) und Preiseffekt sind wirtschaftliche Anpassungsvorgänge, die durch technische Veränderungen ausgelöst werden. Sie stellen sekundäre Wirkungen jener Neuerungen dar und sollten erst in zweiter Linie zu ihrer Beschreibung dienen.

Diese einfache Aufspaltung der Wirkungen einer technischen Neuerung in Fortschrittseffekt und Substitutions- und/oder Preiseffekt hat Ähnlichkeit mit der Analyse der Wirkung von Preisänderungen bei Konsumgütern, wobei ein Substitutionseffekt von einem Einkommenseffekt unterschieden wird. Während aber bei der Analyse der Haushaltsgleichgewichte die Wirkungen der Veränderungen wirtschaftlicher Größen interessieren, sollen bei der Untersuchung des technischen Fortschritts wirtschaftliche Einflußfaktoren zunächst gerade ausgeschaltet werden. Es wäre daher unzweckmäßig, hier wie dort sogleich wirtschaftliche Gleichgewichtssituationen miteinander zu vergleichen. Im Falle des technischen Fortschritts würde dann die Trennung der primären (rein technischen) und sekundären (wirtschaftlich-technischen) Effekte vereitelt.

So kommt Walter zu dem Ergebnis, Substitution und technischer Fortschritt seien weder tatsächlich noch gedanklich zu scheiden, wenn nicht gerade neutraler technischer Fortschritt vorliegt. „Trotz" konstanter Preise kommt es wegen der Tendenz des technischen Fortschritts zur relativen Ersparnis eines Faktors zur Substitution, d. h. Änderung des Einsatzverhältnisses der Faktoren. Nach Walter stellt sich technischer Fortschritt daher „essentiell als ein Substitutionsvorgang dar"[6]. Tatsächlich wird nur die scharfe Trennung zwischen Veränderung der Produktionsstruktur (technische Möglichkeiten) und den ökonomischen Anpassungsvorgängen versäumt. Die Überlagerung der technischen und der ökonomischen Veränderungen wird deshalb nicht wahrgenommen.

Auch Ott macht einen Fehler, wenn er die Wirkung des technischen Fortschritts einmal an seinem Substitutionseffekt bemißt, statt den spezifischen Fortschrittseffekt ins Auge zu fassen[7]. Es soll erklärt werden, warum „bei der Substitution von Arbeit durch Kapital ohne technischen Fortschritt, also infolge von Faktorpreisänderung, die Grenzproduktivität des Kapitals im Vergleich zu der der Arbeit sinkt, während der

---

[6] Vgl.: Walter, a.a.O., S. 112.

[7] Vgl.: Ott, a.a.O., S. 181 ff.

arbeitssparende technische Fortschritt die Grenzproduktivität des Kapitals stärker erhöht als die der Arbeit, so daß also die Grenzproduktivität der Arbeit im Vergleich zu der des Kapitals sinkt".

Im ersten Falle bewirkt ein gesunkener Kapitalkostensatz einen „resources effect", durch den bei konstantem Preisverhältnis ein höheres Ausbringungsniveau erreicht wird. Dazu kommt ein Substitutionseffekt, durch den das neue Gleichgewicht bei der gestiegenen Ausbringung erreicht wird, das dem neuen Preisverhältnis und der gleich gebliebenen Kostensumme entspricht. Zwar beinhaltet auch der Expansionseffekt („resources effect") in den meisten Fällen schon eine Abweichung von dem alten Faktoreinsatzverhältnis (Produktionsprozeß), der Substitutionseffekt führt aber erst zur Anpassung des Einsatzverhältnisses an die neue Preissituation. Wegen der gesunkenen Kapitalkosten wird Arbeit durch Kapital ersetzt. Dadurch sinkt das Verhältnis der Grenzproduktivitäten $P'_K : P'_A$ und wird dem neuen, kleineren Preisverhältnis $Q : L$ gleich.

Die Wirkung des arbeitssparenden technischen Fortschritts zeigt sich nicht unbedingt in seinem Substitutionseffekt. Hier muß der Fortschrittseffekt betrachtet werden. Durch eine arbeitssparende Neuerung kann unter Aufrechterhaltung des Produktionsprozesses eine kostengünstigere Faktorkombination erreicht werden, die sich jedoch dadurch auszeichnet, daß die Grenzproduktivität der Arbeit im Verhältnis zu der des Kapitals sinkt. So ist arbeitssparender technischer Fortschritt definiert; eine weitere „Erklärung" kann nicht gegeben werden. Der Substitutionseffekt des technischen Fortschritts, der bei konstantem Preisverhältnis auftritt und zu sinkender Arbeitsintensität führt, zeigt die Tendenz zur relativen Arbeitsersparnis deutlicher. Er ist als sekundäre Wirkung in diesem Zusammenhang jedoch nicht von Bedeutung.

Abschließend kann noch einmal betont werden: Technischer Fortschritt bedeutet eine Verschiebung der Produktionsfunktion, welche am besten durch rein technische Kennzahlen bezeichnet wird (z. B. die Veränderungen der Durchschnittsproduktivitäten und des Verhältnisses der Grenzproduktivitäten der Faktoren bei unverändertem Einsatzverhältnis). Die sekundären Wirkungen, d. h. die Wirkungen auf das wirtschaftliche Gleichgewicht, sind davon zu trennen; Substitutions- und Preiseffekte können vorkommen, je nach der Art der Anpassung an die neue technische Struktur.

Der Akzelerator: Makro- oder Mikrotheorie?

Günter Ollenburg

1. Einführung in das Problem

Der folgende Beitrag enthält einige Gedanken zur Verwendung des Akzelerationsprinzips in makroökonomischen Kreislaufmodellen und soll auf einige Gesichtspunkte hinweisen, die bisher weniger stark beachtet worden sind. Dabei wird auch auf die Beziehungen zwischen mikroökonomischen Verhältnissen und deren makroökonomischer Formulierung einzugehen sein. Eine Darstellung wird hier als makroökonomisch bezeichnet, wenn sie sich aus Größen aufbaut, die sämtliche gleichartigen Tatbestände einer Gesellschaftswirtschaft additiv zusammenfassen. Wie dem Sparen ein anderes Gewicht zukommt, je nachdem ob nur ein Ausschnitt aus dem gesamtwirtschaftlichen Kreislauf, z. B. ein Haushalt, oder der gesamte Kreislauf betrachtet wird, so ist auch beim Akzelerator zumindest zu prüfen, ob der an sich mikroökonomische Ansatz ohne weiteres auch in Kreislaufmodelle mit aggregierten Größen übernommen werden kann.

Der Akzelerator beruht auf der Überlegung, daß eine Veränderung der Nachfrage nicht nur direkt die Produktionsentscheidungen, sondern wegen der Notwendigkeit der Anpassung der Kapazitäten an das veränderte Produktionsvolumen auch die Investitionsentscheidungen beeinflußt. Verändert sich die Nachfrage, so muß die für die Anpassung der Kapazitäten erforderliche zusätzliche Nachfrage nach Kapitalgütern ebenfalls befriedigt werden. Als Kapitalgüter werden hier alle diejenigen Produkte zusammengefaßt, die als Bestand zur Durchführung der Produktion vorhanden sein müssen.

Gegenstand der folgenden Analyse ist in erster Linie die Frage, ob und inwieweit dieser Grundgedanke in den makroökonomischen Kreislaufmodellen durch die Beziehung zwischen aggregierten Nettoinvestitionen und Veränderungen des Nettosozialprodukts bisher erfaßt worden ist bzw. erfaßt werden kann. Hierfür spielt es eine relativ untergeordnete Rolle, ob die Nachfrageschwankungen über Veränderungen im Ertragswert[1] der Kapitalbestände oder lediglich über Absatz-

[1] Die Wertschwankungen stehen im Mittelpunkt der Überlegungen von T. N. Carver, der in seinem Artikel "A Suggestion for a Theory of Industrial Depressions", Quarterly Journal of Economics, Vol. XVII (1902/03), S. 497—500,

veränderungen[2] wirken; denn bei voll beweglichen Preisen kann zwar jede einmal produzierte Menge mit entsprechenden Einbußen im allgemeinen abgesetzt werden, während sich eine Nachfrageänderung bei völlig starren Preisen ausschließlich in einem entsprechenden Lageraufbau oder -abbau niederschlagen kann. Unter Berücksichtigung der Beweglichkeit der Preise können beide Ansätze in diesem Zusammenhang als Ausdruck für denselben ökonomischen Tatbestand: Wirkung von Nachfrageveränderungen, angesehen werden.

Als gegeben wird weiterhin unterstellt, daß der Investitions-Akzelerationskoeffizient nicht nur den Kapitalkoeffizienten enthält. Unter einfachen Bedingungen hat Ott[3] nachgewiesen, daß der Akzelerationskoeffizient größer als der produktionstechnisch notwendige Kapitalkoeffizient sein muß. Wird — nach Ott — berücksichtigt, daß zwischen einer Einkommensveränderung und dem Beginn einer durch sie induzierten Investition eine Zeitspanne p vergeht, so ist die Funktion für die induzierte Investition

(I, 1) $$I_{it} = \beta\,(Y_{t-p} - Y_{t-p-1}),$$

wobei I_i die induzierte Investition, Y das Nettosozialprodukt und β den Akzelerationskoeffizienten bedeutet. Wenn weiterhin zwischen dem Beginn und der Fertigstellung der Investitionen im Durchschnitt eine Zeitspanne q vergeht, so ist deren Kapazitätseffekt durch

(I, 2) $$Y_{t+q} - Y_{t+q-1} = \frac{I_t}{b}$$

gegeben, wobei b den marginalen Kapitalkoeffizienten darstellt. Ist I_{it} gleich I_t, so ergibt sich bei konstanter Wachstumsrate:

(I, 3) $$\beta = b\,\frac{Y_{t+q} - Y_{t+q-1}}{Y_{t-p} - Y_{t-p-1}} = b\,\frac{Y_{t+q-1}}{Y_{t-p-1}}.$$

---

praktisch schon das Akzelerationsprinzip umrissen hat. Aber auch J. M. Clarks Ziel war es, zur Erklärung der größeren Preisschwankungen bei Kapitalgütern als bei Konsumgütern beizutragen.

[2] Als grundlegend für das Akzelerationsprinzip wird heute der Artikel „Business Acceleration and the Law of Demand" von J. M. Clark in Journal of Political Economy, Vol. XXV (1917), S. 217—235 angesehen (hier zitiert nach dem Wiederabdruck in: Readings in Business Cycle Theory, London 1950, S. 235—260). Bereits vor ihm sind gleiche Gedanken schon vor allem von A. Aftalion und C. F. Bikerdike in deren Konjunkturtheorien verwandt worden.

[3] Alfred E. Ott, Der Gleichgewichts-Akzelerator, in: Ifo-Studien, Zeitschrift des Ifo-Instituts für Wirtschaftsforschung, 5. Jahrgang (1959), S. 113—116.

Mit der konstanten Wachstumsrate w_Y kann der Ausdruck (I, 3) auf einen gemeinsamen Ausgangspunkt zurückgeführt werden, in dem Y_0 das Nettosozialprodukt in der Ausgangsperiode zeigt:

$$\beta = b \frac{Y_0 (1 + w_Y)^{t+q-1}}{Y_0 (1 + w_Y)^{t-p-1}} = b\,(1 + w_Y)^{q+p} . \tag{I, 4}$$

Hieraus folgt, daß der Akzelerationskoeffizient bei einem Gleichgewichtswachstum stets größer sein muß als der Kapitalkoeffizient, sofern nicht sowohl q als auch p gleich Null sind. Wenn die Unternehmen auf Grund ihnen bekannter Daten planen, so kann ihnen zu Beginn ihrer Investitionen günstigstenfalls das Nettosozialprodukt bis zur vergangenen Periode bekannt sein. Die Investitionen mögen wiederum am Anfang der folgenden Periode produktionsbereit sein. Somit gilt:

$$I_t = \beta\,(Y_{t-1} - Y_{t-2}) = b(Y_{t+1} - Y_t) . \tag{I, 5}$$

Bei einer konstanten Wachstumsrate w_Y folgt aus (I, 5)

$$\beta = b \frac{Y_t}{Y_{t-2}} = b\,(1 + w_Y)^2 . \tag{I, 6}$$

Unter den gegebenen Bedingungen müßten die Unternehmer bereits das Ausmaß des künftigen Wachstums in ihren Plänen richtig vorausschätzen, damit sich ihre Erwartungen realisieren.

Die verschiedenen Aspekte des Akzelerationsprinzips sind bisher schon eingehend erörtert worden. Hierzu gehört die Frage, ob und inwieweit die Kapital-Ausstoß-Relation b bei einer Veränderung der Gesamtproduktion überhaupt konstant bleiben kann. Aber auch inwieweit der Akzelerator bei einer Steigerung des Sozialprodukts anders wirkt als bei dessen Verminderung oder welche Größe als determinierende Variable angesehen werden soll, sind eingehend diskutiert worden. Welche Bedeutung die Dauer der Nutzung der Kapitalgüter auf den Akzelerator und/oder den Kapitalkoeffizienten hat, ist ebenfalls behandelt worden. Bei all diesen Überlegungen ist aber in der Regel unterstellt worden, daß es möglich ist, die Akzelerationswirkung der abgeleiteten Nachfrage auch in makroökonomischen Modellen durch eine einfache Differenzen- (oder bei kontinuierlicher Darstellung Differential-)funktion ersten Grades darzustellen. Dies mag ausreichen, solange eine Gesellschaftswirtschaft lediglich aus zwei hintereinander gelagerten Produktionsstufen besteht. Ob eine so einfache Darstellung des Akzelerationsprinzips im Makro-Bereich noch möglich ist, wenn in der Gesellschaftswirtschaft eine tiefere als zweistufige Gliederung der Produktion vorherrscht, dürfte zumindest fraglich sein. Auch Rückversetzungen im Sinne v. Böhm-Bawerks müßten in der Darstellung wenigstens im Ansatz berücksichtigt sein. Mit diesen Fragen ist noch das Problem verbunden, ob ein Prinzip, das auf den individuellen Angebots-Nachfrage-Beziehungen zwischen einzelnen Unternehmen beruht, einfach dadurch in ein die Gesamtwirtschaft repräsentierendes Kreislaufmodell eingebaut werden kann, daß eine Funktion aufgestellt wird, die lediglich als Summation der Einzelbeziehungen aufgefaßt werden kann.

2. Der Akzelerator in der makroökonomischen Modelltheorie

Bevor diese generelle Frage am Beispiel des Akzelerators untersucht wird, sei noch einmal seine Anwendung in einem Konjunktur- und in einem Wachstumsmodell dargestellt. Der unterschiedliche Aufbau und Sinn beider Modelle, einmal als Typ der Sequenzanalyse und zum anderen als Typ der dynamischen Gleichgewichtsanalyse, sind insbesondere von Bombach[4] herausgestellt worden. Überlegungen zum Akzelerationsprinzip haben sich also mit beiden Modelltypen zu befassen.

Angelpunkt der Kreislaufmodelle ist die Bilanzgleichung des Nettosozialprodukts

(II, 1) $$Y_t = C_t + I_t \,.$$

Das Nettosozialprodukt der Periode t (Y_t) setzt sich aus der Produktion von Konsumgütern derselben Periode (C_t) und der Produktion von Gütern zur Nettoinvestition (I_t) zusammen. Die Produktion der Konsumgüter erfolgt auf Grund der effektiven Nachfrage der Haushalte, die durch die Einkommen aus dem Nettosozialprodukt der vergangenen Periode bestimmt werde:

(II, 2) $$C_t = a\, Y_{t-1} \,.$$

Die Nettoinvestitionen mögen durch den Akzelerator bestimmt werden. Wenn sie nach realisierten Größen geplant werden sollen, so kann nur die Differenz zwischen dem Nettosozialprodukt der vergangenen und vorvergangenen Periode maßgebend sein. Ist β der Akzelerationskoeffizient, so lautet also die Funktion für die Nettoinvestitionen

(II, 3) $$I_t = \beta\,(Y_{t-1} - Y_{t-2}) \,.$$

---

[4] Vgl. Gottfried Bombach, Zur Theorie des wirtschaftlichen Wachstums, in: Weltwirtsch. Archiv, Bd. 70 (1953), S. 110—165.

Dieses Modell, das zur Darstellung von Konjunkturzyklen verwandt werden kann, hat die Endgleichung

(II, 4) $$Y_t = (a + \beta)\, Y_{t-1} - \beta\, Y_{t-2}$$

mit den Wurzeln

(II, 5) $$x_{1,2} = \frac{(a+\beta) \pm \sqrt{(a+\beta)^2 - 4\beta}}{2}.$$

Wenn $a<\beta(4-\beta)/(1+2\beta)$ ist, ergeben sich bei Abweichungen vom Gleichgewicht zyklische Verläufe. Der Grundidee nach sind derartige Modelle u. a. von Samuelson[5] und Hicks[6] zum Kern ihrer konjunkturtheoretischen Überlegungen gemacht worden. Der Akzelerator wird hier als Bestimmungsgrund der induzierten Nettoinvestitionen verwandt und spiegelt eine Verhaltensweise der Unternehmer wieder. Im Zweifel enthält der Akzelerationskoeffizient nicht nur die produktionstechnisch bedingte Kapital-Ausstoß-Relation, sondern auch Erwartungsparameter, wie oben gezeigt ist.

Demgegenüber hat die Wachstumstheorie im Anschluß an Harrod[7] und Domar[8] einen Modelltyp entwickelt, der nicht aus Verhaltensfunktionen, sondern aus Gleichgewichtsbedingungen besteht.

Die Funktion

(II, 2.1) $$C_t = a\, Y_t$$

bedeutet hier nicht mehr, daß der Bruchteil a (= Konsumquote) des gegenwärtigen Nettosozialprodukts konsumiert wird und infolge dieser Nachfrage neues Sozialprodukt entsteht. Sie zeigt vielmehr lediglich, daß eine derartige Beziehung in ein Modell eingehen muß, wenn unterstellt werden soll, daß der Teil a des jeweiligen Sozialprodukts für den Konsum bereitstehen soll oder muß.

Entsprechend wird für die Nettoinvestitionen einer Periode t die Bedingung gesetzt, daß sie ausreichen müssen, um das zusätzliche Nettosozialprodukt der kommenden Periode hervorzubringen, ohne daß ein Engpaß bei den Kapitalgütern entsteht. Maßgebend für diese Beziehung

---

5 Paul A. Samuelson, Interactions between the Multiplier Analysis and the Principle of Acceleration, in: The Review of Economic Statistics, Vol. XXI (1939), S. 75—78; hier zitiert nach dem Wiederabdruck in: Readings in Business Cycle Theory, London 1950, S. 261—269.

6 J. R. Hicks, A Contribution to the Theory of the Trade Cycle, Oxford 1950.

7 Vgl. z. B. Roy F. Harrod, An Essay in Dynamic Theory, in: Economic Journal, Vol. XLIX (1939), S. 14—33 oder Derselbe, Towards a Dynamic Economics, London 1948.

8 Vgl. z. B. Evsey D. Domar, Capital Expansion, Rate of Growth, and Employment, in: Econometrica, Vol. XIV (1946), S. 137—147.

ist dann nicht mehr der Akzelerationskoeffizient, sondern die Kapital-Ausstoß-Relation b.

(II, 3.1) $$I_t = b\,(Y_{t+1} - Y_t).$$

Zusammen mit (II, 1) ergibt sich aus (II, 2.1) und (II, 3.1):

(II, 4.1) $$\frac{Y_{t+1} - Y_t}{Y_t} = \frac{1-a}{b}$$ oder, wenn $1 - a = s$ gesetzt wird,

auch

(II, 4.2) $$Y_{t+1} = \left(1 + \frac{s}{b}\right) Y_t = (1 + w_Y)\, Y_t\,.$$

Wie bei einem statischen Gleichgewichtsmodell ist auch in diesem Falle eine Analyse von Abweichungen möglich. Eine größere Investitionsnachfrage, als sie der Gleichung (II, 3.1) entspricht, führt dazu, daß die für das Nettosozialprodukt Y_t vorhandene Kapazität nicht ausreicht und dementsprechend die gesamte Nachfrage nicht befriedigt werden kann und/oder die Kapazitäten überbeschäftigt sind. Da nunmehr eine relativ noch größere Investitionsnachfrage ausgelöst wird, ist dieser gleichgewichtige Wachstumspfad als instabil bezeichnet worden. Eine geringere Investitionsnachfrage führt analog zu sich verstärkenden negativen Abweichungen vom Gleichgewichtspfad.

Wenn die Kapazitätserfordernisse der Kapital-Ausstoß-Relation den Kern des Akzelerationsprinzips bilden sollen, so bleibt der Ansatz des Konjunkturmodells deshalb unbefriedigend, weil ein Gleichgewicht stets autonome Nettoinvestitionen oder eine andere autonome Nachfrage voraussetzt. Von dieser autonomen Nachfrage darf die Produktionskapazität nicht beeinflußt werden. Das Gleichgewicht selbst ist lediglich von der Höhe der Konsumneigung und der autonomen Nachfrage abhängig. Ein sich selbst erhaltendes Gleichgewicht im Sinne der Wachstumstheorie läßt sich mit diesem Ansatz nicht bestimmen. Das Gleichgewichtsmodell des Wachstums bleibt unbefriedigend, weil die Tendenz zu sich selbst verstärkenden Abweichungen lediglich zeigt, daß Änderungen der Wachstumsrate bei konstanter Konsumquote und konstanter Produktionsstruktur nicht möglich sind, ohne die Gleichgewichtsbedingungen zu verletzen.

3. *Produktionsstruktur und gleichgewichtiges Wachstum*

Bereits einleitend ist gesagt worden, daß sich die Überlegungen dieses Beitrages auf die Frage konzentrieren, inwieweit die bisherigen Ansätze einer produktionstechnisch tiefer als zweistufig gegliederten Gesellschaftswirtschaft gerecht werden. Damit wird ein Strukturproblem aufgegriffen, das das Zusammenwirken von mehr als zwei voneinander unabhängigen Instanzen in einer Gesamtwirtschaft betrifft. So entscheidend für die praktische Verwendbarkeit der Modelle die Größe der Kapital-Ausstoß-Relation, ihre mögliche Veränderung mit der Größe des Sozialprodukts oder auch die Asymmetrie des Akzelerationsprinzips bei wachsendem und fallendem Sozialprodukt sind, so bleibt in jedem Falle zuvor die Frage zu klären, ob der bisherige Ansatz im makroökonomischen Kreislaufmodell ausreicht, um die in der Regel bestehende tiefgegliederte Wirtschaftsstruktur zu erfassen.

Eine Gesellschaftswirtschaft weist einmal die Konsumgüterindustrie und zum anderen die Grundstoff- und Investitionsgüterindustrie auf. Innerhalb der Investitionsgüterindustrie muß aber wohl zwischen dem Bereich unterschieden werden, der die Konsumgüterindustrie direkt versorgt und dem, der die Anlagen für die Investitionsgüterindustrie erstellt. Ob hierbei die einzelnen Bereiche getrennt werden, wie es etwa der Arbeitsteilung zwischen Schwermaschinenbau und sonstigem Maschinenbau entspricht, oder ob eine Rückversetzung der Produkte der Investitionsgüterindustrie innerhalb des eigenen Bereichs unterstellt wird, was z. B. bei Anlagegütern zutreffen kann, die sowohl in der Konsumgüterindustrie als auch in der Investitionsgüterindustrie verwandt werden können, ist für die vorliegende Fragestellung zweitrangig. Wesentlich bleibt, daß ein Teil der Kapazität der Investitionsgüterindustrie nicht nach der Produktionsentwicklung der Konsumgüterindustrie, sondern des Investitionsgüterbereichs ausgerichtet werden muß. Ein Modell, das diesen Überlegungen gerecht werden will, besteht neben der Bedingung für die Konsumnachfrage

(III, 1) $$C_t = a\,Y_t$$

aus der Bedingung, daß das Produktionsvolumen der Konsumgüterindustrie, V_{1t}, die Konsumnachfrage befriedigen muß, also:

(III, 2) $$V_{1t} = C_t\,.$$

Weiterhin muß das Produktionsvolumen der Investitionsgüterindustrie erster Stufe, V_{2t}, die Nachfrage der Konsumgüterindustrie decken, die diese vornimmt, um ihre Ausstattung mit Kapitalgütern ihren Produktionsänderungen anzupassen.

(III, 3) $$V_{2t} = b_1 \Delta V_{1t}\,.$$

Bis zu diesem Punkt hat das Wachstumsmodell vom Typ Domars und Harrods die Tiefengliederung in der Produktionsstruktur erfaßt. Die

Ausrichtung der Kapazität dieser Investitionsgüterindustrie erster Stufe nach Änderungen ihres Produktionsvolumens ist außer Ansatz geblieben. Das Modell wird aber nur dann den vorangegangenen Überlegungen zur Tiefengliederung der Produktionsstufen gerecht, wenn auch noch die Bedingung für die Produktion der Investitionsgüterindustrie zweiter Stufe mit eingesetzt wird, die die Ausstattung der Investitionsgüterindustrie erster Stufe mit Kapitalgütern vornimmt. Die Produktion der Investitionsgüterindustrie zweiter Stufe, V_{3t}, muß die Nachfrage der Investitionsgüterindustrie erster Stufe nach zusätzlichen Kapitalgütern decken, so daß deren Kapazität stets deren Produktionsvolumen angepaßt ist. Mithin muß

(III, 4) $$V_{3t} = b_2 \Delta V_{2t}$$

sein. Das gesamte Nettosozialprodukt besteht nun aus der Produktion der drei Industrien:

(III, 5) $$Y_t = V_{1t} + V_{2t} + V_{3t}\,.$$

Wird das System[9] nach dem Nettosozialprodukt aufgelöst, ergibt sich die Endgleichung

(III, 6) $$Y_t = a\,Y_t + b_1\,a\,\Delta Y_t + b_2\,b_1\,a\,\Delta^2 Y_t\,.$$

Sie ist eine Differenzengleichung zweiter Ordnung und enthält außer der Veränderung des Nettosozialprodukts auch noch die Veränderung von Änderungen des Nettosozialprodukts. Die Wurzeln dieser Endgleichung ergeben die gleichbleibenden Wachstumskoeffizienten des Nettosozialprodukts, bei dem sämtliche Bedingungen erfüllt sind.

Damit die Kapazität der Konsumgüterindustrie am Ende der Periode t und damit auch am Anfang der Periode $t + 1$ ihrem in der Periode $t + 1$ zu erstellenden Produktionsvolumen entspricht, müssen die Nettoinvestitionen in der Periode t die am Anfang dieser Periode bestehende — hier als optimal angepaßt unterstellte — Kapazität entsprechend erweitern. Gilt dieselbe Zeitstellung für die Beziehungen zwischen Investitionsgüterindustrie erster und zweiter Stufe, so ergibt sich folgendes Zeitdiagramm für den Prozeß zwischen den verschiedenen Produktionsstufen:

---

[9] Vgl. zu diesem Ansatz Jan Tinbergen und Hendricus C. Bos, Mathematical Models of Economic Growth, New York/San Francisco/Toronto/London 1962, insbes. S. 58 ff.

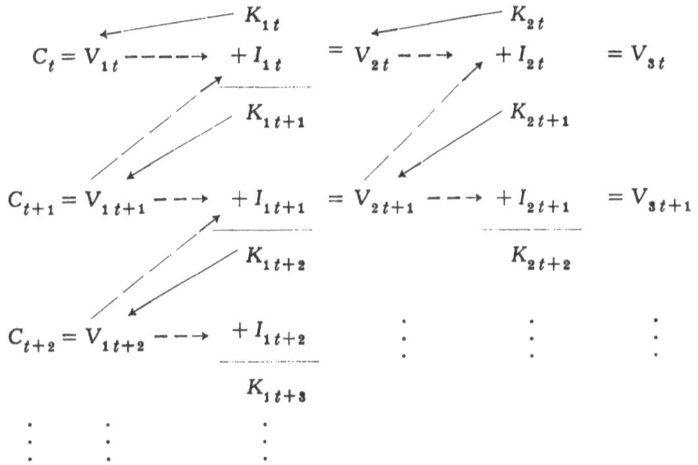

Voraussetzung für diesen Ablauf ist, daß auch bei der Investitionsgüterindustrie erster Stufe am Anfang der Periode t die optimale Ausstattung mit Kapitalgütern vorhanden ist. Da die Nachfrage dieser Industrie nach Kapitalgütern von der Veränderung der Investitionsnachfrage der Konsumgüterindustrie abhängt, bezieht sie sich auf die Differenz zwischen der Veränderung des Nettosozialprodukts von Periode t zu $t+1$ sowie seiner Veränderung von Periode $t+1$ zu $t+2$.

Mit Hilfe der allgemeinen Ansätze für

$$Y_t = M\,x^t; \quad \Delta Y_t = M\,(x-1)\,x^t; \quad \Delta^2 Y_t = M\,(x-1)^2\,x^t$$

können die Wurzeln von (III, 6) bestimmt werden. Sie lauten

(III, 7) $$x_{1,2} = \frac{(2\,b_2 - 1) \pm \sqrt{\dfrac{b_1\,a + 4\,b_2 - 4\,b_2\,a}{b_1\,a}}}{2\,b_2}.$$

Diese Lösung läßt sich nicht weiter vereinfachen, wenn nicht bestimmte Beziehungen zwischen den Strukturkoeffizienten angenommen werden. Um eine gewisse Vergleichbarkeit in der Struktur dieses und des Harrod-Domar-Modells zu erreichen, sei $b_1 = b_2$ gesetzt und $(1\text{-}a) = s$ eingeführt. Dann wird aus (III, 7)

(III, 7.1) $$x_{1,2} = \frac{(2\,b_2 - 1) \pm \sqrt{\dfrac{1+3\,s}{1-s}}}{2\,b_2}.$$

Wenn nun eine Sparquote (s) von 0,08 und eine Kapital-Ausstoß-Relation (b) von 4 angenommen wird, so ergäbe sich nach dem Harrod-

Domar-Modell ein gleichgewichtiges Wachstum von 1 + 0,08/4 = 1,02. Die Wurzeln des Modells mit der tiefer gegliederten Produktionsstruktur wären bei den gleichen Werten für die Parameter

$$x_{1,2} = 1 - \frac{1 \pm \sqrt{\frac{1 + 0{,}24}{0{,}92}}}{8}, \qquad \text{(III, 7.2)}$$

wobei $\sqrt{1{,}35} \approx 1{,}16$ ist, so daß

(III, 7.3) $x_1 \approx 1 - 0{,}27 \approx 0{,}73$ und

$x_2 \approx 1 + 0{,}02 \approx 1{,}02$ ist.

Ist $s = 0{,}12$ und $b = 4$, so daß das gleichgewichtige Wachstum gemäß dem Harrod-Domar-Modell 1,03 beträgt, so ist $x_1 \approx 0{,}72$ und $x_2 \approx 1{,}03$. Die Wurzel, die größer als 1 ist, entspricht also dem Wachstumspfad des Harrod-Domar-Modells.

Mit dem Ansatz

$$\frac{\Delta Y_t}{Y_t} = w_Y = G_t - 1$$

ergibt sich aus (III, 6)

$$G_{t+1} = 2 - \frac{1}{b_2} - \left(1 - \frac{1}{b_2} - \frac{s}{b_2 b_1 a}\right) \frac{1}{G_t}. \qquad \text{(III, 6.1)}$$

Auf Grund dieser Funktion kann gezeigt werden, wie groß das Wachstum des Nettosozialprodukts von $t + 1$ auf $t + 2$ sein muß, wenn die Ersparnisse aus dem Sozialprodukt der beiden vergangenen Perioden, $t + 1$ und t, dazu verwandt worden sind, die Kapazitäten der Industrien entsprechend den strukturellen Erfordernissen zu erweitern. Aus der Abbildung zur Funktion (III, 6), (Abb. 1), geht hervor, daß bei sämtlichen Wachstumskoeffizienten G_t, die oberhalb der jeweils kleineren Wurzel von (III, 7) — und demnach auch für die Spezialfälle (III, 7.1) und (III, 7.2) — liegen, eine Anpassung an den gleichgewichtigen Wachstumspfad möglich ist, ohne daß es zu einem Strukturbruch der Wirtschaft kommen muß. Die Wirtschaft kann sich also kontinuierlich der durch die Strukturkoeffizienten vorgezeichneten gleichbleibenden Wachstumsrate annähern. Dabei verändert sich zunächst ihre Struktur, d. h. die Kapazitäts- und Produktionsanteile der einzelnen Industrien, aber dennoch sind alle bestehenden Kapazitäten der einzelnen Industrien für deren eigene Produktion ausgelastet.

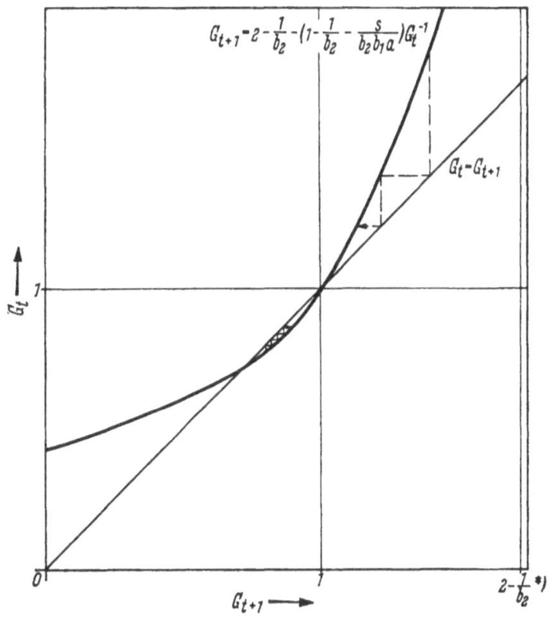

Abb. 1

*) Die Funktion (III, 6.1) für G_{t+1} nähert sich asymptotisch der Sperrgeraden $G_{t+1} = 2 - 1/b_2$.

Damit führt das strukturell differenzierte Wachstumsmodell zu anderen Schlüssen bei der Analyse von Abweichungen von der konstanten Gleichgewichtswachstumsrate als das strukturell undifferenzierte Modell des Harrod-Domar-Typs.

Wird die Tiefengliederung der Produktionsstruktur berücksichtigt, so muß eine Abweichung von der konstanten Gleichgewichtsrate des Wachstums keinesfalls einen Prozeß auslösen, der immer weiter vom Gleichgewichtspfad wegführt. Ist nämlich die Wachstumsrate größer als in der Gleichgewichtsentwicklung mit konstanter Wachstumsrate, so kann zwar die Konsumgüterindustrie soviel investieren, daß ihre Kapazitäten der Nachfragesteigerung angepaßt werden. Aber die Investitionsgüterindustrie erster Stufe kann dann real weniger investieren, so daß in der folgenden Periode ein Ausgleich zwischen gesamtwirtschaftlicher Nachfrage und erstelltem Nettosozialprodukt bei einer niedrigeren als der bisherigen Wachstumsrate erzwungen wird. Hält diese Entwicklung an, so mündet sie in die Gleichgewichtsrate des Wachstums, die sich bei gegebenen Bedingungen selbst erhält. Ist die Wachstumsrate des Nettosozialprodukts niedriger als im Gleichgewicht, so kann eine Verwendung der für Investitionen freien Mittel zur Erweiterung der Kapazitäten bei der Investitionsgüterindustrie erster Stufe zu einer schrittweisen Erhöhung der Wachstumsrate auf ihren Gleichgewichtswert führen. Wie diese Erhöhung der Wachstumsrate, die zunächst durch eine überproportionale Ausdehnung der Investitionsgüterindustrie erreicht wird, gleichzeitig bei ständiger normaler Auslastung der geschaffenen Kapazitäten vor sich geht, zeigt die Tabelle 1. In Tabelle 1 ist der Anfang der Entwicklung für den Spezialfall durchgerechnet, in dem die anfängliche Wachstumsrate gleich Null, also $Y_t = Y_{t+1}$ ist. Durch Vergleich der mit Pfeilen verbundenen Ausdrücke ist zu sehen, daß die Kapazitäten stets dem zu erstellenden Beitrag zum Nettosozialprodukt entsprechen. Die Addition der Produktion der drei Industriezweige in jeder Periode weist ferner aus, daß das produzierte Nettosozialprodukt gleich der dem Konsum- und Investitionsbedarf entsprechenden Nachfrage ist. Weiterhin ist aus dem Schema zu entnehmen, daß in der ersten Periode nur die Investitionsgüterindustrie erster Stufe investiert. Die absolute Höhe ihrer Nettoinvestitionen sinkt in den folgenden Perioden, um mit ständiger Annäherung des gesamtwirtschaftlichen Wachstums an die konstante Gleichgewichtsrate schließlich wieder mit dieser Gleichgewichtsrate zu wachsen. Die Investitionen der Konsumgüterindustrie wiederum steigen von Null auf die Höhe der Gleichgewichtsrate an.

Wenn die Modellbedingungen den tatsächlichen Verhältnissen angepaßt werden, fällt es schwer, die konstante Wachstumsrate des Harrod-Domar-Modells als gleichgewichtige Wachstumsrate schlechthin anzusprechen. Immerhin konnte gezeigt werden, daß bei konstanter Modellstruktur, mithin konstanten Parametern, Änderungen in der Wachstumsrate möglich sind und dabei sämtliche Bedingungen bezüglich Nachfrage- und Kapazitätswirkungen der Nettoinvestitionen wie im Harrod-Domar-Modell ständig erfüllt sind. Die Funktion (III, 6) bezeichnet also die Kombinationen von Wachstumsraten, die den Bedingungen des Harrod-Domar-Modells für die gleichgewichtige konstante Wachstumsrate entsprechen. Andererseits konnte gezeigt werden, daß eine ungleichmäßige Entwicklung der verschiedenen Wirtschaftszweige bei Abweichungen von der sich selbst erhaltenden konstanten Wachstumsrate nicht ohne weiteres als Disproportionalitäten bezeichnet werden können, die mit Ungleichgewichten in Verbindung gebracht werden. Die ungleichmäßige Entwicklung ist vielmehr erforderlich, um bei voller Auslastung der Kapazitäten die konstante, sich selbst erhaltende Wachstumsrate zu erreichen.

Nachdem die Existenz einer Entwicklung des Nettosozialprodukts festgestellt worden ist, bei der — unabhängig von der durch die vorhandenen Kapazitäten und die Höhe des anfänglichen Nettosozialprodukts bestimmten Ausgangswachstumsrate — sich die Wachstumsrate des Nettosozialprodukts laufend der konstanten, sich selbst erhaltenden Gleichgewichtsrate annähert, ist zu prüfen, ob eine gleichartige Entwicklung auch bei Verwendung des Akzelerationsprinzips stattfindet. Außerdem ist auch auf einen Einwand Krelles[10] einzugehen, der u. a. auch das hier entwickelte Modell mit dreistufig gegliederter Produktionsstruktur trifft. Krelle glaubt, daß ein Modell mit einer „linearen Kette von Lieferungsbeziehungen ausschließlich für Nettoinvestitionen"[11] für Wachstumsuntersuchungen nicht sehr geeignet ist.

4. Mikroökonomischer Ansatz und makroökonomische Formulierung

Wird von der Idee des Akzelerationsprinzips ausgegangen, so erscheint die makroökonomische Formulierung dieses Prinzips, wie sie z. B. von P. A. Samuelson zum Aufbau eines einfachen Konjunkturmodells verwandt worden ist, einigermaßen willkürlich. Durch diesen Ansatz in Gesamtgrößen wird nämlich unterstellt, daß jedes Unternehmen aus der gesamten Nachfrage nach seinen Produkten den Anteil der Konsumnachfrage und der Nettoinvestitionsnachfrage bestimmen kann und sich mit seiner eigenen Investitionsnachfrage lediglich nach der Veränderung dieser sog. Endnachfrage richtet. Da kein Unternehmen und kein Wirtschaftszweig eine vollkommene Übersicht über sämtliche Lieferbeziehungen der Volkswirtschaft hat und ebenfalls nicht sagen kann, welchem Verwendungszweck der Käufer seine Produkte zuführt, kann nur die Nachfrage nach den Produkten des jeweiligen Wirtschaftszweiges insgesamt als maßgeblich für seine Produktions- und Investitionsentscheidungen betrachtet werden. Die Nachfrage nach den Produkten des Wirtschaftszweiges i z. B. setzt sich dann zusammen aus

---

10 Vgl. Wilhelm Krelle, Investitionsquote, Wachstumsrate, Kapazitätsausnutzung und Disproportionalitäten in der fortschreitenden Wirtschaft, in: Jahrbücher für Nationalökonomie und Statistik, Bd. 166 (1954), S. 261—296.

11 Vgl. Wilhelm Krelle, a.a.O., S. 295 f. Seine Auseinandersetzung mit der Wachstumsanalyse von Rudolf Richter, Die Verteilung der Nettoinvestitionen auf die Konsumgüter- und Produktionsmittelindustrie, in: Zeitschrift für die gesamte Staatswissenschaft, 107. Bd. (1951), S. 460 ff. und 108. Bd. (1952), S. 257 ff., geht von dessen Ergebnis aus, nach dem „die Wachstumsrate der Konsumgüterindustrie laufend steigen muß, wenn alle vorgeordneten Kapazitäten ausgenutzt werden sollen" (Krelle, a.a.O., S. 296). Daß es auch bei einfachen Belieferungsketten nur für Nettoinvestitionen möglich ist, eine neue konstante Wachstumsrate bei voller Ausnutzung bestehender Kapazitäten zu erreichen, ist hier gezeigt worden. Insofern dürfte eine Kritik an dem „Lieferketten-Modell" entfallen.

der laufenden Nachfrage der anderen Wirtschaftszweige $v_{ij}(t) = a_{ij} V_j(t)$ $(j \neq i;\ \ i = 1, 2, \ldots, n-1)$, der Konsumnachfrage $c_i(t) = a_{in} Y(t)$ und der Nettoinvestitionsnachfrage ${}_iI(t)$. V_j bedeutet in diesem Zusammenhang den Ausstoß des Wirtschaftszweiges j und v_{ij} ist der Teil an Leistungen, den j von i für seinen Ausstoß benötigt. Die Investitionsnachfrage wiederum setzt sich aus dem Teil der Nettoinvestitionsnachfrage der einzelnen Wirtschaftszweige zusammen, der an Produkten des Wirtschaftszweiges i für die Erstellung der Kapazitätserweiterungen bei den einzelnen Wirtschaftszweigen nötig ist. Wird weiter berücksichtigt, daß die Nettoinvestitionen eines Wirtschaftszweiges über die Akzelerationskoeffizienten von der Veränderung der Nachfrage nach und damit auch der Produktion von seinen Produkten abhängig ist, so ergibt sich ${}_iI(t) = b_{ij} \Delta V_j(t)$ $(j = 1, 2, \ldots, n-1)$. Die Gesamtnachfrage nach den Produkten des Wirtschaftszweiges[12] i ist also

(IV, 1)
$$N_i(t) = \sum_{j\,(i \neq j)} a_{ij} V_j(t) + a_{in} Y(t) + \sum_j b_{ij} \Delta V_j(t) . \qquad (j = 1, 2, \ldots, n-1)$$

Das Nettosozialprodukt (Y) entsteht nun auf Grund der Konsum- und Investitionsnachfrage, wenn angenommen wird, daß alle $(n-1)$ Wirtschaftszweige sämtliche Einnahmen zur Produktion verwenden, also für Nachfrage bei den jeweils übrigen Wirtschaftszweigen und für Nachfrage nach Arbeit ausgeben. Das Nettosozialprodukt läßt sich also durch die Gleichung

(IV, 2)
$$Y(t) = \sum_i a_{in} Y(t) + \sum_i \sum_j b_{ij} \Delta V_j(t) \qquad (i, j \neq n)$$

darstellen. Um die Gleichung für das Nettosozialprodukt mit den Endgleichungen der makroökonomischen Kreislaufmodelle vergleichen zu können, müssen alle V_j auf das Sozialprodukt zurückgeführt werden. Da für alle Wirtschaftszweige angenommen worden ist, daß die Produktion $V_j(t)$ gleich der Nachfrage $N_j(t)$ ist, können die Veränderungen in der Produktion bei allen Wirtschaftszweigen durch die Nachfragegleichungen schrittweise auf das Nettosozialprodukt zurückgeführt werden. Infolge dieser schrittweisen Zurückführung ergeben sich in vereinfachter Schreibweise die Gleichungen

(IV, 3.0)
$$Y(t) = [A_n][Y(t)] + [B][\Delta Y_j(t)] =$$

---

[12] Die a_{ij} sind die gebräuchlichen input-output-Koeffizienten, d. h. der Teil der Güter von i, die j für eine Einheit seines Ausstoßes benötigt. Die b_{ij} sind die stock-output-Koeffizienten, d. h. der Teil der Güter von i, die j zur Erhöhung seines Kapitalgüterbestandes benötigt, um bei konstanter Kapitalauslastung eine zusätzliche Einheit seines Ausstoßes zu erzeugen.

(IV, 3.1) $= Y(t) = [A_n][Y(t)] + [B][A_n][\Delta Y(t)] + [B]([A][\Delta V_j(t)] + $
$+ [B][\Delta^2 V_j(t)]) =$

(IV, 3.2) $= Y(t) = [A_n][Y(t)] + ([B][A_n] + [B][A][A_n])[\Delta Y(t)] +$
$+ [B]^2[A_n][\Delta^2 Y(t)] + [B][A]^2[\Delta V_j(t)] + ([B][A][B] +$
$+ [B]^2[A])[\Delta^2 V_j(t)] + [B]^3[\Delta^3 V_j(t)] = \ldots.$

Die Reduktion auf Y läßt sich ohne Ende weiterführen. Bei einem gleichmäßigen Wachstum werden die Differenzenglieder mit den V_j aber immer kleiner, je höher die Ordnung der Differenzen ist. Bei einem beliebigen Genauigkeitsgrad kann die Auflösung abgebrochen werden, so daß die verbleibenden Restglieder, die von den V_j abhängig sind, praktisch keine Rolle mehr spielen.

In den Nettoinvestitionen müssen neben Änderungen in der Konsumnachfrage und Änderungen in der Investitionsnachfrage auch die Nachfrageänderungen berücksichtigt werden, die infolge von Lieferungen zwischen den Wirtschaftszweigen auftreten. Diese Zwischenlieferungen ändern sich aber wiederum mit der Höhe der Nachfrage nach den Produkten des Wirtschaftszweiges, der diese Zwischenlieferungen nachfragt. Da hierzu auch Änderungen in der Höhe der Investitionsnachfrage gehören, die selbst schon auf Änderungen der Nachfrage beruhen, kommen hiermit Änderungen von Nachfrageänderungen — oder kurz: Nachfrageänderungen zweiter Ordnung — mit ins Spiel. Soweit die Nettoinvestitionen direkt auf Änderungen in der Investitionsnachfrage beruhen, treten ebenfalls Nachfrageänderungen zweiter Ordnung auf. Lediglich soweit die Investitionsnachfrage und die infolge der Produktionsstruktur induzierte Nachfrage auf Änderungen der Konsumnachfrage beruht, ist ein Abschluß in der Zurückführung auf das Nettosozialprodukt oder seine Veränderungen erreicht. Bei allen anderen Gliedern muß die Rekursion weitergeführt werden. Die Gleichungen (IV, 3.0) bis (IV, 3.2) zeigen die ersten beiden Schritte einer solchen Auflösung der Endgleichung nach dem Nettosozialprodukt.

Selbst wenn die Zwischenlieferungen und damit die durch die Matrix der input-output-Koeffizienten a_{ij} charakterisierte Produktionsstruktur nicht berücksichtigt würde, müßte eine solche Auflösung vorgenommen werden. Sie kann nur dann unterbleiben, wenn unterstellt werden könnte, daß für Güter, die investiert werden, keine Kapazitäten in Form von produzierten Produktionsmitteln nötig sind. Diese Annahme kann aber als irreal ausgeschieden werden. Das gleiche gilt, wenn die Veränderungen der Zwischennachfrage nicht berücksichtigt werden.

Für den Akzelerationskoeffizienten im aggregierten Modell gäbe es eine Interpretationsmöglichkeit als „catch-all"-Koeffizient, der die gesamte Rekursion im Verhältnis zur Änderung des Nettosozialprodukts bzw. zur Konsumnachfrage enthält. In diesem Fall wäre er aber von der gesamten vergangenen Entwicklung des Nettosozialprodukts und von der Produktionsstruktur abhängig. Er wäre dann selbst kein Parameter mehr, sondern eher eine Variable.

Die Idee des Akzelerationsprinzips hat J. M. Clark[13] klar formuliert. Jeder Produzent von Zwischenprodukten muß neben der laufenden Nachfrage auch die Nachfrage zur Veränderung des Bestandes von Kapitalgütern, mithin von Kapazitäten, befriedigen, die sich mit der Veränderung der Nachfrage nach den Produkten der Käufer dieser Kapitalgüter ändert. Insoweit ist das Theorem mikroökonomisch, d. h. auf das einzelne Unternehmen und seine Stellung im Wirtschaftskreislauf zugeschnitten. Der Aussagegehalt des Prinzips wird also geändert, wenn im aggregierten Kreislaufmodell die Nettoinvestitionen nur als Differenzen- oder Differentialfunktion erster Ordnung des Nettosozialprodukts dargestellt werden. Da einmal für die Produktion der Kapitalgüter selbst wiederum Kapazitäten benötigt werden und außer der induzierten Nettoinvestitionsnachfrage auch die über Zwischenlieferungen, mithin über die Produktionsstruktur, induzierte Nachfrage befriedigt werden muß, erfordert selbst eine Darstellung der Wirkungsweise des Akzelerationsprinzips in groben Umrissen die Berücksichtigung von Differenzen zweiter Ordnung des Nettosozialprodukts. Nur dann ist gewährleistet, daß jedes Unternehmen oder jeder Wirtschaftszweig die Veränderung der gesamten Nachfrage nach seinen Produkten seiner eigenen Investitionsnachfrage zugrunde legt. Wird das Modell auf die bloße Veränderung des Nettosozialprodukts beschränkt, so bleiben Nachfrageänderungen infolge von Änderungen in der Nettoinvestitionsnachfrage unberücksichtigt, und zwar bereits in der ersten Stufe.

Ein Akzelerationsmodell müßte also etwa die Struktur

(IV, 4) $$Y_t = C_t + I_t ,$$

(IV, 5) $$C_t = a\,Y_t ,$$

(IV, 6) $$I_t = \beta_1 (\Delta C_{t-2} + \beta_2 \Delta^2 C_{t-2})$$

aufweisen. Die Wurzeln der Endgleichung

(IV, 7) $$Y_t = a\,Y_t + \beta_1\, a\, \Delta Y_{t-2} + \beta_2 \beta_1\, a\, \Delta^2\, Y_{t-2}$$

liegen für $\beta_2 = \beta_1 = 4$ und $s = 0{,}08$ bei $+\ 1{,}02$ und $+\ 0{,}86$. Im übrigen besitzt dieses Akzeleratormodell die gleichen mathematischen Eigenschaften wie das Wachstumsmodell mit dreistufiger Produktionsstruktur. Auch bei diesem Modell führen Abweichungen von der kon-

---

[13] Vgl. J. M. Clark, a.a.O., insbes. S. 238.

stanten Gleichgewichtsrate des Wachstums nicht ohne weiteres zu sich kumulierenden Abweichungen. Wie aus der Abbildung 1 zu entnehmen ist, münden alle Entwicklungen, die von einer Wachstumsrate ausgehen, die größer als die kleinere Wurzel von (IV, 7) ist, in die konstante Gleichgewichtsrate. Liegt der Ausgangspunkt bei einer Wachstumsrate, die größer als die größere Wurzel von (IV, 7) ist, so führt die Entwicklung zur konstanten Gleichgewichtsrate zurück, weil der für Nettoinvestitionen verfügbare Teil des Nettosozialprodukts nicht ausreicht, um die gesamte für eine höhere Wachstumsrate notwendige Investitionsnachfrage zu befriedigen. Die Verteilung der Nettoinvestitionen zwischen den Wirtschaftszweigen und die Wachstumsrate ändern sich solange, bis die Entwicklung in die konstante Gleichgewichtsrate einmündet. Liegt der Ausgangspunkt zwischen beiden Wurzeln, so können bereits Erwartungen einer Erholung der Wirtschaft eine Tendenz zum Gleichgewichtswachstum auslösen. Diese Erwartungen brauchen keinesfalls den strengen Bedingungen zu genügen, die nach dem Wachstumsmodell des Harrod-Domar-Typs notwendig zu sein scheinen, nämlich, daß sie genau dem Gleichgewichtswachstum entsprechen müssen. Liegt allerdings der Ausgangspunkt bei einer kleineren Wachstumsrate als der kleineren Wurzel, d. h. tritt eine zu große Schrumpfung ein, so können nur noch externe Maßnahmen zu einer Erholung führen. Aus Abbildung 1 ist zu entnehmen, daß die kleinere Wurzel instabil ist, also sich hier Abweichungen verstärken. Hinsichtlich der Abweichungen von der größeren Wurzel der Funktion (IV, 7) ist das System also asymmetrisch.

5. *Folgerungen für den Aufbau von Konjunktur- und Wachstumsmodellen*

Nunmehr läßt sich beurteilen, welche Bedeutung der Einwand Krelles gegen das willkürliche Abbrechen der Differenzenreihe für die Modellstruktur hat. Die Berücksichtigung der Differenzen zweiter Ordnung folgt automatisch aus der Bedingung, daß jeder Wirtschaftszweig oder jedes Unternehmen eines input-output-Systems Veränderungen der gesamten Nachfrage nach seinen Produkten bei seinen Investitionsentscheidungen zugrunde legt. Die Ausdehnung des Systems auf Differenzen noch höherer Ordnung dient dann dem Zweck, die Veränderung der Nachfrage genauer zu bestimmen.

Die Analyse hat zu dem Schluß geführt, daß eine schematische Übertragung des im mikroökonomischen Bereich entwickelten Prinzips auf makroökonomische Größen dessen Aussagegehalt ändert. Selbst wenn

Schema einer Anpassung

Bezeichnung der Periode (τ)	Zeit-dimension	Konsumgüterindustrie		
		Produktion ($V_{1\tau}$)	Kapazität ($K_{1\tau}$)	
t	Anfang der Periode	—	$b_1 a Y_t$	
	Periode	$a Y_t$	o	=
$t+1$	Anfang der Periode	—	$b_1 a Y_t$	
	Periode	$a Y_t$	$b_1 a \left(\frac{s}{b_2 b_1 a}\right) Y_t$	=
$t+2$	Anfang der Periode	—	$b_1 a \left(1 + \frac{s}{b_2 b_1 a}\right) Y_t$	
	Periode	$a \left(1 + \frac{s}{b_2 b_1 a}\right) Y_t$	$b_1 a \left(\frac{2s}{b_2 b_1 a} - \frac{s}{b_2^2 b_1 a}\right) Y_t$	=
$t+3$	Anfang der Periode	—	$b_1 a \left(1 + \frac{3s}{b_2 b_1 a} - \frac{s}{b_2^2 b_1 a}\right) Y_t$	
	Periode	$a \left(1 + \frac{3s}{b_2 b_1 a} - \frac{s}{b_2^2 b_1 a}\right) Y_t$	$b_1 a \left(\frac{3s}{b_2 b_1 a} + \frac{s^2}{(b_2 b_1 a)^2} - \frac{3s}{b_2^2 b_1 a} + \frac{s}{b_2^3 b_1 a}\right) Y_t$	=
$t+4$	Anfang der Periode	—	$b_1 a \left(1 + \frac{6s}{b_2 b_1 a} + \frac{s^2}{(b_2 b_1 a)^2} - \frac{4s}{b_2^2 b_1 a} + \frac{s}{b_2^3 b_1 a}\right) Y_t$	
	Periode	$a \left(1 + \frac{6s}{b_2 b_1 a} + \frac{s^2}{(b_2 b_1 a)^2} - \frac{4s}{b_2^2 b_1 a} + \frac{s}{b_2^3 b_1 a}\right) Y_t$	$b_1 a \left(\frac{4s}{b_2 b_1 a} + \frac{4s^2}{(b_2 b_1 a)^2} - \frac{6s}{b_2^2 b_1 a} + \frac{4s}{b_2^3 b_1 a} - \frac{s}{b_2^4 b_1 a} - \frac{2s^2}{b_2^3 b_1^2 a^2}\right) Y_t$	=
$t+5$	Anfang der Periode	—	$b_1 a \left(1 + \frac{10s}{b_2 b_1 a} + \frac{5s^2}{(b_2 b_1 a)^2} - \frac{10s}{b_2^2 b_1 a} + \frac{5s}{b_2^3 b_1 a} - \frac{s}{b_2^4 b_1 a} - \frac{2s^2}{b_2^3 b_1^2 a}\right) Y_t$	
	Periode	$a \left(1 + \frac{10s}{b_2 b_1 a} + \frac{5s^2}{(b_2 b_1 a)^2} - \frac{10s}{b_2^2 b_1 a} + \frac{5s}{b_2^3 b_1 a} - \frac{s}{b_2^4 b_1 a} - \frac{2s^2}{b_2^3 b_1^2 a^2}\right) Y_t$	$b_1 a \left(\frac{5s}{b_2 b_1 a} + \frac{10s^2}{(b_2 b_1 a)^2} + \frac{s^3}{(b_2 b_1 a)^3} + \frac{10s}{b_2^3 b_1 a} - \frac{5s}{b_2^4 b_1 a} + \frac{s}{b_2^5 b_1 a} - \frac{10s^2}{b_2^3 b_1^2 a^2} + \frac{3s^2}{b_2^4 b_1^2 a^2}\right) Y_t$	=
$t+6$	Anfang der Periode	—	⋮	
	Periode	$a \left(1 + \frac{15s}{b_2 b_1 a} + \frac{15s^2}{(b_2 b_1 a)^2} + \frac{s^3}{(b_2 b_1 a)^3} - \frac{20s}{b_2^2 b_1 a} + \frac{15s}{b_2^3 b_1 a} - \frac{6s}{b_2^4 b_1 a} + \frac{s}{b_2^5 b_1 a} - \frac{12s^2}{b_2^3 b_1^2 a^2} + \frac{3s^2}{b_2^4 b_1^2 a^2}\right) Y_t$		=
		⋮		

Tabelle 1

Investitionsgüterindustrie 1. Stufe		Investitionsgüterindustrie 2. Stufe
Produktion ($V_{2\tau}$)	Kapazität ($K_{2\tau}$)	Produktion ($V_{3\tau}$)
—	o	—
o	$b_2\left(\frac{s}{b_2}\right)Y_t$	$s\,Y_t$
—	$b_2\left(\frac{s}{b_2}\right)Y_t$	—
$\frac{s}{b_2}Y_t$	$b_2\left(\frac{s}{b_2}-\frac{s}{b_2^2}\right)Y_t$	$\left(s-\frac{s}{b_2}\right)Y_t$
—	$b_2\left(\frac{2s}{b_2}-\frac{s}{b_2^2}\right)Y_t$	—
$\left(\frac{2s}{b_2}-\frac{s}{b_2^2}\right)Y_t$	$b_2\left(\frac{s}{b_2}+\frac{s^2}{b_2^2 b_1 a}-\frac{2s}{b_2^2}+\frac{s}{b_2^3}\right)Y_t$	$\left(s+\frac{s^2}{b_2 b_1 a}-\frac{3s}{b_2}+\frac{s}{b_2^2}\right)Y_t$
—	$b_2\left(\frac{3s}{b_2}+\frac{s^2}{b_2^2 b_1 a}-\frac{3s}{b_2^2}+\frac{s}{b_2^3}\right)Y_t$	—
$\left(\frac{3s}{b_2}+\frac{s^2}{b_2^2 b_1 a}-\frac{3s}{b_2^2}+\frac{s}{b_2^3}\right)Y_t$	$b_2\left(\frac{s}{b_2}+\frac{3s^2}{b_2^2 b_1 a}-\frac{3s}{b_2^2}+\frac{3s}{b_2^3}-\frac{s}{b_2^4}-\frac{2s^2}{b_2^3 b_1 a}\right)Y_t$	$\left(s+\frac{3s^2}{b_2 b_1 a}-\frac{3s}{b_2}+\frac{3s}{b_2^2}-\frac{s}{b_2^3}-\frac{2s^2}{b_2^2 b_1 a}\right)Y_t$
—	$b_2\left(\frac{4s}{b_2}+\frac{4s^2}{b_2^2 b_1 a}-\frac{6s}{b_2^2}+\frac{4s}{b_2^3}-\frac{s}{b_2^4}-\frac{2s^2}{b_2^3 b_1 a}\right)Y_t$	—
$\left(\frac{4s}{b_2}+\frac{4s^2}{b_2^2 b_1 a}-\frac{6s}{b_2^2}+\frac{4s}{b_2^3}-\frac{s}{b_2^4}-\frac{2s^2}{b_2^3 b_1 a}\right)Y_t$	$b_2\left(\frac{s}{b_2}+\frac{6s^2}{b_2^2 b_1 a}+\frac{s^3}{b_2^3 b_1^2 a^2}-\frac{4s}{b_2^2}+\frac{6s}{b_2^3}-\frac{4s}{b_2^4}+\frac{s}{b_2^5}-\frac{8s^2}{b_2^3 b_1 a}+\frac{3s^2}{b_2^4 b_1 a}\right)Y_t$	$\left(s+\frac{6s^2}{b_2 b_1 a}+\frac{s^3}{b_2^2 b_1^2 a^2}-\frac{4s}{b_2}+\frac{6s}{b_2^2}-\frac{4s}{b_2^3}+\frac{s}{b_2^4}-\frac{8s^2}{b_2^2 b_1 a}+\frac{3s^2}{b_2^3 b_1 a}\right)Y_t$
—	⋮	
		⋮

der Fortpflanzungseffekt nicht weiter verfolgt wird[14], müssen die Differenzen zweiter Ordnung berücksichtigt werden, um — gewissermaßen in erster Annäherung — das Akzelerationsprinzip makroökonomisch auszudrücken.

Das nunmehr gewonnene und hier diskutierte Modell zeigt, daß sich die reale, über die strukturell bedingte konstante Wachstumsrate hinausschießende Entwicklung von selbst bricht, während das System aus eigener Kraft aus schwereren Depressionen gar nicht und aus leichteren Depressionen nur bei einer entsprechend positiven Erwartung der Unternehmer herauskommen kann. Es weist um die konstante gleichgewichtige Wachstumsrate herum jene Asymmetrie auf, mit der sich die konjunkturtheoretischen Analysen zu befassen haben.

Für die Wachstumstheorie hat sich aus dem Modell ergeben, daß es nicht nur eine konstante Wachstumsrate gibt, bei der sowohl volle Auslastung der bestehenden Kapazitäten als auch Gleichgewicht zwischen gesamtwirtschaftlicher Produktion und gesamtwirtschaftlicher Nachfrage bestehen. Innerhalb bestimmter Grenzen der Abweichungen von der Gleichgewichtsentwicklung kann eine Wirtschaft — bei richtiger Verteilung der Nettoinvestitionen auf die einzelnen Wirtschaftszweige — ohne Strukturbruch die konstante gleichgewichtige Wachstumsrate erreichen. Auch auf diesem Wege können Gleichgewicht zwischen Kapazitäten und Produktion sowie Gleichgewicht zwischen Angebot und Nachfrage bestehen. Die Gleichgewichtsrate des Wachstums ist vor diesen anderen Wachstumsraten nur dadurch ausgezeichnet, daß sie sich bei konstanten Strukturbedingungen selbst erhält.

[14] Vgl. hierzu auch die Hinweise auf den geringen Erklärungswert des Akzelerators in makroökonomischer Betrachtung von A. Paulsen, Neue Wirtschaftslehre, 3. Aufl., Berlin-Frankfurt/M. 1954, insbes. S. 156. Das oben diskutierte Modell zeigt durch seine Asymmetrie aber auch, daß der Akzelerator nicht als umfassendes Erklärungsprinzip für Konjunkturbewegungen verwandt werden kann.

Die Abhängigkeit betrieblicher Bareinnahmen von evolutorisch verlaufenden Umsätzen

Heinz Langen

I.

Die bisherige Diskussion des Problems der Liquidität in der Betriebswirtschaftslehre ist insofern als unbefriedigend anzusehen, als bisher keine Verfahren entwickelt wurden, die eine ausreichend präzise Prognose der Liquidität ermöglichen. Dabei wird unter Liquidität im Rahmen dieses Aufsatzes die Zahlungsfähigkeit der Unternehmung verstanden; eine Unternehmung soll als zahlungsfähig bezeichnet werden, wenn sie in der Lage ist, ihren fälligen Verbindlichkeiten nachzukommen. Die Liquidität bezieht sich dabei jeweils auf einen bestimmten Zeitpunkt, praktisch auf einen Tag; ist eine Unternehmung in einem Zeitpunkt t zahlungsfähig, so braucht sie es doch in einem darauffolgenden Zeitpunkt $t + x$ $(x \geqq 1)$ nicht zu sein. Man entnimmt dieser Definition sofort, daß die Frage der Liquidität ein essentiell dynamisches Problem darstellt oder besser: eine dynamische Darstellungsweise erfordert.

Bevor zu dem engeren Problemkreis des Themas Stellung genommen wird, soll kurz der Inhalt des hier verwendeten Liquiditätsbegriffs untersucht werden. Diese Erörterung ist deshalb zweckmäßig, weil in der Volkswirtschaftslehre, freilich in anderem Zusammenhang, unter Liquidität häufig die Geldnähe eines Gutes verstanden wird[1]. Die Frage nach der Geldaffinität eines bestimmten Gutes spielt in der betrieblichen Praxis eine untergeordnete Rolle, da im allgemeinen die laufenden Ausgaben auch aus den laufenden Einnahmen bestritten werden und die letzteren aus dem gewöhnlichen Umsatzprozeß des Betriebes stammen. Freilich kann in Zeiten finanzieller Notlage für die Unternehmung die Notwendigkeit auftreten, Gegenstände, die nicht zur Veräußerung bestimmt sind, zu Geld machen zu müssen, und dies ist die Situation, in der die Liquidität im Sinne der Geldaffinität von Gütern eine Rolle spielen kann. Darüber hinaus ist es vielfach üblich, sich eine betriebliche Liquiditätsreserve zu schaffen, die aus Vermögensgegenständen hoher Geldaffinität (z. B. Wertpapieren) besteht. Jedes besondere wissenschaftliche Anliegen kann die Verwendung ad hoc defi-

---

[1] Vgl. A. Paulsen, Allgemeine Volkswirtschaftslehre, Bd. III, Produktionsfaktoren, Berlin 1959, S. 114.

nierter Begriffe mit sich bringen; dieses Verfahren der Begriffsbildung läßt sich als operative Begriffsbildung bezeichnen. Es ist lediglich zu beachten, daß ein neu eingeführter Begriff gesetzmäßig, d. h. nicht beliebig und willkürlich verwendet werden darf, sondern nur in bestimmter, gleichbleibender Weise; dabei kann die einheitliche Verwendungsart entweder durch ausdrückliche, explizite Definition oder aber auch durch eine bloße gleichbleibende Gewohnheit, d. h. den Sprachgebrauch, fixiert werden[2].

II.

Nach der oben eingeführten Definition soll die Liquidität ein Ausdruck für die Zahlungsfähigkeit einer Unternehmung sein. Dies bedeutet, daß zur Beurteilung der Liquidität in einem Zeitpunkt die Kenntnis der fälligen Verbindlichkeiten und der hierfür vorhandenen liquiden Mittel erforderlich ist. Aus welchen Motiven Unternehmer liquide Mittel halten, ist ausführlich im Rahmen der Volkswirtschaftslehre erörtert worden[3].

„Nach klassischer Auffassung erklärt sich die Höhe der von Wirtschaftssubjekten gehaltenen Geldbestände allein aus ihrem Bedarf an Transaktionsmitteln zur Durchführung des auf Güterkäufen und -verkäufen, Schuldenaufnahme und -tilgung, Zahlungsein- und -ausgängen aufgebauten Wirtschaftsplanes für die nächste Periode; eine bestimmte Geldmenge ist zur technischen Durchführung dieser Pläne erforderlich."[4]

Als besonders interessant werden sich im Konnex des Themas das Geschäftsmotiv und das Vorsichtsmotiv als Motive der Kassenhaltung erweisen. Während das erstere zum Ausdruck bringt, daß der Unternehmer zum Ausgleich zeitlicher Differenzen zwischen Geldein- und -ausgängen eine bestimmte Menge an liquiden Mitteln hält, bedeutet das sogenannte Vorsichtsmotiv, daß ein Bestand an Bargeld für unvorhersehbare Fälle gehalten wird, so daß auf jeden Fall Zahlungsschwierigkeiten vermieden werden können.

Auch im Bereich der Betriebswirtschaftslehre ist, wie bereits erwähnt, das Problem der Liquidität eingehend erörtert worden. Man denke nur an die Diskussionen, die im Rahmen von Bilanzanalyse und Bilanzkritik versucht haben, die Frage zu klären, ob eine Unternehmung bei einem bestimmten Bilanzausweis von Vermögen und Kapital als zahlungsfähig

---

[2] Vgl. R. Carnap, Physikalische Begriffsbildung, Karlsruhe 1926, S. 3.

[3] Vgl. A. Paulsen, Neue Wirtschaftslehre, Einführung in die Wirtschaftstheorie von John Maynard Keynes und die Wirtschaftspolitik der Vollbeschäftigung, 3. Aufl., Berlin/Frankfurt-Main 1954, S. 189 und ders.: Allgemeine Volkswirtschaftslehre, a.a.O., S. 117.

[4] Vgl. A. Paulsen, Neue Wirtschaftslehre, a.a.O., S. 189.

oder liquide anzusehen ist oder nicht; man hat hierbei aus der Bilanz bestimmte Deckungsverhältnisse oder Liquiditätsgrade abgeleitet; so wird beispielsweise das Verhältnis der vorhandenen Bargelder, Bank- und Postscheckguthaben zu den kurzfristigen Verbindlichkeiten als Liquidität ersten Grades aufgefaßt usw. Aufbau und Gliederung der Bilanz machen es jedoch tatsächlich unmöglich, aus ihr zu einer überzeugenden Beurteilung der Liquiditätsverhältnisse einer Unternehmung zu gelangen. Dies liegt einfach daran, daß sich hinter dem Bilanzausweis der Verbindlichkeiten Einzelposten ganz verschiedener Fälligkeiten und völlig unterschiedlicher Konditionen verbergen können; da in der Bilanz aber nur aggregierte Posten ausgewiesen werden, sind diese für eine Beurteilung der Liquidität verschiedener Stichtage oder Termine nicht geeignet. Dieses Ergebnis gilt für die Liquiditätsverhältnisse des Bilanzstichtags und a fortiori für diejenigen späterer Termine, weil die Bilanz die wirtschaftliche Entwicklung der Zeit nach dem Bilanzstichtag nur in Fällen vorhersehbarer Verluste berücksichtigt.

III.

Es erhebt sich also die Frage, in welcher Weise ein Unternehmer die Entwicklung seiner Liquidität prognostizieren kann. Da sich die Liquidität aus Höhe und Fälligkeitsterminen der Verbindlichkeiten einerseits und den verfügbaren liquiden Mitteln andererseits ergibt, wird es zu einer Prognose der betrieblichen Liquidität erforderlich sein, die Entwicklung beider Komponenten über einen bestimmten Zeitraum hinweg zu verfolgen; prinzipiell ist dies in ex-post-Betrachtung möglich, d. h. man kann, soweit ausreichende Buch-, Beleg- oder andere Aufzeichnungen im Betrieb vorhanden sind, aus diesen Aussagen darüber ableiten, wie sich in vergangenen Perioden die Liquidität der Unternehmung entwickelt hat. Man darf jedoch nicht vergessen, daß allein mit ex-post-Betrachtungen dem Betrieb im allgemeinen nicht gedient ist; diese haben vielmehr einen Erklärungswert nur dann, wenn aus ihnen Möglichkeiten der Beurteilung zukünftiger Entwicklungen abgeleitet werden können. In diesem konkreten Fall bedeutet dies, daß mit Hilfe der Analyse vergangener Ereignisse versucht werden muß, dem Unternehmen ein Instrument an die Hand zu geben, mit dessen Hilfe es möglich ist, die künftige Entwicklung der Liquidität abzuschätzen.

Geht man davon aus, daß sich der Leser einer in bezug auf die Zusammensetzung der Einzelposten ausreichend spezifizierten Bilanz eine Vorstellung über die Liquiditätsverhältnisse einer Unternehmung machen will, wird es ihm anhand dieser Zahlen nur gelingen, gerade die Liquiditätsverhältnisse des Bilanzstichtages zu beurteilen. Es fehlt aber in der Bilanz auch bei gründlichen Erläuterungen ein Ausweis derjenigen

Verbindlichkeiten, die kurze Zeit nach dem Bilanzstichtag entstehen und auch unmittelbar im Anschluß daran fällig werden, wie etwa kurzfristig zahlbare Löhne für Inanspruchnahme von Arbeitsleistungen kurz nach dem Bilanzstichtag. Insofern wird es in dem Zusammenhang besonders deutlich, daß aus der Bilanz nur Aussagen über die Liquiditätsverhältnisse in einem Zeitpunkt, nämlich am Bilanzstichtag, ableitbar sind.

Oben wurde bereits bemerkt, daß die Liquidität in jedem Zeitpunkt eines bestimmten Zeitraums gesichert sein muß[5]. Ist dies nicht der Fall, so läuft das Unternehmen jedenfalls Gefahr, einer Zahlungsunfähigkeit zu erliegen; es ist unter Umständen sogar gezwungen, das Konkurs- oder Vergleichsverfahren zu beantragen. Dies kann auf die Dauer nur dann vermieden werden, wenn das Unternehmen sich ex ante eine Vorstellung über die Entwicklung der Liquiditätsverhältnisse machen kann. Es bedarf dazu sowohl einer Vorschau der Entwicklung der Verbindlichkeiten als auch einer solchen der liquiden Mittel. Die Prognose der Entwicklung von Verbindlichkeiten und liquiden Mitteln ist notwendig eine Vorschau über die Höhe dieser beiden Komponenten der Liquidität zu verschiedenen Terminen; das bedeutet also, daß dem Unternehmer mit einer Stichpunktbetrachtung, wie sie nach der Bilanz grundsätzlich nur möglich ist, nicht gedient ist, sondern er muß eine dynamische Darstellung von Einnahmen, Ausgaben und fälligen Verbindlichkeiten über einen bestimmten Zeitraum, den Planungszeitraum, erarbeiten.

Dieser Aufsatz stellt sich die Aufgabe, das Problem der Liquiditätsprognose um einen Schritt einer solchen Lösung näherzubringen. Er beschränkt sich darauf, die Entwicklung der Bareinnahmen in Abhängigkeit von den Forderungen zu verfolgen.

IV.

Es leuchtet unmittelbar ein, daß beispielsweise in Produktions-, Handels- oder Dienstleistungsbetrieben die Bareinnahmen von den Umsätzen abhängen; dabei handelt es sich gewöhnlich bei einem Teil der Umsätze nicht um Bar-, sondern um Zielumsätze. Ein Umsatz u des Tages t führt also an diesem Tage nur teilweise oder überhaupt nicht zu Bareinnahmen, so daß dieser Umsatz erst in künftigen Terminen Bareinnahmen auslösen wird. Diese werden häufig auch nicht an einem Tage eingehen. Wenn sich demnach der heutige Umsatz nach den fakturierten Rechnungen auf 1000 DM beläuft, können diese 1000 DM auf

---

[5] Vgl. E. Kosiol, Finanzplanung und Liquidität, Zeitschrift für handelswissenschaftliche Forschung, N. F., 7. Jg. (1955), S. 251 ff.

ganz verschiedene Weise und zu ganz verschiedenen Terminen und Teilbeträgen zu Bareinnahmen des Betriebes führen. Wie man deutlich sieht, besteht hier also eine zeitliche Differenz zwischen den Umsätzen und den sich aus den Umsätzen ergebenden Bareinnahmen. Das Geschäftsmotiv der Kassenhaltung bringt zum Ausdruck, daß der Unternehmer liquide Mittel hält, um die zeitliche Differenz zwischen Geldein- und -ausgängen zu überbrücken; dazu ist also zu bemerken, daß ein Teil dieser zeitlichen Differenz darauf zurückzuführen ist, daß ein time-lag zwischen der Realisierung der Umsätze und den aus diesen Umsätzen resultierenden Bareinnahmen auftritt. Es ist nun interessant zu erfahren, welche Ausdehnung dieses Zeitintervall hat. Daß diese Kenntnis nicht nur für die betriebswirtschaftliche Theorie, sondern auch für die betriebliche Praxis von großer Bedeutung wäre, liegt auf der Hand. Denn daraus würde folgen, in welcher Weise der Unternehmer in seinen Gelddispositionen von der Zeitspanne abhängig wäre, die zwischen den Zeitpunkten der Fakturierung seiner Umsatzleistungen und denen der Geldeingänge aus diesen verstreicht.

V.

In der Tat haben empirische Untersuchungen des Verfassers ergeben, daß derartige gesetzmäßige Abhängigkeiten der Umsatz- bzw. Einnahmetermine existieren. Sie sollen an einem vereinfachten Zahlenbeispiel erläutert werden: Angenommen, ein Unternehmen fakturiere an einem Tage t Umsätze in Höhe von 100 Geldeinheiten (GE). Aus diesen Umsätzen von 100 GE gehen folgende Zahlungen ein:

am Tage t	40 GE
am Tage $t+1$	30 GE
am Tage $t+2$	20 GE
am Tage $t+3$	10 GE
insges.	100 GE

Da diese zeitliche Verteilung der Bareinnahmen aus den Umsätzen des Zeitpunkts t Aufschluß darüber gibt, wie sich die Forderungen aus diesen Umsätzen liquidieren, sollen die relativen Anteile an dem fakturierten Umsatz, die zu den verschiedenen Terminen eingegangen sind, als Liquidationsspektrum der Umsätze des Zeitpunkts t bezeichnet werden[6].

Es ist denkbar, daß für alle Umsätze eines Betriebes ein derartiges Liquidationsspektrum in gleicher Weise, d. h. streng kausal deter-

[6] Vgl. H. Langen, Untersuchungen über die Beziehungen zwischen Liquidität und Gewinn, Habilitationsschrift (Manuskript), Berlin 1961, S. 54.

miniert, besteht. Dieses Liquidationsspektrum läßt sich dann durch einen sog. Spektralvektor darstellen. Der Spektralvektor hat so viele Komponenten, als Termine des Zahlungseingangs aus den betrieblichen Umsätzen existieren; im obigen Zahlenbeispiel würde also der Spektralvektor aus vier Komponenten bestehen:

$$\begin{pmatrix} 0,4 \\ 0,3 \\ 0,2 \\ 0,1 \end{pmatrix}.$$

In allgemeiner Form könnte man also einen Spektralvektor in folgender Weise darstellen:

$$\bar{s} = \begin{pmatrix} s_1 \\ s_2 \\ s_3 \\ \cdot \\ \cdot \\ \cdot \\ s_n \end{pmatrix}.$$

Der Vektor $\bar{s}$ bringt zum Ausdruck, daß die Umsätze eines Tages t an n Tagen zu Bareinnahmen führen; an welchen Tagen die letzteren der Unternehmung zufließen, ist damit allerdings nicht gesagt; das hängt von dem Termin der ersten Bareinnahme und den Zeitintervallen zwischen den verschiedenen Einnahmeterminen ab; Aufschluß darüber kann nur eine empirische Untersuchung geben.

Diese vektorielle Darstellungsweise erlaubt es nun, bei streng kausal determiniertem Spektralvektor den Umsätzen eines Betriebes, die zu den verschiedenen Terminen stattgefunden haben, verschieden terminierte Bareinnahmen zuzuordnen. Zu diesem Zweck ist zunächst eine dynamische Umsatzmatrix zu definieren:

$$\bar{U} = \begin{pmatrix} u(t) & u(t-1) & \cdots & u[t-(n-1)] \\ u(t+1) & u(t) & \cdots & u[t-(n-2)] \\ \cdot & \cdot & & \cdot \\ \cdot & \cdot & & \cdot \\ \cdot & \cdot & & \cdot \\ u(t+x) & u(t+x-1) & \cdots & u[t-(n-x-1)] \end{pmatrix}.$$

Darin repräsentiert das Matrixelement $u(t)$ den fakturierten Umsatz des Tages t. Die Matrix hat n Spalten, d. h. der Umsatz eines beliebigen Termins t führt an n Tagen zu Bareinnahmen. Die Zeilenzahl (die

Matrix $\bar{U}$ hat x + 1 Zeilen) ist vom ökonomischen Horizont[7] des Unternehmens abhängig, also davon, für welchen Zeitraum bestimmte Annahmen über die Höhe der fakturierten Umsätze gemacht werden.

Die Bareingänge des Betriebes aus diesen Umsätzen ergeben sich dann als Vektorprodukt dieser dynamischen Umsatzmatrix und des dazugehörigen Spektralvektors

$$\bar{U}\bar{s} = \begin{pmatrix} u(t) & u(t-1) & \cdots & u[t-(n-1)] \\ u(t+1) & u(t) & \cdots & u[t-(n-2)] \\ \cdot & \cdot & & \cdot \\ \cdot & \cdot & & \cdot \\ \cdot & \cdot & & \cdot \\ u(t+x) & u(t+x-1) & \cdots & u[t-(n-x-1)] \end{pmatrix} \begin{pmatrix} s_1 \\ s_2 \\ \cdot \\ \cdot \\ \cdot \\ s_n \end{pmatrix} = \begin{pmatrix} e(t) \\ e(t+1) \\ \cdot \\ \cdot \\ \cdot \\ e(t+x) \end{pmatrix}$$

mit $e(t)$ als Bareinnahmen des Tages t aus Umsätzen. $e(t)$ ergibt sich also als inneres Produkt des ersten Zeilenvektors der Matrix $\bar{U}$ und des Spektralvektors $\bar{s}$:

$$e(t) = s_1\, u(t) + s_2\, u(t-1) + \ldots + s_n\, u[t-(n-1)]\,.$$

Das ist lediglich der formelmäßige Ausdruck dafür, daß die Bareinnahmen des Termins t von den Umsätzen der Termine t-(n-1) bis t abhängen.

Sieht man der Einfachheit halber von allen zufallsbedingten Störungen ab, wie sie sich bei empirischen Erhebungen tatsächlich bemerkbar machen, wird sich bei gleichbleibenden Umsätzen und einem gleichbleibenden Spektralvektor auch eine gleichbleibende Verteilung der Bareinnahmen auf die verschiedenen Termine in der Weise ergeben, daß die Höhe der Bareinnahmen der verschiedenen Termine mit der Höhe der gleichbleibenden Umsätze übereinstimmt; dies zeigt das folgende Zahlenbeispiel:

$$\bar{U}\bar{s} = \begin{pmatrix} 100 & 100 & 100 & 100 \\ 100 & 100 & 100 & 100 \\ 100 & 100 & 100 & 100 \\ 100 & 100 & 100 & 100 \\ 100 & 100 & 100 & 100 \end{pmatrix} \begin{pmatrix} 0{,}4 \\ 0{,}3 \\ 0{,}2 \\ 0{,}1 \\ \; \end{pmatrix} = \begin{pmatrix} 100 \\ 100 \\ 100 \\ 100 \\ 100 \end{pmatrix} = \begin{pmatrix} e(t) \\ e(t+1) \\ e(t+2) \\ e(t+3) \\ e(t+4) \end{pmatrix}.$$

VI.

Es sei nun angenommen, daß die Umsätze aller Termine gleich hoch sind mit Ausnahme des Umsatzes des Termins t; an diesem Tage möge eine einmalige Umsatzerhöhung Δu stattfinden; in symbolischer Schreibweise bedeutet dies also, daß sich an allen Tagen der Umsatz gleichmäßig auf u GE beläuft, daß aber für einen bestimmten Termin t der

---

[7] Vgl. E. Schneider, Einführung in die Wirtschaftstheorie, II. Teil, 7. Aufl., Tübingen 1962, S. 56.

Umsatz $u + \Delta u$ GE beträgt. Es ist nun die Frage, wie sich diese einmalige stoßweise Umsatzerhöhung auf die Bareinnahmen auswirkt. Die folgende Matrizengleichung zeigt diese Auswirkung; sie enthält nach Annahme eine dynamische Umsatzmatrix $\overline{U}$, deren Komponenten bis auf den Umsatz des Zeitpunkts t alle u betragen:

$$\overline{U}\,\bar{s} = \begin{pmatrix} u+\Delta u & u & \cdots & u \\ u & u+\Delta u & \cdots & u \\ \cdot & \cdot & & \cdot \\ \cdot & \cdot & & \cdot \\ \cdot & \cdot & & \cdot \\ u & u & \cdots & u+\Delta u \end{pmatrix} \begin{pmatrix} s_1 \\ s_2 \\ \cdot \\ \cdot \\ \cdot \\ s_n \end{pmatrix} =$$

$$= \begin{pmatrix} s_1(u+\Delta u) + s_2\, u & + \ldots + s_n\, u \\ s_1\, u + s_2(u+\Delta u) & + \ldots + s_n\, u \\ \cdot \quad\; \cdot & \cdot \\ \cdot \quad\; \cdot & \cdot \\ \cdot \quad\; \cdot & \cdot \\ s_1\, u + s_2\, u & + \ldots + s_n(u+\Delta u) \end{pmatrix} = \begin{pmatrix} e(t) \\ e(t+1) \\ \cdot \\ \cdot \\ \cdot \\ e(t+n-1) \end{pmatrix}.$$

Man sieht, daß sich die Wirkung des einmaligen erhöhten Umsatzes über mehrere, hier n, Einnahmeperioden hinweg fortsetzt. Dies mag noch anhand eines sehr vereinfachten Zahlenbeispiels demonstriert werden:

$$\overline{U}\,\bar{s} = \begin{pmatrix} 150 & 100 & 100 & 100 \\ 100 & 150 & 100 & 100 \\ 100 & 100 & 150 & 100 \\ 100 & 100 & 100 & 150 \end{pmatrix} \begin{pmatrix} 0{,}4 \\ 0{,}3 \\ 0{,}2 \\ 0{,}1 \end{pmatrix} = \begin{pmatrix} 120 \\ 115 \\ 110 \\ 105 \end{pmatrix} = \begin{pmatrix} e(t) \\ e(t+1) \\ e(t+2) \\ e(t+3) \end{pmatrix}.$$

Vom Termin $t + 4$ ab belaufen sich die gesamten täglichen Bareinnahmen bei gleichmäßigen Umsätzen von 100 GE dann ebenfalls auf 100 GE, da der einmalig erhöhte Umsatz des Termins t dann in Form von Bareinnahmen „liquidiert" ist und die Einnahmen nicht mehr beeinflußt.

VII.

Es liegt nun die Frage nahe, wie sich die Bareinnahmen einer Unternehmung unter der Voraussetzung evolutorischer Umsätze entwickeln werden. Evolutorisch soll ein Umsatz in Übereinstimmung mit Schneider[8] dann genannt werden, wenn er zeitabhängigen Änderungen unterworfen ist.

Hier soll insbesondere zur weiteren Vereinfachung angenommen werden, daß diese Änderungen sich in einer Richtung vollziehen, d. h. daß der Umsatz zeitabhängig dauernd fällt oder steigt. Es bestehen also folgende Ungleichungen:

---

[8] E. Schneider, Einführung in die Wirtschaftstheorie, a.a.O., S. 263.

$$u(t) > u(t-1) > \ldots > u(t-x)\,.$$

Zur Durchführung eines Zahlenbeispiels sei angenommen, daß wiederum ein Spektralvektor

$$\bar{s} = \begin{pmatrix} 0{,}4 \\ 0{,}3 \\ 0{,}2 \\ 0{,}1 \end{pmatrix}$$

gegeben ist; der Umsatz möge in Abhängigkeit von der Zeit linear steigen, so daß die Umsatzfunktion für ganzzahlige t

$$u(t) = u_0\, t + a$$

lautet. Aus diesen Annahmen ergibt sich dann folgende Matrizengleichung und Einnahmenentwicklung:

$$\bar{U}\,\bar{s} = \begin{pmatrix} u_0(t) \quad + a & u_0(t-1) \quad + a & \ldots & u_0(t-3) \quad + a \\ u_0(t+1) + a & u_0(t) \quad + a & \ldots & u_0(t-2) \quad + a \\ \cdot & \cdot & & \cdot \\ \cdot & \cdot & & \cdot \\ \cdot & \cdot & & \cdot \\ u_0(t+x) + a & u_0(t+x-1) + a & \ldots & u_0(t+x-3) + a \end{pmatrix} \begin{pmatrix} s_1 \\ s_2 \\ s_3 \\ s_4 \end{pmatrix} = \begin{pmatrix} e(t) \\ e(t+1) \\ \cdot \\ \cdot \\ \cdot \\ e(t+x) \end{pmatrix}.$$

Setzt man

$$u_0 = 100\,,$$
$$t = 4\,,$$
$$a = 1\,000\,,$$

erhält man daraus beispielsweise für x = 3

$$\bar{U}\,\bar{s} = \begin{pmatrix} 1400 & 1300 & 1200 & 1100 \\ 1500 & 1400 & 1300 & 1200 \\ 1600 & 1500 & 1400 & 1300 \\ 1700 & 1600 & 1500 & 1400 \end{pmatrix} \begin{pmatrix} 0{,}4 \\ 0{,}3 \\ 0{,}2 \\ 0{,}1 \end{pmatrix} = \begin{pmatrix} 1300 \\ 1400 \\ 1500 \\ 1600 \end{pmatrix}.$$

Es steigen also auch die Bareinnahmen in arithmetischer Folge, jedoch mit einem time-lag von jeweils einem Tag. Entsprechende Erwägungen gelten für schrumpfende Umsätze.

Es darf allerdings nicht übersehen werden, daß die sich aus dem Zahlenbeispiel ergebende Bareinnahmenentwicklung lediglich aus den besonderen Annahmen in bezug auf die Komponenten des Spektralvektors und der Umsatzentwicklung beruhen. Nimmt man an, daß — wie soeben unterstellt — die Umsätze sich in Abhängigkeit von der Zeit linear entwickeln, daß der Spektralvektor aber

$$\bar{s} = \begin{pmatrix} 0{,}1 \\ 0{,}2 \\ 0{,}3 \\ 0{,}4 \end{pmatrix}$$

lautet, gelangt man zu folgender Entwicklung der Bareinnahmen:

$$\bar{U}\,\bar{s} = \begin{pmatrix} 1400 & 1300 & 1200 & 1100 \\ 1500 & 1400 & 1300 & 1200 \\ 1600 & 1500 & 1400 & 1300 \\ 1700 & 1600 & 1500 & 1400 \end{pmatrix} \begin{pmatrix} 0{,}1 \\ 0{,}2 \\ 0{,}3 \\ 0{,}4 \end{pmatrix} = \begin{pmatrix} 1200 \\ 1300 \\ 1400 \\ 1500 \end{pmatrix}.$$

Die Änderung des Spektralvektors hat in diesem Falle zur Folge, daß zwar die Bareinnahmen wiederum arithmetisch steigen, jetzt aber mit einem time-lag von 2 Perioden hinter den Umsätzen zurückbleiben.

VIII.

Man erkennt, daß sich allgemeine Urteile über die Entwicklung der Bareinnahmen bei gegebener evolutorischer Umsatzentwicklung nicht machen lassen; vielmehr ist es notwendig, für Zwecke einer derartigen Prognose zunächst die Form des Spektralvektors zu ermitteln.

Diese Problematik wird jedoch dadurch erschwert, daß die Umsätze im allgemeinen nicht in der oben angenommenen Gesetzmäßigkeit einer linearen Funktion der Zeit anfallen; sie können selbstverständlich auch einem anderen mathematischen Gesetz folgen. Bei einer empirischen Untersuchung hat der Verfasser in einem Einzelfall festgestellt, daß die Komponenten des Spektralvektors angenähert eine hyperbolische Funktion der Verweildauer der nicht „liquidierten" Umsätze bildeten. Es mag aber sein, daß dieser funktionale Zusammenhang von Untersuchung zu Untersuchung, je nach den Zahlungskonditionen und -sitten, völlig verschieden ausfällt.

Der Spektralvektor muß auch nicht derart einfach aufgebaut sein, wie es oben angenommen wurde. Es ist denkbar, daß ein Spektralvektor, anstatt daß seine Komponenten ständig steigen oder fallen, einen oder mehrere Maxima oder Minima aufweist; das mag insbesondere dann der Fall sein, wenn eine Unternehmung Skonti gewährt. In dieser Situation liegt es nahe anzunehmen, daß die auf die einzelnen Perioden entfallenden relativen Anteile der Bareinnahmen bis zu demjenigen Termin ansteigen werden, den die Unternehmung für die Inanspruchnahme der Skonti in ihren Zahlungskonditionen mit den Abnehmern vereinbart, und nach diesem Termin kann dann eine Abnahme in der Größe der Komponenten des Spektralvektors erfolgen[9].

Man erkennt an diesen einfachen Beispielen bereits, daß die Frage der Abhängigkeit der Bareinnahmen von den Umsätzen für die Liquidität

---

[9] Die Summe der Komponenten des Spektralvektors wird im allgemeinen kleiner oder gleich 1 sein, da die Kunden nicht mehr zahlen werden als den fakturierten Betrag. Allerdings kann die Sachlage bei der Berechnung von Verzugszinsen auch eine Komponentensumme ergeben, die größer als 1 ist.

von außerordentlicher Bedeutung sein kann, daß allerdings hypothetische Modellansätze allein nicht genügen; vielmehr ist es erforderlich, von Fall zu Fall und von Unternehmung zu Unternehmung festzustellen, welcher quantitative chronologische Zusammenhang zwischen Umsätzen und Bareinnahmen besteht.

In praxi wird ferner darauf Rücksicht genommen werden müssen, daß die Anzahl der Komponenten des Spektralvektors und die Größe dieser Komponenten selbst von der Umsatzentwicklung in irgendeiner Weise abhängt und umgekehrt; das bedeutet beispielsweise, daß eine Unternehmung in vielen Fällen ihren Umsatz auf die Dauer nicht ausweiten können wird, ohne daß sich dabei der Spektralvektor verändert. Es ist etwa denkbar, daß vor einer derartigen Ausweitung des Umsatzes die Anzahl der Komponenten sich vergrößert, so daß die Bareinnahmen aus fakturierten Umsätzen erst nach längerer Zeit als bei geringeren Umsätzen zu erwarten sind. Allerdings muß dies nicht immer der Fall sein; es ist auch möglich, daß eine Unternehmung unter bestimmten Marktkonstellationen eine Umsatzausweitung derart betreiben kann, daß sich der Spektralvektor nicht verändert oder daß bei einer sehr starken Marktposition sogar eine Spektralvektorverkürzung, d. h. eine Verkleinerung der Anzahl der Vektorkomponenten, erfolgt. Welche mathematische Form diese Abhängigkeit des Spektralvektors von der Umsatzentwicklung aufweist, sei dahingestellt. Man wird dies von Fall zu Fall ermitteln müssen, jedoch liegt die Schwierigkeit für die praktische Arbeit darin, daß man ex ante bei einer bestimmten Umsatzausweitung oder -einschränkung nicht bestimmen kann, wie sich unter den geänderten Verhältnissen der Spektralvektor verändern wird.

Man muß weiter darauf achten, daß sich bei einem evolutorischen Umsatz die Umsatzänderung im allgemeinen nicht abrupt vollzieht, sondern allmählich, so daß auch die Änderung des Spektralvektors in Abhängigkeit von der Zeit erfolgen wird. Dies geschieht aber wiederum in einer Art und Weise, die sich ex ante im allgemeinen nicht bestimmen läßt. Man kann jedoch die Unsicherheit, die in der Änderung des Spektralvektors bei einem evolutorisch veränderlichen Umsatz liegt, dadurch zu beseitigen versuchen, daß man einem auf Stichprobenbasis ausgewählten Kundenkreis die geänderten Zahlungsbedingungen gewährt und dann untersucht, wie sich bei diesem ausgewählten Kundenkreis der Spektralvektor verändert hat.

Wachstumsstabilisierung durch den Pigou-Effekt

Manfred Liebrucks

I.

Anfangs sei ein kurzer Hinweis darüber gemacht, was im folgenden unter dem „Pigou-Effekt" verstanden werden soll, da der Autor A. C. Pigou, dem Titel seines Buches „Employment and Equilibrium" [1] entsprechend, eine Reihe von Reaktionen teils partieller, teils makroökonomischer Art anführt. Der hier behandelte Effekt findet sich im siebenten Kapitel seiner Arbeit und wurzelt in der Frage, ob in einem makroökonomischen System Ausgleichsreaktionen mit einer Tendenz bestehen, die eine konjunkturelle Störung, oder, moderner ausgedrückt, Wachstumseinbußen neutralisieren und das System zu einem ihm dann wohl immanenten Gleichgewicht zurückführen. Zunächst erscheint es zweckdienlich, die Komponenten im einzelnen zu erfassen und zu prüfen, welche Bedingungen vorliegen müssen, um eine derartige Ausgleichsreaktion wirksam werden zu lassen. Grundgedanke hierbei ist, daß ein konjunktureller Rückgang — etwa gleichbedeutend mit einer Einkommensminderung — nicht identisch sein muß mit einer gleichstarken Änderung des Vermögens. Wenn aber Einkommenshöhe und Vermögenshöhe durch Nutzenschätzung in einer bestimmten Beziehung zueinander stehen, kann die möglicherweise ungleichgewichtige Entwicklung von Einkommen und Vermögen dazu führen, daß Teile des Vermögens für Verbrauchszwecke herangezogen werden. Dieses Argument gilt es zu prüfen.

II.

Folgt man Pigou, so läßt sich das Vermögen in zwei Formen aufteilen: Realvermögen und Geldvermögen, das sich aus den Geldmengen in der Transaktionskasse (M_1-Kasse) und denen in der Spekulationskasse (M_2-Kasse) zusammensetzt. Innerhalb eines Kontraktionsprozesses fließen nun fortgesetzt Geldmengen aus der M_1-Kasse in die M_2-Kasse, wodurch zwei Ungleichgewichtsmomente hervorgerufen werden. Die Spekulationskasse steigt ungeplant an, und das Vermögen als Ganzes wird bei fallendem Einkommen relativ gesehen zu hoch. Dieser Vorgang soll etwas genauer betrachtet werden.

---

[1] Employment and Equilibrium, A Theoretical Discussion, London 1941.

Die Vermögenshöhe stellt eine Größe dar, die, jedenfalls nach Pigou, nicht unabhängig vom Einkommen geplant wird, so daß Vermögen (V) und Einkommen (Y) über den Verhaltensparameter φ in Verbindung miteinander stehen. Einfacher formuliert: Zu einem bestimmten Einkommen wird ein bestimmtes Vermögen gewünscht. Um nicht mißverstanden zu werden: Die Frage lautet nicht, welch ein Vermögen zur Erreichung eines bestimmten Einkommens notwendig ist, sondern welche Vermögenshöhe die Wirtschaftssubjekte bei gegebenem Einkommen als gewünscht ansehen. Diese Beziehung soll durch den Parameter φ ausgedrückt werden. Es kann berechtigt erwogen werden, ob dieser Parameter stets und ständig tatsächlich besteht. Mindestens für den Fall starker Vermögenskonzentrationen dürften Zweifel entstehen. Damit wäre schon eine kritische Stelle angedeutet. Ferner muß wohl gefragt werden, ob dieser Parameter sich nicht im Falle einer Einkommenskontraktion ändert.

Sofern bei fallendem Einkommen φ von Δ y in dem Sinne abhängt, daß $d\varphi / dy$ kleiner als 0 ist, also bei sinkendem Einkommen φ steigt, sind andere Wirkungen zu erwarten als bei einem konstanten Wert von φ.

Weitere Verhaltensparameter bestehen in der Beziehung zwischen Realvermögen und Geldvermögen. Im allgemeinen wird in der Literatur diese Verknüpfung einmal über den Umsatz und das Einkommen hergestellt, indem die Transaktionskasse als am Umsatz oder dem Einkommen (zeitliche Entwicklung von Einnahmen und Ausgaben) ausgerichtet angesehen wird. Sicherlich stellt dies eine — wenn auch zweckdienliche — Vereinfachung dar, die wir theoretisch durchaus als zulässig erachten. Zum anderen ist die Spekulationskasse (liquiditätsneigungs- und zinsabhängig) auch Teil des Vermögens und ist deshalb in die Betrachtung einzubeziehen. Sie wird über den Parameter m_2 gleichfalls am Einkommen orientiert, was impliziert, daß die sonstigen Bestimmungsfaktoren konstant bleiben. Zugegeben ist dies nicht unproblematisch. Schließlich kann über den aus der Literatur verwendeten Kapitalkoeffizienten (σ) das Realvermögen (V_R) mit dem Einkommen (Y) in Verbindung gebracht werden, so daß sich der Parameter φ wie folgt ausdrücken läßt:

$$\frac{V}{Y} = \frac{V_R + M_1 + M_2}{Y} = \varphi\,,$$

$$\varphi = \sigma + m_1 + m_2\,.$$

Dabei sind m_1 und m_2 die Parameter der Kassenhaltung und σ der Parameter für die geplante Höhe des Realvermögens.

Unabhängig von den geplanten Parametern (σ, m_1 und m_2) können sich jedoch die Werte von V_R, M_1 und M_2 entwickeln. Die geplanten oder erwarteten Größen brauchen keinesfalls mit den realisierten zusammenzufallen. Gerade die Ungleichheit ist eine Voraussetzung für das Wirksamwerden des Ausgleichseffekts.

III.

Entwickelte Volkswirtschaften sind als geldwirtschaftlich ausgerichtete Systeme überwiegend so organisiert, daß die Bindung zwischen Vermögen und Einkommen über den mit verschiedenen Formen von Wertpapieren operierenden Kapitalmarkt erfolgt. Es ist unsicher, ob die Kursentwicklung dem Einkommen entsprechend sich nach dem Ertragswert von Unternehmungen ausrichtet, also im Falle sinkenden Einkommens proportional fällt. Ist das jedoch nicht der Fall, zeigt also die Vermögensentwicklung stärkere Ausschläge als der Einkommensverlauf, entfällt zunächst die entscheidende Voraussetzung für den Konsumeffekt. Schließlich muß gerade hier auch die Vermögensverteilung beachtet werden. Viele Gründe sprechen jedenfalls dafür, daß nur ein sehr loser Zusammenhang zwischen der Entwicklung des Realvermögens (oder der Kursentwicklung der Wertpapiere) und der Einkommensentwicklung besteht.

Dem Kassenhaltungsparameter m_1 steht andererseits die realisierte Größe von M_1 gegenüber, wobei m_1 als konstant angesehen werden kann, sofern die Zahlungsmodalitäten oder der Verflechtungsgrad sich nicht ändern. Dieses stellt ohne Frage eine weitere Hypothese dar, von der nicht gesagt werden kann, daß sie ohne weiteres gilt oder unkritisch behandelt werden könnte. Allerdings kann auch schlecht argumentiert werden, daß in Zeiten zurückgehenden Einkommens sich im allgemeinen Liquiditätsschwierigkeiten bei den Unternehmen einstellen und daß deswegen der Parameter m_1 wohl bei sinkendem Einkommen steigen müsse. Jedoch ist bei der Transaktionskasse ein anderer Faktor, die Umlaufsgeschwindigkeit des Geldes (v), von Bedeutung. In unserem Fall wäre zu erwägen, eher von der Umlaufsgeschwindigkeit in bezug auf den Umsatz zu sprechen. Folgt man den Erörterungen in der Geldtheorie, sind für die Motive der Kassenhaltung von M_1 zwei von ihnen als bedeutsam hervorzuheben: Das Umsatz- und das Einkommensmotiv. Das schließt nicht aus, daß auch andere Motive Bedeutung erlangen können. Beispielsweise werden zuweilen „optische" Gesichtspunkte bei Bilanzaufstellungen im Hinblick auf eine relativ hohe Liquidität berücksichtigt. Im allgemeinen ist es nicht möglich, liquide Größen bei Unternehmen nach der M_1- und der M_2-Kasse aufzuschlüsseln. Davon abgesehen bereitet die Umlaufsgeschwindigkeit des Geldes bei der Eingliederung in die Analyse einige Schwierigkeiten. Sicher ist, daß der Umsatz makroökonomisch größer ist als das Einkommen und daß Importe jedenfalls nicht direkt im Inland zu Einkommen führen, daß die Summe der durch den Export bewirkten Umsätze selbst bei ausgeglichener Außenhandelsbilanz nicht identisch sein muß mit den durch Import von Waren im Inland bewirkten Umsätzen. Kurz: Obwohl M_1 und seine Umlaufsgeschwindigkeit sowohl am Umsatz als auch am Einkommen gemessen werden müßten, läßt sich dennoch wenigstens theoretisch eine Relation finden, die, alle diese Überlegungen berücksichtigend, die Einkommensumlaufsgeschwindigkeit erfaßt. Mathematisch läßt sich dies im Gegensatz zu empirischen Größen leichter formulieren. Die Umlaufsgeschwindigkeit sei mit v bezeichnet. Im Gegensatz zu M_1 ist die Höhe von M_2 vermögensbezogen, sofern der Begriff „Spekulation" sinngemäß interpretiert wird. Der Gedankengang von Pigou erzwingt jedoch, daß über den Verhaltensparameter m_2 auch M_2 einkommensabhängig ist, da nämlich Einkommen und Vermögen und damit auch M_2 durch „Nutzenschätzungen" in Verbindung stehen.

Weil nun die erwarteten Vermögensgrößen von den realisierten abweichen können, sollen infolge des dann bestehenden Ungleichgewichts Ausgleichsreaktionen eintreten. Zunächst gilt es, die Abweichung der realisierten Größe des Vermögens vom geplanten Vermögen zu erfassen. Sie ergibt sich durch

$$d = \Delta y \left(m_2 + \frac{1}{v} \right).$$

Wenn das Realvermögen proportional zum Einkommensrückgang fällt und diese Vermögenshöhe und Einkommenshöhe als auch für die Zukunft erwartet angesehen werden — was erneut durchaus umstritten sein kann, weil hier vollständig andere Erwartungselastizitäten ausgelöst werden könnten — wird dadurch kein Einfluß ausgeübt. Die dem gefallenen Einkommen angepaßte Transaktionskasse bewirkt zunächst wenigstens ebenfalls kein Ungleichgewicht. Jedoch sind die aus ihr freigesetzten Geldmengen unter Berücksichtigung der Umlaufsgeschwindigkeit dieses Geldes gezwungenermaßen M_2 geworden. Die M_2-Geldmenge ist demzufolge nominell vergrößert. Darüber hinaus würde die Konstanz des Parameters m_2 bewirken, daß infolge des gefallenen Einkommens eine ungleichgewichtig hohe M_2-Kassenhaltung entsteht, da die als M_2 gehaltene Geldmenge unverändert geblieben ist.

Wir sind nunmehr in der Lage — mit allem Vorbehalt — die Elemente, die den Konsumeffekt bestimmen, quantitativ zu erfassen: Die Abweichung des geplanten Vermögens zum realisierten soll auf der einen Seite eine den Konsum positiv beeinflussende Wirkung auslösen, andererseits entsteht eine Verminderung des Konsums durch den Einkommensfall. Ein Vergleich dieser beiden Momente führt zur Gleichung

$$\Delta C = \left[-\left(m_2 + \frac{1}{v}\right)\alpha_v + \alpha_y\right]\Delta Y .$$

Von Interesse sind nun zusätzlich die Größen α_v und α_y. Bei α_v handelt es sich um die durchschnittliche Verbrauchsquote, die von den Wirtschaftssubjekten für den Abbau des relativen Vermögensüberschusses zugrundegelegt wird. Genauer: α_v gibt an, wie schnell dieser Überschuß abgebaut werden soll. Es kann deshalb auch geschrieben werden $\alpha_v \cdot n = 1$, wobei n die Periodenzahl ist, in der der Abbau des überschüssigen Vermögens erfolgen soll. Der Wert α_y stellt die durchschnittliche Quote (aller Wirtschaftssubjekte) dar, um die der Verbrauch als Folge des gesunkenen Einkommens eingeschränkt wird.

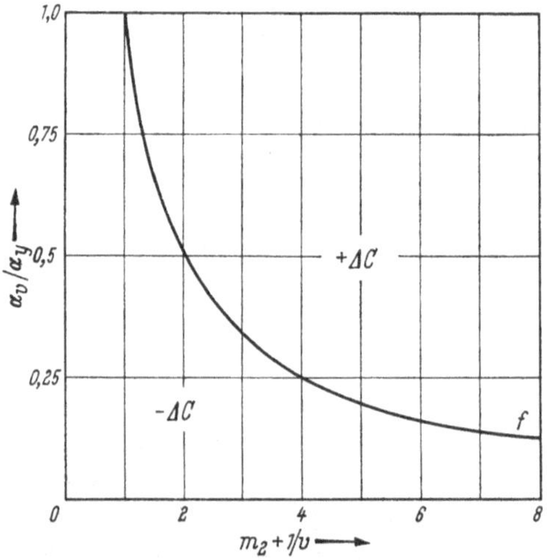

Abb. 1

Das Schaubild zeigt den Zusammenhang zwischen den einzelnen Größen. Die mit f bezeichnete Funktion ist eine Trennlinie, oberhalb derer mit einem Konsumanstieg gerechnet werden kann. Die dazu notwendigen Größen von m_2 sowie $1/v$ und das Verhältnis zwischen α_v und α_y lassen sich entsprechend den Achsen entnehmen. Sofern das Verhältnis $\alpha_v : \alpha_y = 1$ ist, muß der Wert von $m_2 + 1/v \geqq 1$ sein, wenn ein Konsumanstieg einsetzen soll; bei einer angenommenen Umlaufsgeschwindigkeit von 5 wäre ein Wert für m_2 mit größer als 0,8 notwendig, d. h. 80 v. H. des Einkommens müßten von allen Wirtschaftssubjekten liquide als M_2 gehalten werden. Je langsamer (also über mehrere Perioden verteilt) der Abbau des überschüssigen Vermögens erfolgen soll, desto größer muß m_2 gewesen sein. Sofern vier Perioden dafür von den Wirtschaftssubjekten vorgesehen werden, müßte (bei $v = 5$) der Wert von m_2 bereits mehr als 3,8 betragen, also etwa der vierfachen Höhe des Einkommens entsprochen haben. Neben den vielen bereits gemachten Vorbehalten, erscheint dieses Ergebnis die Sicherheit des Effektes besonders stark zu schmälern. Andererseits soll nicht übersehen werden, daß es sich bei der bisherigen Darstellung um ein komparativ-statisches Modell handelt, so daß die Frage, ob andere Tendenzen im Zuge des weiteren Ablaufs zu erwarten sind, berechtigt gestellt werden könnte.

IV.

Zunächst muß bei einer Betrachtung des weiteren Ablaufs der Fall angenommen werden, daß in der „ersten Runde" ein Konsumrückgang eintritt, andernfalls hätte sich das Problem bereits erledigt. Fraglich ist dann, ob sich bei weiteren Einkommensrückgängen die Konstellation für das Einsetzen des Effektes verbessert. Wie gleich zu zeigen sein wird, ist das durchaus möglich. Sofern nämlich $\alpha_v : \alpha_y$ kleiner als 1 ist, wirkt der bei der ersten Runde entstandene und abzubauende Vermögensüberschuß auch noch in den folgenden weiter. Zusätzlich dazu treten aber die ungeplanten Vermögensüberschüsse in den folgenden Runden, so daß sich eine Kumulierung ergibt, die im Falle absolut gleichbleibender Einkommensrückgänge solange anhält, bis der Wert $(m_2 + 1/v)$ erreicht wird. In diesem Fall müßte der Effekt einsetzen, wenn der Wert $(m_2 + 1/v) \geqq 1$ ist.

Eine andere Gleichung haben wir für den Fall entwickelt, daß der Einkommensrückgang über eine Reihe von Perioden hinweg im gleichen Tempo verläuft, also die Rückgänge die gleiche Abnahmerate besitzen. Sie lautet:

$$\varDelta C_n = \varDelta Y_n \alpha_y \left[1 - \left(m_2 + \frac{1}{v}\right)\left(1 + q^2 + \ldots. + q^n\right)\right].$$

Man erkennt, daß die Chancen für das Einsetzen des Effektes steigen; der entgegengesetzte Fall eines absolut stärker fallenden Einkomens erbringt das gegenteilige Ergebnis.

V.

Die Ergebnisse unserer Betrachtung lassen sich rasch zusammenfassen. Zunächst muß ein enger Zusammenhang zwischen Konsumgüternachfrage und Produktion von Gütern aller Art bestehen, wenn eine Steigerung des Konsums zur Belebung der Gesamtproduktion führen soll. Sollte die Voraussetzung vorliegen, muß weiterhin eine ausgeglichene Vermögensverteilung existieren, damit überhaupt ein entsprechender Konsumantrieb möglich wird. Ist auch das der Fall, müssen Einkommen und Vermögen in einem bestimmten geplanten Zusammenhang stehen. Die Höhe der M_2-Kasse und die Umlaufsgeschwindigkeit des Geldes entscheiden dann darüber, ob dieser Effekt einsetzt oder nicht. Die hierbei benötigte Höhe der M_2-Kasse erscheint uns, am Einkommen gemessen, ziemlich hoch, obwohl zugegeben werden muß, daß uns empirische Werte nicht bekannt sind.

Die Zweifel an der Zuverlässigkeit dieses Ausgleichseffektes sind durch diese Überlegungen nicht geringer geworden. Der Versuch einer quantitativen Analyse sollte dennoch unter dem Gesichtspunkt betrachtet werden, die mögliche Bedeutung des Pigou'schen Arguments abzuschätzen, allerdings wollen wir nicht hoffen, daß dies eines Tages — Pigou nennt ihn Day of Judgment — wirklich aktuell wird.

Inflation und Wirtschaftswachstum

Rudolf Schilcher

I.

Gegenstand dieser Untersuchung ist der *Wachstumseffekt der Inflation.* Offensichtlich sind dabei drei Ergebnisse möglich. Entweder: Inflation fördert das Wirtschaftswachstum, oder: Inflation hemmt das Wirtschaftswachstum, oder schließlich: Inflation ist in bezug auf das Wirtschaftswachstum neutral, d. h. der vermutete Effekt fehlt. Uns scheint die Fragestellung interessant. Wir wollen in der durch den Rahmen dieser Schrift gebotenen Kürze diskutieren, welche Aussagen angesichts der vorhandenen Literatur über jede der drei Möglichkeiten in schlüssiger Weise gemacht werden können. Dieser Diskussion wird eine Definition der relevanten Begriffe und die systematische Eingliederung des Problems in einen übergeordneten Zusammenhang vorangestellt.

II.

Der Begriff „Wirtschaftswachstum" ist heute für viele Autoren ganz unproblematisch, sie machen sich nicht die Mühe, ihn zu definieren. Genaueres Hinsehen lehrt jedoch, daß er äußerst vieldeutig verwendet wird; Machlup z. B. referiert acht alternativ mögliche Begriffsfassungen[1] und ist damit nicht vollständig. In unserem Zusammenhang ist es zweckmäßig, unter *Wachstum* die laufende Erhöhung des gesamten realen Bruttosozialprodukts (Bruttosozialprodukt zu Marktpreisen, preisbereinigt) zu verstehen. Dieses Wachstum ist das Ergebnis von drei Faktoren. Erstens der Erhöhung der Menge des Realkapitalbestandes. Zweitens der Erhöhung der Zahl und der Qualität des Produktionsfaktors Arbeit, wobei Bevölkerungswachstum, Verbesserung der Bevölkerungsstruktur, Abnahme von Arbeitslosigkeit und Verlängerung der Arbeitszeit die hauptsächlichen quantitativen Phänomene, Verbesserung der Ausbildung und Steigerung des Leistungswillens die hauptsächlichen qualitativen Phänomene sind. Drittens des sogenannten technischen Fortschritts als einer hochproblematischen Restgröße, welche Verbesserung der Qualität des Realkapitals, aber auch Verbesserung der Organisation und des Standorts der Faktorkombination umfaßt. Die Unternehmerleistung kann als vierter Produktionsfaktor ausgesondert werden,

---

[1] Machlup, Fritz, Statement before the Joint Economic Committee, in: Employment, Growth, and Price Levels, Hearings before the Joint Economic Committee, Congress of the United States, Part 9 A, Washington 1959, S. 2820.

wird jedoch meist nicht mehr als solcher genannt, ihre statistische Isolierung wäre besonders schwierig. Dazu tritt, häufig vergessen, zumindest in längerfristiger Betrachtungsweise ein Wachsen der Nachfrage, das groß genug sein muß, die Realisierung erhöhter Wachstumschancen zu ermöglichen.

Die Darstellung der Wachstumswirkung der erstgenannten drei Faktoren wird in der Konstruktion makroökonomischer Produktionsfunktionen versucht, d. h. das Wachstum wird als Ergebnis des gemeinsamen, u. U. auch gegenläufigen, Wirkens der Faktoren verstanden. Die statistische Zurechnung von empirisch ermittelten Wachstumsreihen zu nur einem Faktor, z. B. als Steigerung der Arbeitsproduktivität zum quantitativ konstant gehaltenen Faktor Arbeit, sagt nichts über die tatsächliche Ursache des Wachstums aus[2]. Dennoch wird diese Zuordnung häufig vollzogen. Sofern man sie als methodisches Hilfsmittel für einen begrenzten Untersuchungszweck begreift und daraus keine weitergehenden Schlußfolgerungen, z. B. für „gerechte" Einkommensverteilung, zieht, kann dieses einfache Verfahren ganz nützlich sein. Uns interessiert die Wirkung der Inflation auf das Wachstum. Der wahrscheinlichste, wenn auch keineswegs einzig vorstellbare Weg einer solchen Wirkung führt über die mögliche Beeinflussung der Änderung des Realkapitalbestandes durch Inflation, weshalb wir, ganz im Stile der Harrod-Domar'schen Wachstumstheorie[3], Wachstum auf Investition beziehen können. Mit anderen Worten: In die reale Nettoinvestition mit Kapazitätseffekt wird, soweit ihr Einfluß nicht durch Faktorsubstitution, z. B. Arbeitszeitverkürzung, kompensiert ist, in dieser Betrachtungsweise Wachstum auch in dem Umfange eingeschlossen, der realiter durch die anderen Faktoren, z. B. Organisationsverbesserung, bedingt wird.

Der Begriff „Inflation" ist bekanntlich noch vieldeutiger als der Begriff „Wachstum", er ist dazu mit einem recht irrationalen negativen Werturteil behaftet und wird in vager Bedeutung auch von der Praxis gebraucht.

Aus diesen und anderen Gründen ist er für wissenschaftliche Zwecke denkbar ungeeignet und wäre ohne weiteres zu entbehren, könnte der einzelne die Tatsache ignorieren, daß nahezu die gesamte Zunft der Nationalökonomen diesen abgegriffenen Terminus liebevoll kultiviert. So bleibt auch hier nur, ihn vor jeder Verwendung zu definieren. Unter

---

[2] Vgl. Bombach, Gottfried, Quantitative und monetäre Aspekte des Wirtschaftswachstums, in: Schriften des Vereins für Socialpolitik, N. F., Band 15, 1959, S. 156 ff.

[3] Domar, E. D., Capital Expansion, Rate of Growth and Employment, in: Econometrica, Vol. 14, 1946; Harrod, R. F., Dynamische Wirtschaft, Wien und Stuttgart 1949.

Inflation sei der Prozeß laufender Erhöhung des Niveaus (des gewogenen Durchschnitts) der Preise der an Haushalte abgesetzten, produzierten Waren und Dienstleistungen verstanden. Eine kurze Begründung dieser Definition versuchte ich an anderer Stelle zu geben[4], hier sei nur unterstrichen, daß sie an ein *Symptom* (Konsumgüterpreissteigerung)[5] anknüpft und nicht schon die Inflations*ursache* definitorisch vorwegnimmt, wie es z. B. Giersch tut[6]. Nach den Ursachen können dann unterschiedliche Inflationstypen konstruiert werden; in erster grober Annäherung sind deren zwei zu unterscheiden: Überschußnachfrage-Inflation und Anbieter-Inflation. Entsprechend sind auch die Inflationstheorien zu klassifizieren.

Überschußnachfrage-Inflation setzt „marktdeterminierte" Preisbildung voraus, d. h. eine Verhaltensweise der Marktteilnehmer, durch die die Preise flexibel an die relative Knappheit der Waren angepaßt werden. Ursache der Inflation ist ein makroökonomischer ex-ante-Nachfrageüberschuß in realen Größen über eine Reihe von Perioden hinweg, oder, was auf dasselbe hinausläuft, ein entsprechendes Angebotsdefizit. Der Prozeß wird beendigt durch Änderung des Anbieterverhaltens oder bei gegebenem Verhalten entweder durch Steigerung des realen Angebots oder durch Senken der realen Nachfrage.

Anbieter-Inflation setzt demgegenüber „kostendeterminierte" oder „gewinndeterminierte" Preisbildung voraus, d. h. ein Verhalten, bei dem die Anbieter ihre Preise ohne Rücksicht auf die bestehende Knappheitssituation unter Verstoß gegen die Hypothese der Maximierung des Gesamtgewinns setzen. Sie passen sie entweder der Veränderung der Durchschnittskosten oder eines ex-ante gewünschten Durchschnittsprofits an. Ursache für Inflation ist jetzt anhaltende Kostensteigerung, z. B. laufende Erhöhung der Geldlöhne pro Stück des Ausstoßes, oder anhaltende autonome Erhöhung der Gewinnmargen.

Auch das volle Überwälzen von bestimmten Steuern ohne Rücksicht auf Absatzmengenbewegungen gehört hierher. Der Prozeß wird durch eine Änderung im Verhalten der Anbieter, d. h. durch Übergang zu markt-

---

4 Schilcher, Rudolf, Geldpolitik, Finanzpolitik und konjunkturelle Stabilität, in: Zeitel und Pahlke (Hrsg.), Konjunkturelle Stabilität als wirtschaftspolitische Aufgabe, Tübingen 1962, S. 78 ff.

5 Inflationsdefinitionen, die allein oder vornehmlich auf Konsumgüterpreissteigerungen abstellen, finden sich z. B. bei Day, A. C. L., Outline of Monetary Economics, Oxford 1957, S. 259; Burns, Arthur F., Prosperity Without Inflation, New York 1957, S. 1 f., und Bach, G. L., Inflation. A Study in Economics, Ethics, and Politics, Providence 1958, S. 6 f.

6 Giersch, Herbert, Artikel: Inflation, in: Handwörterbuch der Sozialwissenschaften, 5. Band, 1956.

determinierter Preissetzung, oder durch Aufgabe ihrer Stückgewinnforderung oder durch Wegfall der Stückkostensteigerung beendet.

Überschußnachfrage-Inflation ist der traditionelle Inflationstyp, entsprechend ist die Überschußnachfrage-Theorie der Inflation als Nachfahrin der Quantitäts- und Einkommenstheorie des Geldwerts heute fast schon klassisch zu nennen. Anbieter-Inflation ist erst in jüngerer Zeit in Erscheinung oder wenigstens erst jetzt in unser Bewußtsein getreten, ihre Theorie ist neueren Datums und weit weniger ausgebaut[7]. Künftige sorgfältigere Ausgestaltung der reinen Theorietypen ist u. E. nützlich, doch darf darüber nicht vergessen werden, daß in der Realität stets ein Gemisch der Inflationstypen insofern vorliegt, als die Verhaltensweisen von Sektor zu Sektor, oft innerhalb eines Sektors von Individuum zu Individuum, verschieden sind. Für die Relevanz der einen oder anderen Theorie kommt es daher darauf an, welcher Inflationstyp im entsprechenden Erfahrungsobjekt überwiegt. Im übrigen geht die Entwicklung immer mehr zu einer sektorenweise getrennten Analyse des Inflationsphänomens.

Auch in einer weiteren Hinsicht wird der Inflationsbegriff bekanntlich für zwei ganz unterschiedliche Phänomene verwendet. Man pflegt „schleichende" und „galoppierende" Inflation zu unterscheiden. Die letztere ist oft exogen zu lokalisieren, meist eine Kriegsfolge, sie reduziert den Wert der Geldeinheit in kurzer Frist auf einen winzigen Bruchteil des ursprünglichen Betrags und zerstört das bestehende Währungssystem[8]. Ihre wachstumshemmende Wirkung gilt als erwiesen. Problematisch in unserem Zusammenhang ist die schleichende Inflation, das sind Preisniveausteigerungen von wenigen Prozenten im Jahr. Nur auf sie bezieht sich unsere Erörterung.

---

[7] Vgl. z. B. Holzman, Franklyn D., Inflation: Cost-Push and Demand-Pull, in: American Economic Review, Vol. 50, 1960: Lerner, Abba P., Inflationary Depression and the Regulation of Administered Prices, in: The Relationship of Prices to Economic Stability and Growth — Compendium of Papers Submitted by Panelists Appearing before the Joint Economic Committee, Washington 1958; Machlup, Fritz, Another View of Cost-Push and Demand-Pull Inflation, in: Review of Economics and Statistics, Vol. 42, 1960; Reynolds, Lloyd G., Wage-Push and all That, in: American Economic Review, Papers and Proceedings, Vol. 50, 1960; Schultze, Charles L., Recent Inflation in the United States, Study Paper No. 1, Joint Economic Committee, Congress of the United States, Washington 1959; Thorp, Willard L. and Quandt, Richard E., The New Inflation, New York-Toronto-London 1959.

[8] Vgl. z. B. Bresciani-Turroni, Constantino, The Economics of Inflation — A Study of Currency Depreciation in Post-War Germany 1914—1923, 2. Aufl., London 1953; Graham, Frank D., Exchange, Prices and Production in Hyper-Inflation: Germany, 1920—1923, Princeton 1930; Stucken, Rudolf, Deutsche Geld- und Kreditpolitik, 1914 bis 1953, 2. Aufl., Tübingen 1953, S. 31 ff.

III.

Die Berechtigung der von uns am Beginn unserer Ausführungen formulierten Fragestellung ist durchaus bestreitbar, d. h. man kann schon im Ansatz der Untersuchung jede einseitige Wirkung der Inflation auf das Wachstum leugnen. Aber auch wer den Wachstumseffekt der Inflation, im formulierten Sinne gemeint, nicht von vornherein unreflektiert ausschließt, tut gut daran, dieses spezielle Problem eingebettet in die allgemeine Frage nach der Beziehung zwischen Wachstum und Preisverhalten zu sehen. Dies gilt um so mehr, als die Literatur überwiegend in geradezu erschreckender Weise eine Lokalisierung des Problems in der hier versuchten Art vermissen läßt. Auch finden sich nicht selten beim selben Autor widersprüchliche Aussagen über die Richtung der Abhängigkeiten zwischen Inflation und Wachstum[9].

In dem sehr aufschlußreichen "Staff Report" des "Joint Economic Committee"[10], einer gut lesbaren Schrift, einer wahren Fundgrube von Thesen und Fakten zu unserem Thema, werden drei mögliche Theorien über das Verhältnis von Wachstum und Preisen referiert[11]. Erstens: Inflation hemmt Wachstum, nur Preisstabilität führt zu dauerhaftem und gesundem Wachstum ("Promoting growth by fighting inflation"). Zweitens: Wachstum hemmt Inflation ("Fighting inflation by promoting growth"). Drittens: Inflation und Wachstum sind unabhängig voneinander ("Growth and inflation as separate problems"). Dieser Katalog ist offenbar unvollständig, es sind vielmehr folgende Beziehungen möglich:

1. Die Inflation beeinflußt einseitig das Wachstum
   a) fördert
   b) hemmt
2. Das Wachstum beeinflußt einseitig die Inflation
   a) fördert
   b) hemmt
3. Wachstum und Inflation beeinflussen sich wechselseitig
   a) gleichsinnig verbunden
   b) ungleichsinnig verbunden
4. Keine Beziehung zwischen Wachstum und Inflation.

---

[9] Vgl. z. B. Irmler, Heinrich, Währungspolitische Bedingungen stetigen Wirtschaftswachstums, in: Schriften des Vereins für Socialpolitik, N. F., Band 15, 1959, S. 105 ff.

[10] Staff Report on Employment, Growth, and Price Levels, Prepared for Consideration by the Joint Economic Committee, Congress of the United States, Washington 1959.

[11] ebenda, S. 10 ff.

Durch den Sachverhalt 1 ist das Problem dieses Aufsatzes in seiner einfachen Form gestellt, wir kommen darauf zurück. Die Vermutung von 2 a stützt sich vorwiegend auf den Einkommenseffekt der Investition (Multiplikatorwirkung), betont also die Nachfrageseite. Maßgeblich für die Stärke dieser Wirkung ist insbesondere die Größe der Sparquote. 2 b dagegen wird vorwiegend auf den Kapazitätseffekt der Investition gestützt, hier betont man also die Angebotsseite. Der Kapazitätseffekt ist um so größer, je kleiner der Kapitalkoeffizient der Investition ist, es gehen daher auch technische Faktoren in die Bestimmung des Inflationseffekts des Wachstums ein. Außerdem wird die inflationshemmende Wirkung um so stärker sein, je schneller der Kapazitätseffekt auf den Einkommenseffekt folgt. Hier liegt die Bedeutung der so schwer meßbaren durchschnittlichen Investitionsperiode. Eine gewisse Kompensation beider Effekte ist wahrscheinlich; daß sie sich aber völlig ausgleichen, kann nicht von vornherein unterstellt werden.

Die Beziehungen 1 und 2 sind Alternativen. Die wirtschaftspolitische Konsequenz des Bekenntnisses zu einer der beiden ist erheblich. Wenn Wachstum Inflation produziert, aber eine inverse Beziehung nicht besteht (2 a), ist diese Inflation eine unerwünschte Nebenwirkung des erwünschten Wachstums, deren Bekämpfung mit Elan verfolgt werden kann, auch wenn man hinsichtlich des Erfolges skeptisch ist. Wenn dagegen Inflation Wachstum produziert, ohne daß Wachstum auf Inflation zurückwirkt (1 a), steht die Wirtschaftspolitik vor einem echten Zielkonflikt: In welchem Umfang soll die unerwünschte Inflation um des erwünschten Wachstums willen zugelassen, in welchem Maße soll sie auf Kosten des erwünschten Wachstums verhindert werden? Dieser Gedanke braucht aber nicht weiter verfolgt zu werden, weil die relativ größte Wahrscheinlichkeit für das Vorliegen der Beziehung 3 spricht.

Immerhin diskutiert man aber auch die Beziehung 4. Gälte sie, so wäre eine beobachtete positive oder negative Korrelation beider Phänomene ökonomisch nicht interpretierbar. Zur Begründung der Unverbundenheit von Wachstum und Inflation wird angeführt, daß beide ihrerseits unterschiedliche Bestimmungsgründe haben, z. B. könne die Wachstumsrate durch die Gesamtnachfrage, die Inflationsrate dagegen durch Marktmachtkonzentrationen erklärt werden[12]. Dagegen wird eingewandt, daß damit nicht der gesamte Ursachenkomplex der beiden Erscheinungen erfaßt würde, die also doch noch andere gemeinsame Ursachen haben könnten. Dem wäre hinzuzufügen, daß indirekte Wechselwirkungen unbeachtet bleiben, z. B. die Wirkung der Inflation über die Gesamtnachfrage auf das Wachstum. Viel häufiger als die ausdrück-

---

[12] Staff Report, a.a.O., S. 14.

liche Behauptung, daß keine Beziehung zwischen Inflation und Wachstum bestünde, finden wir in der Literatur Angaben darüber, daß unsere Kenntnis einfach noch nicht ausreiche, etwas über diese möglicherweise bestehenden Beziehungen auszusagen[13]. Auch diese Autoren wollen wir der Einfachheit halber als Vertreter der Ansicht 4 bezeichnen. Ebenso kann ferner der Gruppe 4 zugeordnet werden, wer sich widersprüchlich über den Wachstumseffekt der Inflation äußert[14].

Nun zurück zu unserer eingangs gestellten Hauptfrage. Liegt die Beziehung 1 vor, so ist die Problemstellung korrekt. Bei 2 und 4 entfällt unser Problem, d. h. es wäre geklärt, daß die Inflation wachstumsneutral ist. Müssen wir mit der Beziehung 3 rechnen, so wird durch unsere Art der eingleisigen Fragestellung die bestehende Interdependenz einseitig aufgehoben. Dieser Vorgang, nämlich das Herauslösen einer Beziehung auf Grund einer bestimmten Frage aus einem größeren, mehrseitig verflochtenen Komplex, ist eine legitime, gegenwärtig noch nicht zu entbehrende Methode der Nationalökonomie, der man sich nur bei der Bewertung der Ergebnisse und ihres Erklärungswertes für konkrete Situationen bewußt bleiben muß.

IV.

Wenden wir uns nun der Inflations-Literatur zu. Kritisch ist zunächst zu sagen, daß in ihr im ganzen wenig methodenbewußt gearbeitet wird. Im einzelnen unterbleibt häufig eine Präzisierung der benutzten Begriffe, einzel- und gesamtwirtschaftliche Argumentationen werden unzulässig vermischt, recht subjektive Wertungen und Spekulationen unterlaufen, empirische Beispiele werden für Beweise, Modellkonstruktionen für Beschreibungen der Wirklichkeit ausgegeben, an einer Synthese der Methoden mangelt es weithin. Daß es an rühmlichen Ausnahmen nicht fehlt, braucht nicht betont zu werden, doch haben sie ihren Stil nicht allgemein durchgesetzt. Das recht verwaschene Gesamtbild der relevanten Literatur erschwert die Orientierung erheblich, immerhin können aber doch gewisse Typisierungen des aufgefundenen Argumentationsvorrats vorgenommen werden.

---

13 Z. B. bei Bach, Inflation. A Study in . . ., a.a.O., S. 59 und bei Friedman, Milton, The Supply of Money and Changes in Prices and Output, in: The Relationship of . . . . (Compendium), a.a.O., S. 242.

14 Z. B. Hansen, Alvin H., The American Economy, New York 1957, S. 45; ders., Inflation and Growth, in: Bombach (Hrsg.), Stabile Preise in wachsender Wirtschaft. Das Inflationsproblem, Tübingen 1960, S. 181 und S.185; Göseke, Gerhard, Wirtschaftswachstum bei Preisstabilität, in: Konjunkturpolitik, 4. Jg., 1958, S. 213 und S. 216.

Die von uns durchgesehene Literatur[15] äußert sich über den Wachstumseffekt der Inflation häufiger als über den Inflationseffekt des Wachstums, überdies fallen bei der Behandlung des letzteren auch Aussagen, die den erstgenannten Problemkreis betreffen, offenbar weil überwiegend die geschilderte Wechselwirkung unterstellt wird, oder vielleicht auch, weil die Formulierungen überhaupt recht ungenau sind. In der Untersuchung unseres Problems findet sich häufiger die Betonung der Wachstumshemmung als der Wachstumsförderung durch Inflation. Den methodischen Zugang liefert öfter die Inflationstheorie als die Wachstumstheorie, wobei sich unser Problem häufig als *ein* Aspekt eines Katalogs alternativer oder miteinander verbundener möglicher Inflationswirkungen darstellt[16]. Relativ selten wird das Wachstum direkt als inflationsbeeinflußte Größe genannt, häufiger wird über mehrere Stufen hinweg argumentiert, so z. B. in der These, daß Inflation die Qualität der

---

[15] U. a.: Bach, Inflation. A Study in ..., a.a.O.; ders., How Important is Price Stability in Stable Economic Growth?, in: The Relationship of ... (Compendium), a.a.O.; Baumol, William J., Price Behavior, Stability, and Growth, in: The Relationship of ... (Compendium), a.a.O.; Black, J., Inflation and Long-run Growth, in: Economica, N. S., Vol. 26, 1959; Bombach, Gottfried, Preisstabilität, wirtschaftliches Wachstum und Einkommensverteilung, in: Schweizerische Zeitschrift für Volkswirtschaft und Statistik, 95. Jg., 1959; ders., Quantitative und monetäre Aspekte ..., a.a.O.; Eckstein, Otto, Inflation, the Wage-Price Spiral and Economic Growth, in: The Relationship of ... (Compendium), a.a.O.; Friedman, The Supply of ..., a.a.O.; Göseke, Wirtschaftswachstum bei ...., a.a.O.; Gordon, Robert A., Statement before the Joint Economic Committee, in: Employment, Growth ... (Hearings), a.a.O.; Hansen, A., Inflation and Growth, a.a.O.; Harris, Seymour E., The Incidence of Inflation: Or Who Gets Hurt?, Study Paper No. 7, Prepared in Connection with the Study of Employment, Growth, and Price Levels for Consideration by the Joint Economic Committee, Washington 1959; Irmler, Währungspolitische Bedingungen ..., a.a.O.; Kaldor, Nicholas, Economic Growth and the Problem of Inflation, in: Economica, N.S., Vol. 26, 1959; Katona, George, Neue Kennzeichen der Inflation in den USA, in: Hamburger Jahrbuch für Wirtschafts- und Gesellschaftspolitik, 5. Jahr, 1960; Lewis, John P., Pricing for Stability and Growth, in: The Relationship of ... (Compendium), a.a.O.; Machlup, Statement before ..., a.a.O.; Paulsen, Andreas, Wirtschaftliche und soziale Grundprobleme stetigen Wirtschaftswachstums, in: Schriften des Vereins für Socialpolitik, N. F., Band 15, 1959; Phelps Brown, E. H. and Ozga, S. A., Economic Growth and the Price Level, in: Economic Journal, Vol. 65, 1955; Phillips, A. W., Employment, Inflation and Growth, in: Economica, N. S., Vol. 29, 1962; Robertson, Dennis, Growth, Wages, Money, Cambridge 1961; Staff Report on Employment, Growth ..., a.a.O.; Wernette, John Philip, Growth and Prosperity Without Inflation, New York 1961.

[16] Vgl. Bach, G. L., Inflation in Perspective, in: Harvard Business Review, Vol. 36, No. 1, 1958, S. 101 ff.; Slichter, Sumner H., Thinking Ahead: On the Side of Inflation, in: ebenda, Vol. 35, No.5, 1957, S. 15 ff. und S. 30 ff.; ders., Labor costs and prices, in: Myers (ed.), Wages, Prices, Profits and Productivity, New York 1959, S. 167 ff.; Wernette, Growth and ..., a.a.O., S. 45.

Unternehmerleistung mindere, dadurch schlechte Investitionsentscheidungen getroffen würden, die ihrerseits zu wachstumsbeeinträchtigenden Fehlinvestitionen führen und so die Wachstumsrate verringern[17].

Drei methodische Zugänge zum Problem der Beziehung zwischen Wachstum und Inflation sind in der Literatur erkennbar. Es sind dies erstens die rein statistische Analyse, zweitens die modellmäßige Analyse und drittens die theoretisch-empirische Analyse. Es versteht sich, daß neben diesen drei reinen Typen auch verschiedene Mischformen der Methoden der Annäherung an die Wachstums-Inflations-Problematik vorliegen.

V.

In rein *statistischer Analyse* wird geprüft, ob, und wenn ja, welche typischen Beziehungen wirtschaftshistorisch feststellbar sind, ob z. B. steigende Preise eher mit schnellem oder langsamem Wachstum verbunden waren[18]. Diese Methode hat zu erkennbar befriedigenden Ergebnissen nicht geführt, und zwar vorwiegend aus den folgenden Gründen: Erstens ist das vorliegende statistische Material dürftig und wird immer dürftiger, je weiter wir uns von der Gegenwart entfernen[19]. Auch sind zweitens die angewandten statistischen Methoden nicht ohne Bedenken. Damit hängt zusammen, daß aus dem gegebenen Material ganz unterschiedliche Schlüsse gezogen werden können. So glaubte man im 19. Jahrhundert stetiges Wachstum bei stabilen Preisen, höchstmögliches Wachstum bei sinkenden Preisen und hohes Wachstum bei steigenden Preisen feststellen zu können[20]. Drittens ist jede historische Feststellung nur gültig für die einmalige, grundsätzlich unwiederbringliche Situation, für die sie getroffen wurde[21]. Viertens könnte auch durch Ver-

---

17 Vgl. Staff Report on Employment, Growth . . ., a.a.O., S. 11.

18 Vgl. dazu: Eckstein, Inflation, the Wage-Price Spiral . . ., a.a.O.; Felix, D., Profit-Inflation and Industrial Growth, the Historic Record and Contemporary Analogies, in: Quarterly Journal of Economics, Vol. 70, 1956; Furth, J. Herbert, Indicators of Inflation in Western Europe, 1952—1955, in: Review of Economics and Statistics, Vol. 38, 1956; Hamilton, Earl, Prices as a Factor in Business Growth, in: Journal of Economic History, 1952; Harris, The Incidence of . . ., a.a.O.; Maynard, Geoffrey, Economic Development and the Price Level, London 1962; Phelps Brown, Economic Growth and . . ., a.a.O; Ruggles, Richard, Preisstabilität und Wirtschaftswachstum in den USA, in: Konjunkturpolitik, 8. Jg., 1962; Staff Report on Employment, Growth . . ., a.a.O.

19 Vgl. dazu z. B. den Diskussionsbeitrag von Fürst, Gerhard, in: Schriften des Vereins für Socialpolitik, N. F., Band 15, 1959, S. 141, sowie Harris, The Incidence of . . ., a.a.O., S. 13 f.

20 Vgl. z. B. die Aussagen von Paulsen, Irmler und Niehans in: Schriften des Vereins für Socialpolitik, N. F., Band 15, 1959, S. 21 f. bzw. S. 104 bzw. S. 74.

21 Vgl. Machlup, Statement before . . ., a.a.O., S. 2823.

besserung des statistischen Materials die Hauptschwierigkeit nicht ausgeräumt werden, daß nämlich aus beobachteten guten Korrelationen nicht auf Kausalbeziehungen geschlossen werden darf[22].

VI.

Die *modellmäßige Analyse* verläuft formal nach einem im Grunde sehr einfachen Schema[23], das im Prinzip in der folgenden Weise beschrieben werden kann, wobei dem Verfasser selbstverständlich bewußt ist, daß Varianten auftreten können, die er hier nicht berücksichtigen will. In einem ersten gedanklichen Schritt wird entschieden, welche Variablen zur Lösung eines bestimmten Problems relevant sind, d. h. vernünftigerweise ausgewählt werden sollen. Diese werden eindeutig bestimmt und in Definitionsgleichungen miteinander verknüpft, in Gleichungen, deren tautologischer Charakter nie bestritten wird. Im zweiten Schritt erhalten diese Variablen gewisse Konstante zugeordnet, Parameter, welche die technischen und institutionellen Rahmenbedingungen beschreiben und zunächst als unverändert, weil systemexogen bestimmt, eingeführt werden. Im nächsten Schritt werden in das System Verhaltensparameter eingesetzt, die entweder das Verhalten von Gruppen, z. B. von Einkommensempfängern, welche sparen (etwa die marginale Sparquote), oder von Instanzen, z. B. der Regierung (etwa die geplante Steuerquote), beschreiben. Nun muß man im vierten Schritt das System noch dynamisieren, weil es nur dann Verläufe abbildet. Das geschieht bekanntlich durch das Einführen von „time lags", z. B. zwischen Einkommensentstehung und Einkommensverwendung. Jetzt kann der Modellschreiner die Früchte seiner Bemühungen ernten: Das System wird nach der zu erklärenden Variablen hin aufgelöst, diese ist damit durch technische und institutionelle Daten, durch Verhaltensweisen und durch die angenommenen Werte der übrigen Variablen eindeutig bestimmt. Anders ausgedrückt: Es kann gezeigt werden, welche Variablenkombinationen bei gegebenen Daten und Verhaltensweisen kompatibel sind, oder schließlich, wie Änderung in den Daten und Verhaltensweisen diesen Vorrat an Kompatibilitäten revidieren.

Das beschriebene Verfahren läßt sich prinzipiell verbal, graphisch (geometrisch) und algebraisch vorführen. Bei komplizierteren Systemen reichen freilich Sprache und räumliche Anschauung nicht mehr aus, das komplexe Phänomen zu erfassen.

---

22 In diesem Sinne z. B. auch Bach, Inflation. A Study ..., a.a.O., S. 12 f. und Harris, The Incidence of ..., a.a.O., S. 15.

23 Vgl. Paulsen, Andreas, Allgemeine Volkswirtschaftslehre, Band IV, 2. Aufl. Berlin 1962, S. 11 ff.

Nach dem Gesagten dürfte klar sein, was Allgemeingut der Ökonomen sein sollte, daß man nämlich in der Modelltheorie jedes gewünschte Ergebnis bei formal richtiger Ableitung erzielen kann, sofern nur die Ausgangsdaten entsprechend gesetzt werden. Hier liegt eine große Versuchung, der auch manche Inflationstheoretiker erlegen sind: Man „beweist" die vorwissenschaftliche Vision oder die wissenschaftliche Hypothese exakt durch Bau des Modells im Hinblick auf den gewünschten Beweis. Damit ist nicht gesagt, daß der Weg einer Formalisierung der Vision unerlaubt ist. Man muß nur klar sehen, daß er unter Umständen pädagogischen Wert haben, aber eben nicht beweisen kann. Ihre Krönung und ihren eigentlichen Sinn findet die Modellanalyse daher erst dann, wenn sie empirisch fundierte quantitative Aussagen über die technischen, institutionellen und die das Verhalten beschreibenden Parameter und (oder) die endogenen Variablen machen kann. Dieser Übergang zur numerischen Analyse ist wohl versucht worden, dem Verfasser ist aber leider keine überzeugende Lösung der in diesem Aufsatz gestellten Frage nach dem Wachstumseffekt der Inflation auf der Basis dieser Methode bekannt.

Dagegen haben zu den allgemeiner formulierten Fragen, die sich aus den Beziehungen zwischen Wachstum und Inflation ergeben, wichtige Beiträge dieses modellanalytischen Stils geliefert: Kaldor[24], der die Vereinbarkeit bzw. Unvereinbarkeit von stetigem Wachstum mit fallendem, konstantem und steigendem Preisniveau untersucht und Bedingungen angibt, unter denen Preisstabilität mit stetigem Wachstum konsistent wäre[25], Bombach[26], der ausdrücklich betont, daß sein Modell „nur ein Denkschema und nicht für ökonometrische Verifizierung bestimmt"[27] sei und der an fünf Zahlenbeispielen zeigt, daß und unter welchen Bedingungen Wachstum bei jeder Richtung der Preisvariation denkbar ist, Black[28], der — zumindest indirekt — auch wieder zeigt, daß die Verbindung von Wachstum und Inflation nicht notwendig ist, sondern auf der Annahme bestimmter Verhaltensparameter beruht. Ferner sind Beiträge von Phillips[29] und Lewis[30] zu nennen, die sich insbesondere mit der Keynes'schen aggregierten Angebotsfunktion und ihrer Inflationsbedeutung kritisch auseinandersetzen und auf kosten- anstatt nachfrageorientiertes Anbieterverhalten verweisen.

---

[24] Kaldor, Economic Growth and . . ., a.a.O.

[25] ebenda, S. 291.

[26] Bombach, Preisstabilität, wirtschaftliches Wachstum . . ., a.a.O.

[27] ebenda, S. 2.

[28] Black, Inflation and Long-run Growth, a.a.O.

[29] Phillips, Employment, Inflation . . ., a.a.O.

[30] Lewis, Pricing for Stability . . ., a.a.O..

Zusammengefaßt: Die modellmäßige Analyse weist einen für die Zukunft bedeutsamen Weg, vielleicht den einzig gangbaren. Im gegenwärtigen Stand kann sie hinsichtlich des Wachstumseffekts der Inflation unser Denken in Alternativen beflügeln, aber keine eindeutige Antwort für konkrete Fälle liefern.

VII.

Die rein statistische Analyse, das Erfassen der Reihen von ex-post-Größen, ist aus ihr immanenten Gründen nicht geeignet, unser Problem zu lösen. Die modellmäßige Analyse wäre grundsätzlich dazu in der Lage, ihre erfolgreiche und überzeugende Anwendung setzt aber voraus, daß wir insbesondere über sehr viel mehr Verhaltensfunktionen sehr viel mehr wissen, als es tatsächlich der Fall ist. So darf es nicht verwundern, daß gegenwärtig die Methode der *theoretisch-empirischen Analyse* in der Inflations-Wachstums-Diskussion den breitesten Raum einnimmt.

Diese Methode operiert auf zwei Ebenen. Einerseits besteht ihr Kern darin, daß vorliegende, z. T. alte, z. T. erst neuerdings entwickelte Theoreme über die Beziehung zwischen Inflation und Wirtschaftswachstum auf ihre Gültigkeit hinsichtlich einer konkreten Situation, d. h. in bezug auf ein bestimmtes Land in einem bestimmten Zeitraum empirisch überprüft werden. Widersprechen die empirischen Befunde nicht dem Theorem, so gilt es als eine geeignete Erklärung des beobachteten Tatbestandes, jedenfalls so lange, bis ein noch widerspruchsfreieres und daher geeigneteres bekannt ist. Das beste Beispiel für diese Methode und ihre relative Ergiebigkeit ist der schon erwähnte „Staff Report" des „Economic Committee"[31]. Andererseits wird versucht, aus dem Studium von örtlich und zeitlich gebundenem empirischen Material zu Theoremen von größerer Allgemeingültigkeit zu gelangen, ein Vorgang, der sich in ständigem Wechselspiel mit dem erstgenannten vollzieht. Da diese Autoren sich über ihre Methoden wenig Gedanken machen, können auch wir an sich naheliegende weitere Erörterungen, z. B. über die Problematik der Methode pointierend hervorhebender Abstraktion, unterlassen, andernfalls liefen wir vielleicht Gefahr, sehr pragmatisch gedachten Untersuchungen unangemessene Tiefe und Bedeutsamkeit anzudichten.

Die Literatur dieses Stils ist überreichlich. Auch Autoren, die in Teilen ihrer Werke die modellmäßige oder die rein statistische Analyse pflegen, arbeiten in anderen theoretisch-empirisch. Auch wird das Referieren und Beurteilen der Argumente dadurch erschwert, daß sie, wie schon erwähnt, meist nicht im Rahmen einer Untersuchung des Wachs-

---

[31] Staff Report on Employment, Growth ..., a.a.O.

tumseffekts der Inflation, sondern im Zusammenhang allgemeinerer Ausführungen vorgetragen werden. Mit anderen Worten: Der Gesamtkomplex Wachstum-Inflation ist öfter behandelt als speziell die Wirkung der Inflation auf das Wachstum. Trotzdem finden sich gewisse Argumentkomplexe immer wieder. Diese sollen im folgenden isoliert herausgehoben werden, wobei wir uns in deren Bezeichnung mangels einer einheitlichen, in der Literatur allgemein verwendeten Terminologie eine gewisse Freiheit nehmen müssen.

Vor der Entwicklung des Katalogs der vorgefundenen Thesen ist aber noch eine Bemerkung nötig. Wir haben im Abschnitt II als wahrscheinlichsten Weg des Einflusses von Inflation auf das Wachstum des realen Bruttosozialprodukts den Einfluß der Inflation auf die Höhe des Realkapitalbestandes, mit anderen Worten ihren Investitionseffekt, bezeichnet. Zur Beurteilung der folgenden Argumente muß nun dieser Einfluß etwas genauer überdacht werden. In vollbeschäftigter Wirtschaft setzt zusätzliches Investieren, kurzfristig gesehen, bekanntlich voraus, daß Unternehmer bereit und in der Lage sind, zusätzliche Produktionsfaktoren aus der Konsumgüterproduktion in die Kapitalgüterproduktion zu überführen und Einkommensbezieher bereit sind, durch zusätzliches Sparen diese Produktionsfaktoren aus der Konsumgüterproduktion „freizugeben". Fehlt das geplante Sparen, so setzt der bekannte kumulative Prozeß Wicksells ein[32]. Böhm-Bawerk würde sagen, daß die im Verhältnis zum Sparen zu weit angelegten Produktionsumwege nicht fertig werden können. In solcher Situation sind also geplantes Sparen und geplante Investition die operativen Faktoren, über die Inflation auf das Wachstum wirkt[33]. Bei den folgenden Argumenten der Inflations-Literatur wird in der Regel auf diese Lage abgestellt. Der Übergang zu langfristiger Betrachtungsweise bedeutet nur eine Modifizierung. Grundsätzlich anders liegen die Dinge freilich in der sogenannten Keynes-Situation, wo das Vorhandensein freier Produktionsfaktoren Investition ohne Faktorfreisetzung, d. h. ohne ex-ante-Sparen ermöglicht.

In der Literatur finden sich, allerdings hauptsächlich im Hinblick auf die USA diskutiert, die folgenden Thesen über den Wachstumseffekt der Inflation, von denen, das sei vorweggenommen, der größte Teil rein spekulativen Charakter trägt. Auch das Bemühen um eine möglichst breite Stützung der vertretenen Aussagen durch wirtschaftsgeschichtliche Fakten kann diesen Eindruck nicht verwischen, da die mit den jeweiligen Thesen gelieferten Beispielsammlungen zu heterogen und

---

32 Wicksell, Knut, Geldzins und Güterpreise, Jena 1898.

33 Vgl. Bach, Inflation. A Study ..., a.a.O., S. 58 f.

nicht hinreichend gesichert sind, um die Thesen allgemeingültig beweisen zu können[34].

Für *Wachstumshemmung* durch schleichende Inflation sprechen

1. die Sparminderungs-These
2. die Warenhortungs-These
3. die Fehlinvestitions-These
4. die Inflationsbeschleunigungs-These
5. die Kaufverschiebungs-These
6. die Qualitätsminderungs-These.

Für *Wachstumsförderung* durch schleichende Inflation sprechen

7. die Kosten-Lag-These
8. die Arbeitspotential-These
9. die Kaufantizipations-These
10. die Preisrelationen-These
11. die Redistributions-These
12. die Zinseffekt-These.

Die Thesen 1 bis 4 werden im „Staff Report" als *die* Theorie der wachstumshemmenden Inflationswirkung referiert und abgelehnt[35]. Die schleichende Inflation hemme nach Auffassung dieser Theorie den Wachstumsprozeß durch Verminderung der individuellen Sparanreize (These 1), durch den Drang zu sinnlosem Güterhorten (These 2), indem sie zu Nachlässigkeit hinsichtlich der unternehmerischen Investitionsentscheidungen führt (These 3) und schließlich, indem sie unvermeidlich in die galoppierende Inflation übergleite (These 4). Für die Gültigkeit der Thesen 1 und 2 gibt es, so wird im „Report" weiter ausgeführt, hinsichtlich der amerikanischen Verhältnisse überhaupt keine empirischen Anhaltspunkte; gewisse Nachlässigkeiten in den Investitionsentscheidungen seien zwar festgestellt worden, jedoch nicht auf die schleichende Inflation zurückzuführen. Dagegen wird die Möglichkeit eines Übergangs der schleichenden in die galoppierende Inflation mit ihrem wachstumshemmenden Effekt nicht ausgeschlossen.

Unabhängig davon, ob die genannten Effekte in einem gewissen Grad vorhanden seien oder nicht, würde eine Inflationsbekämpfung durch Drosselung der Nachfrage mit monetären und fiskalischen Mitteln aber eine viel negativere Wirkung auf das Wachstum als die schleichende Inflation selbst ausüben, weil die vorherrschende Anbieterinflation auf Restriktion der monetären Nachfrage nicht wie die Überschußnach-

---

[34] Vgl. z. B. Bach, Inflation. A Study . . ., a.a.O., S. 13 f.

[35] Staff Report on Employment, Growth . . ., a.a.O., S. 10.

frage-Inflation mit Preissenkung, sondern mit Produktionsrückgang reagieren würde[36].

Im Gegensatz zum „Staff Report" hält Harris[37] auch den Übergang zur galoppierenden Inflation mit folgender Produktionsminderung unter gegenwärtigen Umständen für nicht wahrscheinlich.

Katona[38] teilt mit, daß empirische Untersuchungen keinen Anhaltspunkt für inflationsbedingtes Warenhorten, Vermindern des Sparens oder für eine Beschleunigung der Inflation ergeben hätten.

Bach[39] hält die Fehlinvestitionsthese weder auf Grund von a priori-Überlegung noch von wirtschaftsgeschichtlichen Untersuchungen für haltbar, Baumol[40] ist in dieser Hinsicht etwas skeptischer, doch hält er kompensatorische Effekte für wahrscheinlich.

Während die These 2 die Erwartung weiter steigender Preise unterstellt, argumentiert die These 5 anders. Wenn die Wirtschaftssubjekte ein Ende der Inflation erwarten, werden sie Verkäufe forcieren und Käufe aufschieben mit darauf folgender produktionsmindernder Wirkung. Diese Möglichkeit hält Baumol[41] ebenso für gegeben wie Wachstumshemmung als Folge von Qualitätsminderungen, die der die Inflation begleitende Verkäufermarkt ermöglicht (These 6)[42].

Nach Bach[43] wird die wachstumsstimulierende Wirkung der Inflation nach These 7 bis 10 dadurch begründet, daß die Profite schneller steigen als die Kosten, daß die Wirtschaftssubjekte infolge der Teuerung mehr und intensiver arbeiten, daß Käufe vorverlegt werden und schließlich die Inflation die Umschichtung der Faktoren von schrumpfenden zu wachsenden Industrien erleichtere. Bach[44] steht allen Argumenten höchst skeptisch gegenüber und räumt ihnen lediglich eine bescheidene Berechtigung bei Unterbeschäftigung ein. Ebenso kritisch äußern sich zu der weitaus wichtigsten These 7 Harris[45] und Machlup[46]. Schließlich wird auch die These 11, derzufolge im Inflationsprozeß eine Einkommens-

---

36 ebenda, S. 13.

37 Harris, The Incidence of ..., a.a.O., S. 22 f.

38 Katona, Neue Kennzeichen der ..., a.a.O., S. 71 ff.

39 Bach, Inflation. A Study ..., a.a.O., S. 11 ff.

40 Baumol, Price Behavior, Stability ..., a.a.O., S. 52.

41 ebenda, S. 51.

42 ebenda, S. 52.

43 Bach, Inflation. A Study ..., a.a.O., S. 11; ders., How Important is ..., a.a.O., S. 36 ff.

44 Bach, Inflation. A Study ... a.a.O., S. 22; ders., How Important is ..., a.a.O., S. 34.

45 Harris, The Incidence of ..., a.a.O., S. 15.

46 Machlup, Statement before ..., a.a.O., S. 2831.

umschichtung von den Armen zu den Reichen, damit eine Steigerung des Sparens und Investierens, statthat, für die Gegenwart überwiegend abgelehnt. Gemäß These 12 kann die Inflation dadurch die Investition stimulieren, daß bei geldpolitisch konstant gehaltenen nominalen Zinskosten die realen Zinskosten infolge der Preissteigerung fallen, doch ist auch diese These zweifelhaft[47].

Die Knappheit des Raumes ermöglichte uns nur, einen kleinen, aber durchaus repräsentativen Einblick in die dritte Methode der Problemlösung, die theoretisch-empirische Analyse, zu geben. Das Ergebnis auch einer umfassenderen Beschäftigung mit dieser Materie ist durchaus enttäuschend. Eindeutig nachgewiesen ist weder ein positiver, noch ein negativer Effekt der Inflation auf das Wachstum.

VIII.

Zwei Folgerungen sind aus dem Ergebnis unseres Berichtes zu ziehen.

Erstens: Schleichende Inflation ist unter verschiedenen Aspekten von Übel, nach dem gegenwärtigen Stand unseres Wissens kann man ihre Bekämpfung aber nicht mit der Begründung fordern, daß sie das reale Wachstum beeinträchtige, noch kann man in der Regel ihre Duldung mit Wachstumssteigerung rechtfertigen.

Zweitens: Es scheint dringend geboten, das hier angesprochene Problem des Wachstumseffekts der Inflation einer Lösung näherzubringen, wozu in der gegenwärtigen Phase weniger das theoretische Instrumentarium als vielmehr unsere Information über bestimmte Verhaltensweisen von Gruppen entscheidend verbessert werden muß.

---

[47] Phillips, Employment, Inflation ..., a.a.O., S. 8.

Zur Frage der Anwendungsmöglichkeiten der Marxschen Theorie der Profitrate bei der Analyse der kapitalistischen Entwicklung

Werner Jung

I.

Soweit die Theorie des Wirtschaftswachstums nicht nur operativen Zwecken bei der Handhabung der Entwicklungshilfe dient, bleibt sie in jeder besonderen Ausformung in Modellen und Theoremen ein Bestandteil der allgemeinen Theorie der kapitalistischen Wirtschaftsentwicklung. Sie hat nicht nur dieselben ökonomischen Variablen wie die Konjunkturtheorie und die Beschäftigungstheorie, sondern sie gibt letzten Endes auch wie diese Theorien eine Antwort auf die Frage nach einem möglichen Verlauf der kapitalistischen Entwicklung und seinen Bedingungen. Ein wesentlicher Faktor für die Entwicklung im allgemeinen und für das Wachstum im besonderen ist anerkanntermaßen der Zustand der Gewinnerwartung. Nun hat auch die Marxsche Theorie des Kapitalismus sehr prägnante Vorstellungen von der kapitalistischen Entwicklung hervorgebracht, die aufs engste mit dem Gewinnproblem — hier mit der Profitrate, dem „Stachel der kapitalistischen Produktion" — verbunden sind. Daher kann es, nicht zuletzt auch im Hinblick auf ihre faktisch geringfügige Publizität, nützlich erscheinen, wenn diese Vorstellungen und die aus ihnen gezogenen Folgerungen in ihren Ableitungen methodologisch geprüft und im Zusammenhang mit dem Gegenwartskapitalismus interpretiert werden.

Allerdings liegt dem Verfasser nichts ferner, als sich der Abweisung von inzwischen nicht erfüllten Marxschen Prognosen zuzuwenden. Die Kritiker von gewissen Prognosen übersehen teils deren methodologischen Charakter als Derivate von starken Abstraktionen und teils, daß gerade die unter konkreten Verhältnissen lediglich modifizierte Erfüllung von Prognosen bereits einige gesellschaftliche Organisationsmittel hervorgebracht hat, deren Wirksamkeit jetzt den Eindruck erweckt, als ob alle Prognosen von vornherein falsch gewesen sind. Nicht nur, daß davon billigerweise gar keine Rede sein kann, es sei in dieser Abhandlung auch von der weiteren Erörterung dieser Fragestellung abgesehen.

Im folgenden soll theoretisch dargestellt und begründet werden, was zur Sache gehört, wobei das Bestreben, auf die Marxsche Methode sorgfältig einzugehen, möglicherweise den Eindruck einiger Überspitzung hervorrufen wird. Indessen ist eine präzise methodologische Zuordnung der verschiedenen Marxschen Aussagen zwar recht schwierig, aber auch immer höchst anregend und zur Vermeidung von Mißverständnissen unentbehrlich. Andererseits wird sie die Erörterung von Anwendungsmöglichkeiten der Marxschen Theorie der Profitrate auf empirische Erscheinungen des Gegenwartskapitalismus schon wegen der Notwendigkeit, über kommensurable Begriffe und Größen nachzusinnen, vorwiegend im Rahmen einer Problemskizze halten müssen. Im übrigen wird bei diesem Stoff hier bereits eine Auskunft über Quellen von Interesse sein. Leider waren einschlägige Werke von neueren marxistischen Autoren entweder nicht verfügbar oder für die bezweckte theoretische Bearbeitung des Problems nicht ergiebig. Dagegen verdankt die Untersuchung starke Anregung Schriftstellern wie M. Dobb und O. Lange. Darüber hinausgehend wird besonders viel Verständnis der analytischen Studie über die Prinzipien der Marxschen Sozialökonomie von P. M. Sweezy geschuldet[1].

II.

Für ein Verständnis der Marxschen Theorie der Profitrate ist ein Verständnis der Methode der Problembearbeitung erforderlich. Das empirisch Komplexe wird stufenweise analysiert. Eine dem Wesen des Problems angemessene Fragestellung hat das Relevante und innerhalb des Relevanten das letzten Endes Spezifische zu ermitteln. Dieses Spezifische wird zuerst auf einem Niveau hoher Abstraktion isoliert bearbeitet. Danach werden die bei abnehmender Abstraktion notwendigen Modifizierungen vorgenommen[2].

Die Profitrate wird als eine im wesentlichen sozialökonomische Größe angesehen. Infolgedessen wird nach den relevanten sozialen Fakten gefragt, die in ihr enthalten sind. Diese sind in der kapitalistischen Gesellschaftswirtschaft das Produktionsverhältnis und der Markt. Spezifisch kapitalistisch ist von beiden nur das durch das Eigentum an den Produktionsmitteln näher bestimmte „Produktionsverhältnis", die Beziehung zwischen Privatkapital und Lohnarbeit, repräsentativ in der Industrie. Der Markt ist konstitutiv unentbehrlich, aber nicht spezifisch, weil er auch in anderen Wirtschaftsordnungen vorkommt. Gemäß dieser Rangordnung der gesellschaftlich relevanten Fakten des Problems werden

---

1 P. M. Sweezy, The Theory of Capitalist Development — Principles of Marxian Political Economy, New York 1942; Deutsche Übersetzung von G. Rittig-Baumhaus: Theorie der kapitalistischen Entwicklung — Eine analytische Studie über die Prinzipien der Marxschen Sozialökonomie, Köln 1959. Die Literaturhinweise beziehen sich auf die deutsche Ausgabe.

2 P. M. Sweezy, a.a.O., S. 6 ff.

zuerst die mit dem Produktionsverhältnis zusammenhängenden Aspekte der Profitrate im „Gesetz des tendenziellen Falls der Profitrate"[3] isoliert. Auf dem Wege der abnehmenden Abstraktion werden dann besonders unter der Überschrift „Entfaltung der inneren Widersprüche des Gesetzes"[4] die modifizierenden Einflüsse des Marktes in die Problembearbeitung einbezogen.

Das Gesetz des tendenziellen Falls der Profitrate wird in einem Modell abgeleitet, das, genauer gesagt, nur von den Einflüssen des Warenmarktes, jedoch nicht von denen des Arbeitsmarktes abstrahiert. Dies bedeutet, daß die Bedarfsstruktur für die Produzenten zwar nicht konstant, aber transparent ist. Von den Wirkungen der individuellen Konsumtion wurde also abgesehen. Die im Modell benutzte ökonomische Zeit, Marshalls „operational time", ist die der langfristigen Periode einer vollen Anpassung der Ausrüstung an den jeweiligen Stand der Technik. Die Technik ist jedoch nicht Datum, sondern eine endogene Variable des Modells. Man kann aber annehmen, daß eine konstante Rate des technischen Fortschritts unterstellt wird.

Die Investitionsfunktion des Modells stimmt mit keiner Version der neueren nichtmarxistischen Theorie überein. Keinesfalls ist die Nettoinvestition makroökonomisch eine Abhängige des Einkommens. Mikroökonomisch hat die Struktur der Gewinnerwartung bis jetzt im Modell nichts zu suchen und kann daher auch nicht Bestandteil der Investitionsfunktion sein. Jedoch scheint es, wie sich zeigen wird, bedenklich zu sein, von jeglicher Zinshöhe abzusehen und die Investition nur als eine Funktion von Profitmasse bei gegebenem Mindestkonsum aus Profiteinkommen zu bezeichnen[5].

Der mit dieser Anlage des Modells verbundene heuristische Zweck besteht darin, die in der kapitalistischen Profitrate spezifische Arbeitswertsubstanz des Profits freizulegen, die sonst durch den Wirtschaftskreislauf verdeckt wird. Dies geschieht, indem eine dem Produktionsverhältnis adäquate Produktionssphäre konstruiert wird, die die Durchschnittsprofitrate produziert. Auf dieser theoretischen Ebene ist diese Produktionssphäre nicht ein Bestandteil des realen Wirtschaftskreislaufs, sondern eine heuristische Fiktion. Hier wird nicht zu Marktpreisen getauscht, sondern zu „Produktionspreisen" kalkuliert, die ein Derivat

---

[3] K. Marx, Das Kapital — Kritik der politischen Ökonomie; Ausgabe des Marx-Engels-Lenin-Instituts, drei Bände, Moskau 1932; im Dietz-Verlag, Berlin 1953, in 4. Auflage erschienener unveränderter Nachdruck; im folgenden zitiert als Kapital I, II, III; hier Kapital III, S. 238 ff.

[4] K. Marx, Kapital III, S. 269 ff.

[5] I. Adelman, Theories of Economic Growth and Development, Stanford, California 1961, S. 79 f.

des Wertgesetzes[6] sind, das selbst ein Bestandteil der Arbeitswerttheorie ist.

Es ist anerkannt, daß es sich hier um Ausdrücke eines langfristigen ökonomischen Gleichgewichts handelt[7], abgeleitet durch zunehmende Abstraktion und Reduktion. Die gesamte Industrie produziert in einem realen Durchschnittskostenminimum und befindet sich daher in einem Optimum, das durch Versuche einer anderen Kapitalanlage nicht mehr verbessert werden kann. Der Profit ist mit dem langfristigen Gleichgewicht vereinbar, weil er einerseits Bestandteil der volkswirtschaftlichen Kosten, andererseits eine Differenz zwischen realen Kosten und monetärem Aufwand ist, die durch Konkurrenz nicht beseitigt werden kann. Dies könnte auch aus nichtmarxistischer Sicht mit der Zulassung einer Mindestrente vor der Zurückziehung des Kapitals aus der Verwendung anerkannt werden. Die Marxsche Begründung für eine unbestimmte Höhe des Gleichgewichtsprofits ist die Aufnahme einer technologischen Unterbeschäftigung in das Modell. Auch der Profit ist auf diese Weise „auf die Wertabstraktion reduziert".

Der Prozeß der Durchsetzung des arbeitsparenden technischen Fortschritts wird durch Beibehaltung einer gegebenen Nachfragestruktur nur angebotsseitig und daher isoliert vom gesamtwirtschaftlichen Prozeß behandelt. Er ist eine Abfolge von gewissermaßen denaturierten kurzfristigen Ungleichgewichten. Die bei der Kostensenkung durch Arbeitsersparnis fortschrittlichen Betriebe erzielen bis zur Verallgemeinerung der neuen Technik Differentialgewinne. Diese „Extraprofite" liegen über dem Durchschnittsprofit und werden deshalb noch als wertintakt angesehen, weil erstens der Angebotspreis der durch Mengenänderungen noch nicht revidierte gesellschaftliche Durchschnittswert bleibt und weil zweitens das durch die individuelle Verkürzung der Produktionszeit erhältliche Mehrprodukt Mehrwert ist.

Die bei abnehmender Abstraktion vor sich gehende Einführung des Warenmarktes in die Theorie der Profitrate könnte von ihrer anderen theoretischen Ebene her das Gesetz des tendenziellen Falls der Profitrate nicht aufheben, sondern nur aussetzen. Unter konkreten Verhältnissen wird der Fall der langfristigen Durchschnittsprofitrate als aufgehalten oder beschleunigt angesehen. Mit Einführung des Marktes wird die Bedingung der Transparenz der Bedarfsstruktur aufgehoben. Dies ist der allgemeine Ausdruck dafür, daß in Marxscher Terminologie der in der Produktionssphäre antizipierte Durchschnittsprofit in der Zirkulationssphäre

---

[6] M. Dobb, Political Economy and Capitalism — some Essays in Economic Tradition, London 1937, Seventh Reprinting London 1960, S. 16 f.

[7] O. Lange, Marxian Economics and Modern Economic Theory, in: Review of Economic Studies, 1935, S. 197; P. M. Sweezy, a.a.O., S. 40.

der Waren erst realisiert werden muß. Dies ist ein Problem und wird erkennbar an Schwankungen von Marktpreisen wegen Veränderungen von Marktlagen und wegen Disproportionalitäten zwischen den Produktionsstufen. In dieser Erstreckung ist das Modell kurzfristig und nicht mehr wertintakt. Da die Profitsubstanz durch die Wirkungen des Marktes nicht berührt wird, handelt es sich nur um eine quantitative Modifizierung des langfristigen Durchschnittsprofits durch zufällige „Surplusprofite" oder durch Verluste.

Aus dieser Art der Erweiterung des Modells durch den Warenmarkt können, was den Verlauf der Profitrate und die Bewegung des Systems betrifft, nur Schwankungen, kann aber nicht die Richtung der Bewegung bestimmt werden. Der Trend der Bewegung wird erst durch die Verhaltensweise des Angebots innerhalb der Marktform ins Spiel gebracht. Der Ansatz für die Einbeziehung der Marktform in das Modell ist das Marxsche Theorem, daß die Konkurrenz nicht den Fall der Profitrate erzeugt, sondern im Gegenteil erst ein Ergebnis dieses Falls der Profitrate ist[8]. Mit dieser methodologisch etwas zugespitzten Bestimmung ihres theoretischen Standorts wird die Marktform, und zwar in ihrer speziellen Form der Konkurrenz, im Modell effizient. Der Konkurrenzkampf in der Zirkulationssphäre bringt eine weitere Konzentration der wachsenden Einzelkapitale und eine Zentralisation der bestehenden Einzelkapitale bei wachsender Konzentration der Produktion mit sich. Dies sind dann die Voraussetzungen für die Entstehung der Marktform des Monopols. So abgeleitet, kann man sagen, daß die Markform durch die Marktform produziert wird. Der Monopolprofit, in marxistischer Terminologie „Maximalprofit", ist eine weitere quantitative Modifikation des langfristigen Durchschnittsprofits.

III.

Das Gesetz des tendenziellen Falls der Profitrate kann wie folgt abgeleitet werden: Das Bruttosozialprodukt O hat im Kapitalismus Warencharakter w (BSP = O = w): Nach Abzug des im Dienste der Produktion verzehrten Sachvermögens K mit dessen anteiligem Anlagevermögen k_a und Umlaufvermögen k_u ($K = k_a + k_u$) verbleibt das Nettosozialprodukt als Arbeitsprodukt L (NSP = $L = O - K$). Der Profit p ist ein Teil dieses Nettosozialprodukts L. Er ist also der Substanz nach Arbeitsprodukt, und zwar der Überschuß aus Mehrarbeit l_m über die erforderliche Arbeit l_e für den Produktteil, der durch den Lohn, das Geldeinkommen der Unselbständigen, beansprucht werden kann ($L = l_e + l_m$; $l_m = L - l_e$). Die

[8] K. Marx, Kapital III, S. 281; E. Preiser, Das Wesen der Marxschen Krisentheorie, in: Wirtschaft und Gesellschaft, Festschrift für Franz Oppenheimer, Frankfurt a. M. 1924, S. 253.

technischen Symbole können daher durch die Symbole der Marxschen Werttheorie ersetzt werden, und zwar der Verzehr von Sachvermögen K und der dabei erforderliche monetäre Aufwand durch konstantes, nur wertübertragendes Kapital c und die Verausgabung der zur Herstellung des Lohnäquivalents erforderlichen Arbeitskraft l_e und der dabei sich ergebende monetäre Aufwand in variables, wertschöpfendes Kapital v, wonach der Überschuß aus Mehrarbeit l_m Mehrwert m wird. Der Profit ist demnach Mehrwert ($p = m$). Der Quantität nach ist der Profit bei Abstraktion von Ungleichgewichtseinflüssen aus der Zirkulationssphäre des Warenprodukts allein durch die sich aus dem Kapitalverhältnis auf dem Arbeitsmarkt ergebenden Resultate der Lohnpreisbildung bestimmt. Da es sich bei der Profitrate p' aber nicht um das Verhältnis der Profitmasse der Periode ($p = m$) zu Strömungsgrößen des Sachgüteraufwands c und des Lohnaufwands v, sondern um eine Beziehung zum produktionsnotwendigen Kapitalbestand handelt, könnten die Symbole c und v hier nur in Frage kommen, wenn sie zugleich einen einmaligen Umschlag des Geldkapitals in der Periode auszudrücken haben. Da dies in der Regel nicht erwartet werden kann, müssen die Symbole der Strömungsgrößen mit einem Index der jeweiligen Umschlagshäufigkeit n versehen werden. Danach sind c^n und v Symbole von Bestandsgrößen und zeigen in ihrer Summe das Gesamtkapital C an ($C = c^n + v^n$). Nun kann die Profitrate p' auf die Bestandsgröße des produktionsnotwendigen Gesamtkapitals C bezogen werden ($p' = p/C = m/C$). Diese Ableitung der Profitrate kann anschaulich gemacht werden durch die Umformung einer Produktionsfunktion des Bruttosozialprodukts:

(1)	Strömung	$K + L = O$	Realkosten technisch
(2)	Strömung	$k_a + k_u + l_e + l_m = w$	Realkosten werttheoretisch
(3)	Strömung	$c + v + m = w$	monetärer Aufwand werttheoretisch
(4)	Strömung	$m = w - (c + v)$	Mehrwert
(5)	$\frac{\text{Bestand}}{\text{Strömung}}$	$c^n + v^n : m$	Kapitalteile zu Mehrwert
(6)	$\frac{\text{Bestand}}{\text{Strömung}}$	$C : m$	Gesamtkapital zu Mehrwert
(7)	Strömung	$m = p$	Mehrwert gleich Profit
(8)	$\frac{\text{Bestand}}{\text{Strömung}}$	$C : p$	Gesamtkapital zu Profit
(9)	$\frac{\text{Strömung}}{\text{Bestand}}$	$p' = \frac{p}{C}$	Durchschnittsprofitrate

Unter der Annahme, daß von den beiden Teilen des Kapitals C nur das variable Kapital v^n wertschöpfend ist und der Profit substantiell Mehrwert ist $(p = \tilde{m})$, erscheint die Profitmasse als Ausdruck des Anteils an der Wertschöpfung in einer Mehrwertrate m'.

(10) $$m' = \frac{m}{v^n} \quad \text{Mehrwertrate}$$

Die Profitrate p' berechnet sich aber durch die Relation der Profitmasse p zum Gesamtkapital C, das aus dem variablen Kapital v^n und dem konstanten Kapital c^n besteht. Unter diesen Umständen kommt es für die Profitrate darauf an, wie das Gesamtkapital C auf das nur wertübertragende, konstante Kapital c^n und das wertschöpfende und damit auch erst profitermöglichende, variable Kapital v^n aufgeteilt ist. Diese werttheoretische Version einer Kapitalstruktur, „die Wertzusammensetzung des Kapitals, soweit sie durch seine technische Zusammensetzung bestimmt wird"[9], ist die „organische Zusammensetzung des Kapitals", der Strukturkoeffizient q.

(11) $$q = \frac{c^n}{c^n + v^n}$$ [10]

Die Bedeutung des variablen Kapitals für die Profitrate setzt sich durch, indem es sowohl Bestandteil der Mehrwertrate als auch der organischen Zusammensetzung des Kapitals ist. Dies kann so formuliert werden, daß die Profitrate einerseits eine Abhängige der Mehrwertrate m' als Ausdruck des Anteils der Profitmasse an der Wertschöpfung und andererseits eine Abhängige des mathematischen Komplements der organischen Zusammensetzung des Kapitals $1 - q$, und zwar das Produkt beider Faktoren ist.

(12) $$p' = m' (1 - q) \quad \text{Profitrate}$$ [11]

Damit wird gesagt, daß die Profitrate bei gegebener organischer Zusammensetzung des Kapitals eine zunehmende Funktion der Mehrwertrate, bei gegebener Mehrwertrate eine abnehmende Funktion der organischen Zusammensetzung des Kapitals ist. Hieraus folgt, daß bei gleichzeitigen Bewegungen der Mehrwertrate und der organischen Zusammensetzung des Kapitals die Profitrate mit der ersteren gleichsinnig und zur letzteren entgegengesetzt steigt und fällt.

Dieses reine Prinzip wird von Marx scharf akzentuiert: Selbst unter der vorzugsweisen Annahme einer konstanten Mehrwertrate und einer

---

[9] K. Marx, Kapital I, S. 643 ff.

[10] P. M. Sweezy, a.a.O., S. 50.

[11] P. M. Sweezy, a.a.O., S. 73.

wachsenden Profitmasse, also einer proportionalen Ausdehnung des variablen Kapitals und der Beschäftigungsmenge, fällt bei der Annahme einer noch größeren Ausdehnung des konstanten Kapitals, also bei steigender organischer Zusammensetzung des Kapitals, die Profitrate progressiv.

Eine steigende organische Zusammensetzung des Kapitals bedeutet mehr Anlagekapital wie Maschinerie und Bauten und mehr Umlaufkapital wie Roh- und Hilfsstoffe pro Arbeiter. Steigende organische Zusammensetzung des Kapitals hat eine fortschrittliche Technik zur Voraussetzung. Denn mit einer stationären Technik könnte die hier geforderte relative Verminderung des variablen Kapitals nicht erreicht werden.

Wird die Steigerung der organischen Zusammensetzung des Kapitals auf dem Weg der Reinvestition durchgeführt, erfolgt bei konstanter Mehrwertrate die Strukturänderung eines gegebenen Gesamtkapitals durch relative und absolute Verminderung des variablen Kapitals, Verminderung der Beschäftigung und Verminderung der Profitmasse. Bei Nettoinvestition schwächt die Steigerung der organischen Zusammensetzung des Kapitals die an sich bestehende Tendenz zur Ausdehnung der Beschäftigung. Möglich ist hier auch eine nur konstant bleibende oder sogar abnehmende Beschäftigung, sicher jedoch immer eine relative Verminderung des variablen Kapitals.

Daraus ergibt sich, daß das Gesamtkapital in einem bestimmten Umfang wachsen muß, wenn eine durch Einschränkung der Beschäftigung verminderte Profitmasse in alter Höhe wiederhergestellt werden soll. Bei konstanten Größen von Mehrwertrate, Profitrate und organischer Zusammensetzung des Kapitals muß dann nämlich das Gesamtkapital mit einem Multiplikator zunehmen, der gleich dem Divisor ist, mit dem die Profitrate gefallen war[12].

Im Verlauf der Diskussion des Gesetzes wird das Prinzip des Falls der Durchschnittsprofitrate nur durch solche Faktoren modifiziert, die sich im Rahmen des intakten Wertsystems halten lassen[13]. Es handelt sich um Einflüsse auf die determinierenden Variablen der Profitrate — Mehrwertrate und organische Zusammensetzung des Kapitals —, die sich auf Wertverhältnisse beziehen. Dabei ergeben sich dann als die beiden Möglichkeiten eine Verlangsamung der ansteigenden Bewegung der organischen Zusammensetzung des Kapitals und eine Beweglichmachung der bisher als konstant behandelten Mehrwertrate, und zwar vorzugsweise in steigender Richtung.

---

[12] K. Marx, Kapital III, S. 250.
[13] K. Marx, Kapital III, S. 260 ff.

Die erstere Möglichkeit wird eröffnet durch die Berücksichtigung der Tatsache, daß eine erhöhte Arbeitsproduktivität zur „Verwohlfeilerung der Elemente des konstanten Kapitals" führen kann. Dies geschieht in dem Sinne, daß die Gleichgewichtspreise von Maschinerie und Stoffen sinken und daß infolgedessen die wertmäßige Ausdehnung des konstanten Kapitals hinter seiner physischen Ausdehnung zurückbleibt. Daraus folgt wiederum, daß das relative Sinken des variablen Kapitals und das absolute Steigen der organischen Zusammensetzung des Kapitals gehemmt werden. Diese Möglichkeit wird noch weitergeführt durch die Berücksichtigung einer Struktur der Produktionszweige bei der Bildung der Durchschnittsprofitrate. Es gibt Produktionszweige, die traditionell Arbeit zu Löhnen unter den allgemeinen Sätzen bekommen und sich der Kapitalintensivierung länger entziehen können. Dies gilt auch für neue Produktionszweige, in denen mangels Wettbewerb noch keine fortschrittlichen Maßstäbe für technische Ausrüstung entwickelt sind. Soweit Kapital in diese Produktionszweige gelenkt werden kann, muß auch dadurch der Fall der Durchschnittsprofitrate gehemmt werden.

Die andere Möglichkeit, den Fall der Profitrate zu verlangsamen, liegt in der Beweglichmachung der im Modell bisher als konstant angenommenen Mehrwertrate in steigender Richtung. Hier handelt es sich in erster Linie um die „Erhöhung des Exploitationsgrads der Arbeit" durch Verlängerung des Arbeitstags und Intensivierung der Arbeit bei gegebener Dauer des Arbeitstags. In beiden Fällen würde eine Erhöhung der Mehrwertrate durch Mehrarbeit im Verhältnis zum Reallohn zustandekommen.

Wenn eine mit diesen Argumenten begründete Einwirkung teils auf die organische Zusammensetzung des Kapitals und teils auf die Mehrwertrate vor sich geht, so daß dadurch das Prinzip des Falls der Profitrate zu einer Tendenz abgeschwächt wird, kann dadurch jedoch nicht die Gültigkeit des Gesetzes als solches in Frage gestellt werden. Es geht hier nur um die Erklärung dafür, warum der Fall der Durchschnittsprofitrate „nicht größer und rascher" ist.

Die Marxsche Ableitung und Begründung des Gesetzes des tendenziellen Falls der Durchschnittsprofitrate berücksichtigen in der Problemstellung nur die im kapitalistischen Produktionsverhältnis gegebenen Beziehungen zwischen Kapital und Arbeit. Außer mit dem implizierten langfristigen Realkostengleichgewicht ist das Modell noch mit Annahmen versehen, die im allgemeinen von denen der nichtmarxistischen Theorie abweichen, im wesentlichen aber eine Frage des theoretischen Horizonts sind, mit dem das Modell ausgestattet ist. Marx arbeitet mit der Annahme, daß die Technik eine endogene Variable des Systems ist. Sie ist eine Funktion der Bruttoinvestition, die mengenerhöhende und kostensenkende, insbesondere arbeitsparende Methoden produziert. Außerdem arbeitet Marx durch die eingeführte Variable einer „relativen Überbevölkerung" oder „industriellen Reservearmee" mit der Annahme einer ständigen technologischen Unterbeschäftigung als Folge des Koeffizienten Technik. Bei etwa vorausgesetzter Vollbeschäftigung würde demgegenüber der Lohnsatz alsbald auf ein Niveau steigen müssen, durch das die kapitalistische Expansion mangels Mehrwertrate erstickt wird. Diese Erwartung schien allen Erfahrungen zu widersprechen. Daß die kapitalistische Expansion aus einem anderen Grund, nämlich wegen ständiger Veränderung der Kapitalstruktur durch die Steigerung der organischen Zusammensetzung des Kapitals, zum Stillstand kommt, ist die Folgerung, die speziell aus diesem Gesetz gezogen werden müßte.

Außerdem ist in dem Modell, in dem das Gesetz abgeleitet wird, die Annahme enthalten, daß der Reallohn ständig steigt. Dies ergibt sich aus der Voraussetzung einer konstanten Mehrwertrate und einer transparenten Bedarfsstruktur. Mit steigender Arbeitsproduktivität kann bei konstanter Mehrwertrate der Reallohn nicht auf dem Niveau eines Existenzminimums festgehalten werden. Mit der Transparenz der Bedarfsstruktur ist der Absatz aller Produkte gewährleistet. Wie schnell und wie hoch der Reallohn steigen kann, hängt von der Bezifferung des Modells mit einer bestimmten Höhe der konstanten Mehrwertrate, von der Geschwindigkeit der Erhöhung der Arbeitsproduktivität und schließlich von der Periodenzahl ab, in der der Ablauf des Modells bei gegebener Mehrwertrate und Investitionsrate bis zur Stagnation sich vollziehen muß. Ob mit dieser Annahme eines steigenden Reallohns zugleich die Realisierung des Akzeleratorprinzips impliziert ist, könnte mindestens strittig sein. Bei dem in der ständigen Ausdehnung des konstanten Kapitals zu berücksichtigenden starken Aufbau des Produktionsmittelapparats ist es nicht unbedingt notwendig, daß dieser ständig konsumbezogen ist. Auf andere Weise scheint hier begründet werden zu können, was gegenüber Tugan-Baranowsky durch marxistische Ökonomen auf einer ganz anderen theoretischen Ebene und daher zu Unrecht widerlegt zu sein schien, daß nämlich das System ungeachtet der Größe der gesellschaftlichen Konsumtion unbegrenzt ausdehnungsfähig ist[14]. Dies geschah mit dem Argument, daß alle Produktion letzten Endes konsumbezogen ist. Obwohl dieses Argument an sich schon fragwürdig ist, kann es sich, wenn überhaupt, erst im Gesamtprozeß durchsetzen. Tugan kam zu seinen Ergebnissen durch gleichgewichtige Einrichtung der Marxschen Schemata der Produktionsstufen. Es kann dann zwar

[14] R. Hilferding, Das Finanzkapital — Eine Studie über die jüngste Entwicklung des Kapitalismus, Berlin 1910; Neuausgabe des Dietz-Verlags, Berlin 1955, 2. Auflage, S. 421; P. M. Sweezy, a.a.O., S. 129 ff.

keine unbegrenzte Ausdehnung des Systems, aber ein konsumfremder Aufbau des Produktionsmittelapparats einfach durch die Gleichgewichtsbedingung des Modells begründet werden. Von jener Kontroverse abgesehen, scheint also die Annahme steigenden Reallohns notwendig, nicht jedoch die Annahme der Durchsetzung des Akzeleratorprinzips.

Im übrigen kann das Gesetz des tendenziellen Falls der Profitrate nicht damit kritisiert werden, daß das Ergebnis nicht mit dem Kapitalinteresse an einer Maximierung der Profitrate vereinbar ist und es daher auch nicht Handlungen geben kann, die dieses Interesse verletzen. Zu unterscheiden sind nicht nur Prozeß und Resultat, sondern auch Einzelinteresse und Gesamtinteresse. Der Prozeß wird von Einzelkapitalen durchgeführt, die durch Einführung kostensparender Technik Extraprofite machen wollen. Das auf lange Sicht ungünstige Ergebnis für das Gesamtkapital ist das Ergebnis des auf kurze Sicht rationalen Handelns der Einzelkapitale.

IV.

Die Einführung der Zirkulationssphäre der Waren in die Theorie der Profitrate erfolgt auf einer niedrigeren Stufe der Abstraktion. Das Modell wird erweitert durch Einbeziehung von relevanten kurzfristigen Phänomenen, womit die langfristige Gleichgewichtsbedingung aufgehoben ist. Dadurch, daß die Marktform der Konkurrenz aus dem langfristigen Modell unmittelbar abgeleitet wird, bleibt aber der theoretische Zusammenhang bewahrt. Dieser wird auch in der weiteren Analyse der Zirkulationssphäre in zwei Richtungen weitergeführt. Erstens wird aus der Marktform der Konkurrenz nicht nur die Wirtschaftsschwankung, sondern auch eine bestimmte Tendenz der wirtschaftlichen Bewegung hergeleitet. Zweitens entsteht aus der Marktform der Konkurrenz mit der im Konkurrenzkampf verstärkten Konzentration von Kapital und Produkion als Vorbedingung die Marktform des Monopols, die selbständig in den Trend der wirtschaftlichen Entwicklung eingreift.

Die Marktform sei definiert durch die Art, in der die Teilmerkmale der Beherrschung des Marktes, der Verhaltensweise der Anbieter und der Zugänglichkeit des Marktes ausgeprägt sind[15]. Was im Fall der Marktform der Konkurrenz die Beherrschung des Marktes betrifft, so kann als zweifelhaft gelten, ob die Marxsche Theorie der Akkumulation und Konzentration an der Bedingung eines atomistischen Angebots sehr interessiert ist. Im übrigen könnten für die anderen Teilmerkmale die Bedingungen eines vollständigen Wettbewerbs und eines vollkommenen Marktes auch hier als angemessen gelten. In der Marktform der

[15] A. Paulsen, Allgemeine Volkswirtschaftslehre, 4 Bände der Sammlung Göschen, 2. Band, Berlin 1956, S. 115 ff.

Konkurrenz versucht das Kapital, angesichts des Falls der Profitrate im Produktionsverhältnis zu einer Markterweiterung zu gelangen, indem es die Investitionen plötzlich vergrößert und beschleunigt. Dies wird durch Mehrsparen aus Kapitaleinkommen und durch Kreditgewährung als möglich unterstellt. Hier setzen nun, ausgedrückt in Grundformen, zwei Alternativen der weiteren Entwicklung ein.

Bei der einen Alternative ist arbeitsparende Technik nur unterproportional zur Verstärkung und Beschleunigung der Investition verfügbar. Dies hat Geldlohnsteigerung und Zunahme der Investition zur Folge, nachdem die industrielle Reservearmee durch Beschäftigungszunahme annähernd oder ganz abgebaut ist. Dadurch sinken die individuellen Mehrwertraten, und es kommt schließlich zu einem Zusammenbruch der Durchschnittsprofitrate in Ermangelung von Mehrwert. Daraus wird sich ein krisenhafter Abbruch der durch Investition und Konsumtion aufwärts gerichteten Bewegung des Systems ergeben. Erst eine gewisse Kapitalvernichtung und eine nach Einschränkung der Beschäftigung eintretende Lohnsenkung können die Profitrate wiederherstellen.

Die andere Alternative ist, daß eine überproportionale Verfügbarkeit von arbeitsparender Technik eine schnellere Freisetzung von Arbeit und Vergrößerung der Reservearmee bewirkt. Die Konsequenz ist, daß die Geldlohnsätze und der Konsum bis zur Grenze des absoluten Existenzminimums fallen. Die individuellen Mehrwertraten steigen, der gesellschaftliche Verbrauch sinkt. Die steigende Profitrate ist im Warenabsatz nicht realisierbar. Die technich bestimmte Relation zwischen der Verbrauchsveränderung und dem Bedarf an Produktionsmitteln setzt sich auch hier in einem krisenhaften Abbruch der Entwicklung durch, wonach mit Stillegung und Vernichtung von Kapital sowie Steigerung der Lohnsätze eine normale Beziehung zwischen Konsumgüternachfrage und Bestand an Produktionsmitteln wiederhergestellt wird.

Beide Alternativen der Entwicklung, die sich aus dem Konkurrenzkampf ergeben, unterstellen, daß die im Gesetz implizierten Gleichgewichtsraten der Investition und der Rationalisierungsgeschwindigkeit durch technischen Fortschritt nicht mehr gewahrt sind. Was das Verhältnis von Marktpreisen zu Produktionspreisen betrifft, bleibt das System im ersten Fall noch wertintakt, da, unter der Voraussetzung von Warengeld mit einer Produktionsfunktion, die Marktpreise nicht über die Produktionspreise steigen. Im zweiten Fall wird das Wertverhältnis verletzt, weil die Marktpreise unter die Produktionspreise sinken.

Gegen die Bestimmungsstücke des reinen Monopols, nämlich totale Konzentration des Angebots, Vermeidung von Wettbewerb und Sperrung des Marktes, würde aus marxistischer Sicht kaum etwas eingewendet werden können. Für die Einbeziehung des Monopols in die Marxsche Theorie der Profitrate sind die mit dem Monopol verbundene Mengenbeschränkung und Investitionsrichtung mit den sich daraus ergebenden Folgen wichtig.

Die von dem Preisfixierer im Rahmen seiner individuellen Preis-Absatz-Funktion hinzunehmende Herabsetzung der Menge muß an sich zu einer Verminderung der Beschäftigung und daher bei gegebener Mehrwertrate zu einer Verkleinerung der Mehrwertmasse führen. Da aber der Gleichgewichtspreis des Monopols höher ist als der langfristige Produktionspreis, wird hier die individuelle Profitrate aus Mehrwert durch den Maximalprofit der monopolistischen Marktform vergrößert. Ob dies auch in gesellschaftlicher Hinsicht gilt, hängt davon ab, ob es sich dabei um Verluste der Konsumenten durch einen Abzug vom Reallohn handelt oder um Verluste nichtmonopolisierter Produzenten durch einen Abzug von deren Profit. Nur im ersteren Fall wird die Durchschnittsprofitrate infolge der monopolistischen Mengenbeschränkung erhöht, während sie im letzteren Fall dadurch nicht berührt wird.

Durch Konzentration und Zentralisation des Kapitals als Voraussetzungen des Monopols ergeben sich bereits größere individuelle „Mehrwertabschnitte"[16]. Diese werden in der Marktform des Monopols noch durch den Maximalprofit zu größeren individuellen Profitmassen erhöht. Das Monopol muß nun bei der Investition berücksichtigen, daß ein vergrößerter Ausstoß im allgemeinen einen niedrigeren Nachfragepreis mit sich bringt und daß daher durch eine negative Grenzprofitrate der Nettoinvestition die aktuelle Profitrate sinken kann. Daher wird beim Monopol die Neigung bestehen, Nettoinvestitionen aus den vergrößerten individuellen Profitmassen außerhalb des Monopolbereichs vorzunehmen, und zwar in Industriezweigen mit einer relativ hohen Mehrwertrate. Im Gefüge der Einzelprofitraten ergeben sich daraus Verzerrungen, weil im Monopolbereich die Profitrate durch den Maximalprofit überdurchschnittlich hochgehalten, im Nichtmonopolbereich durch allmähliche Steigerung der organischen Zusammensetzung des Kapitals gesenkt wird.

Im Vergleich mit der Marktform der Konkurrenz ist es dem Monopol möglich, eine Investitionspolitik zu betreiben und dabei auch über die Anwendung eines verfügbaren technischen Fortschritts zu entscheiden. Da ein Zwang zur Marktausdehnung nicht vorliegt, muß nicht trotz eines etwaigen Mangels an arbeitsparender Technik mit der entsprechenden Folge von Lohnsteigerung investiert werden. Daher muß auch

---

[16] P. M. Sweezy, a.a.O., S. 213 ff.

kein kritischer Abbruch der Entwicklung folgen. Im Falle einer Beschleunigung des technischen Fortschritts kann das Monopol unter Berücksichtigung seiner Preis-Absatz-Funktion entscheiden, ob die mit der Nettoinvestition etwa verbundene moralische Vernichtung des noch nicht abgeschriebenen Anlagevermögens vielleicht empfiehlt, die Einführung der neuen Technik zeitlich und umfangmäßig auf die Reininvestition zu beschränken.

Wenn durch die Mengenbeschränkung im allgemeinen und durch die Investitionspolitik im besonderen eine Unterkonsumtion verursacht wird, braucht diese aus der Sicht des Kapitals nicht zur Konjunkturkrise zu führen, weil das Monopol in der Lage ist, eine rentable Proportion zwischen Anlagekapital und Konsum herzustellen. Investitionsbeschränkung bei konstanter oder steigender Mehrwertrate bedeutet Freiwerden von Geldkapital, das als Bestandteil des Gesamtkapitals aber doch der Berechnung der Profitrate zugrunde zu legen ist. Dies wird zu einem Sinken der Durchschnittsprofitrate führen und zu einer Stagnation.

Bei einer Marktstruktur mit verschiedenen Monopolgraden braucht die durch das reine Monopol an sich verursachte Konsumbeschränkung nicht einzutreten. Dies kann damit begründet werden, daß ein monopolistischer Wettbewerb der gleichen Industrie um Anteile am Teilmarkt und der verschiedener Industrien um den Anteil des Teilmarktes am Gesamtmarkt durch „Nichtpreismaßnahmen" möglich ist. Zu denken ist hier an einen Verkaufswettbewerb durch Aufwand für Werbung und Kundendienst bei der Warenverteilung. Dadurch werden die monopolistischen Maximalprofite unter Umständen bis auf das Niveau der Durchschnittsprofitrate reduziert, und es wird die Tendenz zur Konsumbeschränkung durch Vergrößerung der Zahl von kleineren Profitmassen und durch Einkommensschaffung bei den in diesem Verkaufswettbewerb abhängig Beschäftigten wesentlich abgeschwächt. Bei dieser Marktstruktur sind in der wirtschaftlichen Entwicklung sowohl Elemente der Stabilisierung als auch des krisenhaften Abbruchs enthalten.

Indessen kann die Bearbeitung der Wirkungen des Monopols auf die Profitrate nicht mit der Abgrenzung des Problems auf die geschlossene Volkswirtschaft abgeschlossen werden. Von den mit der Außenwirtschaft verbundenen und für die Profitrate relevanten Problemen seien die folgenden hervorgehoben: Der in Schumpeters Terminologie[17] als „Exportmonopolismus" speziell die Güter betreffende Sachverhalt, von Lenin[18] noch der Phase des Wettbewerbskapitalismus zugerechnet. Dann

[17] A. Löwe, Zur ökonomischen Theorie des Imperialismus, in: Wirtschaft und Gesellschaft, Festschrift für Franz Oppenheimer, Frankfurt a. M. 1924, S. 190 ff.

[18] W. I. Lenin, Der Imperialismus als höchstes Stadium des Kapitalismus, in: Ausgewählte Werke. 3 Bände, Dietz-Verlag, Berlin 1961, hier: 1. Band, S. 837 f.

der Kapitalexport als Merkmal des Monopolkapitalismus in der Außenwirtschaft. Endlich das internationale Monopol als Ausdruck der Aufteilung der Welt unter die Kapitalistenverbände[19].

Der Exportmonopolismus geht auf die Unmöglichkeit zurück, im Falle des reinen Monopols in der geschlossenen Volkswirtschaft bei Mengenbeschränkung zur vollen Ausnutzung der Vorteile des Großbetriebs in der Massenproduktion zu gelangen. Das kostenoptimale Produktionsquantum könnte im Inland zum Monopolpreis nicht abgesetzt werden. Dies wird erst möglich, wenn einerseits zur Vermeidung inländischen Wettbewerbs auch Produzenten mit ungünstigem Kostenniveau in den Monopolverband einbezogen werden und wenn andererseits der Verkauf der im Inland zum Monopolpreis nicht absetzbaren Überschußmenge, der „Produktionsrest", im Ausland zu Dumpingpreisen erfolgen kann. Dies ist nur möglich, wenn ein Schutzzoll niedrigere Angebote und die Produktionsfortschritte des Auslands vom Binnenmarkt fernhält. Unter diesen Voraussetzungen kann das Gesamtprodukt zum Quasimonopolpreis im Inland und zum Dumpingpreis im Ausland mit dem Resultat abgesetzt werden, daß aus dem Gesamtprofit die Grenzkosten des Grenzproduzenten und ein Überschuß erwirtschaftet werden, der höher ist als der etwa in nichtmonopolisierten Industrien investierte Monopolprofit. Hier handelt es sich um eine permanente Steigerung der aktuellen Profitrate und damit um eine Verlangsamung des Falls der Durchschnittsprofitrate.

Die Voraussetzung des Kapitalexports sind höhere Profitraten im Ausland als im Inland. Der Anteil der höheren Auslandsprofitrate an der Bildung der inländischen Durchschnittsprofitrate kommt durch eine im Ausland höhere Mehrwertrate bei niedriger organischer Zusammensetzung des Kapitals zustande. Im Inland kann dagegen durch den Kapitalexport das Fallen der Durchschnittsprofitrate aufgehalten werden.

Wenn nun sowohl der Exportmonopolismus als auch der Kapitalexport nur vorübergehend positive Wirkungen auf die Profitrate haben, weil im ersteren Fall Gegenzölle, im letzteren ein allmähliches Sinken der ausländischen Profitrate für deren Beendigung sorgen, hat das internationale Monopol den Sinn, einen monopolistischen Maximalprofit durch Ausschaltung des ausländischen Wettbewerbs im Inland und Ausland zu sichern. Bei starker Konzentration von Kapital und Produktion sowie einer hohen organischen Zusammensetzung des Kapitals ist dies ein Ausweg, um, wie Lenin meinte, „überhaupt" Profite zu erzielen[20].

---

19 W. I. Lenin, a.a.O., 1. Band, S. 839.

20 W. I. Lenin, o. a. Werk als Einzeldruck im Verlag Neuer Weg, Berlin 1945, S. 65.

V.

Die Marxsche Theorie der Profitrate und die marxistische Weiterführung dieser Theorie sind zu prägnanten Aussagen über die Entwicklung der Profitrate und über den Einfluß dieser Profitratenentwicklung auf die Entwicklung des Kapitalismus gelangt. Die Frage, ob und wie weit diese Aussagen auf den kapitalistischen Wirtschaftsprozeß im allgemeinen und auf den Gegenwartskapitalismus im besonderen anwendbar sind, braucht nicht wegen der theoretischen Langfristigkeit des Gesetzes von vornherein verneint zu werden. Vielmehr läßt sich einiges Erwägenswertes dazu sagen. Jedoch muß sich dies wegen Schwierigkeiten nicht nur bei der Herstellung der Konsistenz des Marxschen Systems mit den neuzeitlichen Systemvorstellungen, sondern auch bei der mangelhaften Vergleichbarkeit von einigen Variablen und Koeffizienten der beiden Systeme, ganz abgesehen von rein technischen Problemen bei der Einkommenstheorie, im Rahmen einer Problemskizze halten.

Zuerst sei gefragt, ob die Marxsche Theorie der Profitrate deswegen als falsch oder irrelevant abgelehnt werden kann, weil sie aus der Arbeitswerttheorie hervorgeht. Die Kritik an der Arbeitswerttheorie knüpft meistens an ihre mangelhafte Leistungen bei der Erklärung der Preise an. Nun wird jedermann, vermutlich auch der marxistische Ökonom, zugeben, daß die Arbeitswerttheorie, selbst in ihrem Derivat des Produktionspreises, die aktuellen Austauschverhältnisse nicht erklären kann. Sie kann dies nicht, denn sie bezieht sich nicht auf Aktualitäten der kurzen Periode, sondern auf abstrakt-gesetzliche, gedankliche Resultate der langen Periode, die zwar niemals realisiert werden, aber die Stabilisatoren des anarchischen, das heißt nichts weiter als des nicht zentralgeplanten Systems zu definieren versuchen. Zur Arbeitswerttheorie gehört auch die Mehrwerttheorie, die zugleich ein wesentlicher Bestandteil der Marxschen Theorie der Profitrate ist. Andererseits ist die Theorie der Profitrate ein wichtiger Aspekt der Verteilungstheorie, auf welchen theoretischen Grundlagen diese auch immer beruhen mag. Ebensowenig wie nun Marx behauptet hat, daß der Arbeitswert bzw. der Produktionspreis die aktuellen Austauschverhältnisse fixiert, hat er behauptet, daß die Verteilung ausschließlich im Rahmen des Produktionsverhältnisses bestimmt wird. Sonst hätte er hier wie dort nicht erst zeitweilig den Markt aus der Analyse eliminiert. Es handelt sich immer um die Differenz von theoretischen Ebenen, um die Unterschiede zwischen langer und kurzer Periode, die für Marx allerdings solche zwischen Wesentlichem und Unwesentlichem waren, dies aber auch nur, wenn es sich um den spezifisch gesellschaftlichen Aspekt der theoretischen Ökonomie handelt. Man muß nur nicht darauf bestehen, daß der

Profit sich ausschließlich aus Differentialgewinnen der Tüchtigen, aus Zufallsgewinnen der Glückspilze und aus Monopolgewinnen der Bösewichte zusammensetzt, und man braucht nur zu konzedieren, daß ohne einen rentenartigen Mindestgewinn die Produktion auf lange Sicht nicht fortgeführt werden kann, dann besteht eine fundamentale Antinomie zwischen den Marxschen und den nichtmarxistischen Modellmöglichkeiten nicht mehr und kann auch die Marxsche Theorie der Profitrate nicht deshalb abgelehnt werden, weil sie auf die Arbeitswerttheorie zurückgeht.

Eine andere Frage ist, ob etwas und wieviel von den Aussagen sich in konkreten ökonomischen Erscheinungsformen antreffen oder sich sonstwie durch Erfahrung indirekt verifizieren läßt. Man kann wohl sagen, daß die marxistischen Aussagen, die die aktuelle Profitrate bei Markteinwirkung unter Marktformverhältnissen betreffen, selbst wenn sie modellhaft zugespitzt sind, einige wesentliche Zusammenhänge zwischen der Entwicklung der Profitrate und der Entwicklung des kapitalistischen Systems realistisch anfassen. Natürlich sind die modernen Theorien der Konjunktur und Beschäftigung viel differenzierter, als es beispielsweise die empirische Theorie der monopolistischen Vereinigung und des Imperialismus von Lenin ist. Aber insgesamt sind doch die marxistischen Aussagen in dieser Hinsicht recht beweiskräftig gewesen und durch die Fakten durchaus nicht oder nicht in einem direkten Sinne widerlegt worden. Hier kommt es darauf aber gar nicht an. Es handelt sich nämlich nur um die theoretische Frage, ob man die aktuelle, komplexe Profitrate erstens im Sinne einer Durchschnittsprofitrate begreifen und zweitens mit einer Profitrate, die unmittelbar und rein aus dem Produktionsverhältnis hervorgeht, derart verbinden kann, daß die aktuelle Profitrate erkennbar ihre Modifizierung ist. Während man mit Globalgrößen auch sonst durchaus operiert, indem man von einem Niveau der Profiterwartung oder „der" Grenzleistungsfähigkeit des Kapitals oder „dem" Kapitalkoeffizienten der Industrie spricht, hängt das zweite davon ab, wie man das Langfristige, das sich im permanent Kurzfristigen ohnehin nicht unmittelbar konkretisieren läßt, durch andere Wege der Erfahrung verifizieren kann.

Zu diesem Zweck brauchen sogar statistische Verfahren durchaus nicht von vornherein außer Acht gelassen werden. Das Problem wäre, bei gegebener personeller Einkommensverteilung die aktuelle Profitmasse der Periode zu variieren. Es wäre der Effekt der Staatsintervention auszuschalten. Es wären die reinen Wirkungen von Veränderungen der aktiven Geldmenge zu berücksichtigen. Weiterhin müßte der auf der Marktform des Monopols oder des monopolistischen Wettbewerbs beruhende Anteil am Gesamtprofit erfaßbar sein. Endlich müßten alle Differentialgewinne bei einer Struktur verschiedener betrieblicher Anpassungsgrade an den technischen Fortschritt eliminiert werden können. Es handelt sich also darum, daß der von Marx durch Abstraktionen durchgeführte Prozeß einer zunehmenden Reduzierung nachvollziehbar sein müßte als ein in statistischen Quantitäten durchgeführter Prozeß der Zerfällung und Abschichtung des Komplexen. Soweit hier nun quantitativ ohne weiteres einiges geleistet werden könnte und außerdem noch eine Hilfe von vorstellbaren Koeffizienten des Monopolgrades und der Struktur der Rationalisierungsgeschwindigkeit denkbar wäre, bleibt aber eine unüberwindliche Schwierigkeit bestehen: Selbst praktikable Indexziffern und Koeffizienten sind immer zugleich auch der Ausdruck des komplexen Marktergebnisses früherer Perioden und können daher das Gegenwartsergebnis nicht auf den reinen Sachverhalt des Produktionsverhältnisses reduzieren. Dies gilt beispielsweise ohne weiteres für Preisindizes, die frühere Verhältnisse des Angebots und der Nachfrage mit deren dahinterstehenden Determinanten komplex widerspiegeln.

Offensichtlich läßt sich also hier nur an eine annäherungsweise Verifizierung durch Parallelen und Analogien zu Instrumenten der praktischen Analyse von Produktion und Verteilung denken. Man könnte auch prüfen, ob zusätzliche Einsichten über die Einkommensverteilung zu gewinnen wären, wenn man auf die aktuellen Resultate das Marxsche Schema von reiner Durchschnittsprofitrate, Extraprofit, Surplusprofit und Maximalprofit gewissermaßen wie eine Schablone auflegt. Ohne Zweifel bleibt das Marxsche Gesetz des tendenziellen Falls der Profitrate zwar qualitative Wirtschaftstheorie, die aber doch gewisse Umrisse von quantitativen Vorstellungen erweckt. Da diese statistisch nicht ausgefüllt werden können, bleibt nur der Versuch einer begrenzten Verifizierung durch Erfahrungsvergleiche übrig. Dazu mögen sich einige einschlägige Größen und Koeffizienten der neueren Theorie in einem Vergleich mit den in Frage kommenden Marxschen Variablen eignen. Gedacht ist hier an den Erfahrungssatz einer relativ konstanten Einkommensverteilung zwischen Arbeit und Kapital, an die Beobachtung eines konstanten oder leicht sinkenden Kapitalkoeffizienten in der Industrie und an die Vermutung einer mäßig steigenden Kapitalintensität, alle Begriffe für diesen Zweck nur in ihren einfachsten Formen berücksichtigt.

Für den einigermaßen gut überblickbaren Zeitraum der letzten dreißig Jahre gilt allgemein der Erfahrungssatz, daß die Verteilung bei einigen konjunkturellen Schwankungen relativ konstant gewesen ist und vor allem keinen Trend zeigt[21]. Das Gesetz des tendenziellen Falls der Profitrate impliziert eine vorzugsweise konstante Mehrwertrate. Formal kommt beides auf dasselbe hinaus. Wenn man nun annimmt, daß von der in der konstanten Einkommensverteilung vorliegenden Profitmasse Gewinnanteile im Sinne von Extraprofiten und Maximalprofiten in Abzug zu bringen sind, um zu einer primären Mehrwertmasse zu gelangen, muß diese Mehrwertmasse und damit die reine Profitrate geringer gewesen sein als ihre aktuellen Ausdrücke. Es ist die extreme Vorstellung möglich, daß die aus dem Produktionsverhältnis abzuleitende Mehrwertrate annähernd oder gleich Null sein kann, während die Profitrate durch die Zirkulationsverhältnisse mehr oder weniger stark positiv, in diesem Falle konstant sein kann.

Im Gesetz wird ausgesagt, daß bei konstanter Mehrwertrate und zugleich wachsender Profitmasse die organische Zusammensetzung des Kapitals steigt, daher der relative Anteil des variablen Kapitals in der Kapitalkomposition zurückgeht. Dem ist gegenüberzustellen die Beobachtung, daß ebenfalls für einen längeren Zeitraum neuerer Beobachtung der Kapitalkoeffizient der für diese Problemstellung repräsentativen Gesamtindustrie als der Ausdruck für das Verhältnis zwischen Anlagekapital und Nettoprodukt konstant ist oder leicht sinkt[22]. Der Unterschied zwischen den beiden Begriffen der organischen Zusammensetzung des Kapitals und des Kapitalkoeffizienten beruht darin, daß in dem letzteren nicht der Bedarf an Umlaufvermögen von Roh- und Hilfsstoffen berücksichtigt ist. Was dies betrifft, hängen also Größe und Steigerung der organischen Zusammensetzung des Kapitals von dem Umfang und dem Wachstum des Umlaufvermögens im gesamten konstanten Kapital ab, wenn das Anlagevermögen wertmäßig konstant bleiben oder leicht zurückgehen soll, wie der Kapitalkoeffizient der nichtmarxistischen Theorie es zeigt. Eine zweite Möglichkeit für einen Zusammenhang zwischen der organischen Zusammensetzung des Kapitals und dem Kapitalkoeffizienten wäre die Verifizierung des von Marx selbst eingeführten und sein Gesetz abschwächenden Faktors der Verwohlfeilerung der Elemente des konstanten Kapitals, hier also des Anlagevermögens. Soll das Prinzip des Falls der Profitrate auf Grund steigender organischer Zuammensetzung des Kapitals mit dem sinkenden

---

21 W. Krelle, Bestimmungsgründe der Einkommensverteilung in der modernen Wirtschaft, in: Einkommensbildung und Einkommensverteilung, Schriften des Vereins für Socialpolitik, Neue Folge, Band 13, Berlin 1957, S. 59.

22 W. Krelle, a.a.O., S. 61 ff.; R. Krengel, Anlagevermögen, Produktion und Beschäftigung der Industrie im Gebiet der Bundesrepublik von 1924 bis 1956, in: Deutsches Institut für Wirtschaftsforschung, Sonderhefte, Neue Folge, Nr. 42, Reihe A: Forschung, Berlin 1958, S. 29 ff. und S. 83 ff.

Kapitalkoeffizienten vereinbar sein, müßten im Preisgefüge gerade die Preise der Produktionsmittel gegenüber denen des Materials und der Lohngüter erheblich niedriger sein. Endlich kommt es für den relativen Anteil des variablen Lohnkapitals durchaus auf die Position der repräsentativen Lohngüter im gesamten Preisgefüge an. Man kann nun sagen, daß Marx die Bedeutung des Umlaufvermögens in Gestalt des von dem einzelnen Arbeiter in einem immer größeren Umfang zu verarbeitenden Materials stets gewürdigt hat.

Es ist außerdem beobachtet worden, daß die Kapitalintensität in der Industrie, das heißt der Betrag des Anlagevermögens je Beschäftigten, im allgemeinen nur leicht angestiegen ist[23]. Da die organische Zusammensetzung des Kapitals das Umlaufvermögen in das konstante Kapital einbezieht, sind auch diese beiden Größen nicht unmittelbar vergleichbar. Im übrigen können das leichte Sinken des Kapitalkoeffizienten und das leichte Steigen der Kapitalintensität dahingehend interpretiert werden, daß auf Grund von technischem Fortschritt die Erzeugung eines gegebenen Realeinkommens zwar einen geringeren Bestand an Produktionsmitteln, aber einen noch geringeren Bedarf an Arbeit erfordert. Dies ist ein Ausdruck für die gesteigerte Arbeitsproduktivität und für die Tendenz zu arbeitsparenden Produktionsmethoden, der sich durchaus in Übereinstimmung mit Marxschen Vorstellungen befindet.

Weder in dem Gesetz und noch irgendeiner Form seiner Modifizierung durch Marx selbst und seiner Weiterführung durch Marxisten sind zwei wesentliche Elemente des Gegenwartskapitalismus, die Macht der Gewerkschaften und die Staatsintervention durch verbrauchende und umverteilende Maßnahmen, angemessen berücksichtigt worden[24]. Teils war dies noch nicht möglich, teils ist es später zum Nachteil einer adäquaten marxistischen Analyse unterlassen worden. Vom Marxschen Gesamtmodell der Profitratenentwicklung ausgehend muß man sagen, daß eine gewerkschaftliche Aktivität hinsichtlich Geldlohnerhöhung und Arbeitszeitverkürzung in keinem Bereich und in keiner Phase des Modells praktikabel ist. Im langfristigen Modellteil würde eine gewerkschaftliche Aktivität zur Kürzung der Mehrwertrate, infolgedessen allmählich zu einer Kürzung der Investition und damit auch bei einer gegebenen Fortschrittsrate der Technik nicht nur zu einer Steigerung der technologischen Unterbeschäftigung, sondern auch zu einer schnelleren Stagnation führen, als sie aus den sonstigen Elementen des Modells ohnehin folgt. In dem der Marktform der Konkurrenz gewidmeten Modellteil könnte die gewerkschaftliche Aktivität im Falle von unter-

[23] R. Krengel, a.a.O., S. 89.

[24] P. M. Sweezy, a.a.O., S. 82 und S. 247.

proportional zur Nachfrage nach Arbeit verfügbaren arbeitsparenden Methoden den krisenhaften Abbruch der Entwicklung nur beschleunigen. Im umgekehrten Fall der überproportionalen Verfügbarkeit von arbeitsparenden Methoden könnte sie gar nicht erst wirksam werden. In der Modellphase des Monopols ist die Lage etwas komplizierter. Hier wird bei Lohnerhöhung der Ausweg der Nettoinvestition in, was die Mehrwertrate betrifft, attraktivere nichtmonopolisierte Bereiche des Inlands tendenziell verschlossen und der Kapitalexport dringlicher. Innerhalb des Monopols selbst muß aber eine Tendenz zur beschleunigten Einführung von arbeitsparender Technik einsetzen mit der Folge von Beschäftigungsrückgang, es sei denn, daß die Lohnsteigerung durch Änderung der Monopolpreise auf die Verbraucher abgewälzt werden kann.

Die für den Gegenwartskapitalismus durchweg charakteristische Staatsintervention durch einen relativ zum Volkseinkommen hohen Verbrauch und eine relativ weitgehende wohlfahrtsstaatliche Umverteilung geht — paradox wie ihre Zwecke und Maßnahmen sich vielfach dem privatkapitalistischen Instinkt repräsentieren — aus dem Marxschen Modell geradezu als Notwendigkeit hervor, damit die gesellschaftliche Realität der Gewerkschaftsaktivität im System eine Berücksichtigung finden kann. Nur indem durch Staatsverbrauch in jedem Eventualfall eine immanente Tendenz zur technologischen Unterbeschäftigung gebannt und dadurch eine entscheidende Variable des Modells abgeschwächt oder aufgehoben wird, ist eine gewerkschaftliche Aktivität im Ansatz möglich. Andererseits wird nur dadurch, daß durch wohlfahrtsstaatliche Umverteilung eine Unterbeschäftigung aus Mangel an wirksamer Nachfrage bei funktioneller Verteilung in einer entwickelten kapitalistischen Gesellschaft vermieden wird, die gewerkschaftliche Aktivität in voller Entfaltung möglich. Dies setzt natürlich eine weitgehende direkte und indirekte Manipulierbarkeit und Elastizität der aktiven Geldmenge voraus, die von der marxistischen Geldtheorie gar nicht oder nur unvollkommen berücksichtigt wird. Auf diesen Grundlagen muß die aktuelle Profitrate auch in einer durch keine Katastrophen unterbrochenen längeren Entwicklung nicht unbedingt fallen, wenn die Mehrwertrate fällt und die organische Zusammensetzung des Kapitals im allgemeinen konstant bleiben sollte.

VI.

Die Ergebnisse der Untersuchung seien in einigen Sätzen zusammengefaßt:

(1) Das Marxsche „Gesetz des tendenziellen Falls der Profitrate" ist ein markantes Beispiel einer qualitativen Wirtschaftstheorie, durch die

ausgeformte quantitative Vorstellungen hervorgerufen werden, die nicht konkretisierbar sind.

(2) Das Spezifische des Theorems ist die Reduktion des komplexen Erkenntnisobjekts auf die sich im kapitalistischen Produktionverhältnis ergebende Verteilung.

(3) Die Methode der Ableitung des Theorems ist so wesentlich wie sein Inhalt und besteht in der Abstraktion von kurzfristigen Ungleichgewichten, so daß das Theorem als methodologisches Resultat eine Formulierung des langfristigen makroökonomischen Gleichgewichts ist.

(4) Infolge seiner gleichgewichtstheoretischen Ableitung ist die Gültigkeit des Theorems weder durch Modifizierungen aus der Ungleichgewichtssphäre noch durch Schwierigkeiten bei seiner quantitativen Verifizierung bedroht.

(5) Die Verifizierung ist vor allem deswegen schwierig, weil in Frage kommende Indizes und Koeffizienten stets Widerspiegelungen von komplexen Marktverhältnissen früherer Perioden sind und daher nicht zu dem reinen Theorem hinführen können.

(6) Eine gewisse Verdeutlichung von quantitativen Vorstellungen und eine Erkenntnishilfe bei der Analyse des kapitalistischen Prozesses kann davon erwartet werden, daß man auf das gebräuchliche analytische Schema der Einkommensanalyse das Marxsche Theorem der reinen Profitrate und ihren Umbau durch Sonderformen des Profits wie eine Schablone vergleichend auflegt.

(7) Der Horizont der marxistischen Theorie der Profitrate und der kapitalistischen Entwicklung bedarf einer Erweiterung durch Neuformulierung des gesellschaftlichen Parameters, indem dadurch die Staatsintervention, die Macht der Gewerkschaften und die Elastizität der aktiven Geldmenge in das Modell adäquat aufgenommen werden.

Betrachtungen über einen Essay von Alfred Marshall

Friedrich Jonas

In den „Memorials" von Alfred Marshall[1] findet sich auf den Seiten 312 ff. ein Aufsatz mit der Überschrift „Mechanical and Biological Analogies in Economics". Er ist Teil eines Artikels, der unter dem Titel „Distribution and Exchange" 1898 im Economic Journal erschien, und enthält Gedanken, die, obwohl sie für Marshall selbst von großer Bedeutung waren, weitgehend unbeachtet geblieben sind[2].

Das mag damit zusammenhängen, daß der Ansatz, auf den Marshall hier anspielt, durch die Organismuslehren unseligen Angedenkens in ein schiefes Licht geraten ist. Der Versuch, soziale oder wirtschaftliche Erscheinungen mit biologischen Analogien zu erklären, lief hier nur zu oft auf den Verweis auf okkulte Kräfte hinaus, über die hinausgekommen zu sein, der wesentliche Vorteil mechanistischer Erklärungsprinzipien war. Im 17. Jahrhundert tritt an die Stelle einer Erklärung durch spirituelle oder okkulte Kräfte die Erklärung durch äußerlich feststellbare, mechanische Zusammenhänge. Das berühmteste Beispiel hierfür ist die Darstellung der Himmelsmechanik, die auf die Zeitgenossen einen tiefen Eindruck machte[3]. Die Begründung durch äußere, beobachtbare Ursachen löst die Erklärung durch innere Kräfte oder übergeordnete Normen ab. Die neue Wissenschaft begründet sich durch Einsicht in Zusammenhänge, die mit mechanischer Notwendigkeit bestimmte Wirkungen hervorrufen[4].

Diese Erklärung durch mechanische, also überschaubare und idealiter kontrollierbare Zusammenhänge bleibt nicht auf Physik, Astronomie und Optik beschränkt, sie wird auch auf die Lehre vom Menschen an-

---

[1] A. C. Pigou (ed.), Memorials of Alfred Marshall, London 1925; Neuauflage, New York 1956.

[2] Aus der neueren Literatur wüßten wir nur Boulding's Reconstruction of Economics, New York 1950, zu nennen. Boulding geht ebenfalls von einer biologischen Analogie aus, trifft damit aber keineswegs das, was Alfred Marshall gemeint hatte.

[3] Vgl. W. Hartner, Tycho Brahe et Albumasar, in: La Science au seizième, Paris 1960.

[4] Vgl. R. Dugas, La Méchanisme au XVIIe Siècle, Neuchâtel 1954 und R. Lenoble, Mersenne ou la Naissance du Méchanisme, Paris 1943.

gewandt und findet Eingang in die politischen Wissenschaften[5]. Thomas Hobbes ist hier das berühmteste Beispiel mit seinem Versuch, den Staat als Mechanismus zu erklären[6]. In unserem Zusammenhang sind jedoch die Merkantilisten wichtiger, die ebenfalls mechanische Erklärungsprinzipien verwenden, um die Wirtschaftspolitik des Staates zu rationalisieren. Im Gegensatz zu den Scholastikern, die die Wirtschaft als Ausdruck göttlicher Ordnung ansahen, wollen sie in der Erfahrung einzelne Mechanismen ausfindig machen, mit deren Hilfe der „great body of trade" auf ein bestimmtes Ziel hin manipuliert werden kann. Sie kommen so zu Einsichten, die manchmal sehr engstirnig sind und später als „extraordinary monument of human absurdity"[7] verspottet wurden, bisweilen aber auch klassische Theoreme vorwegnehmen, weshalb Schumpeter bemerkt, daß jedenfalls in analytischer Hinsicht kein spektakulärer Bruch zwischen Merkantilisten und Liberalen hätte erfolgen brauchen[8]. Es ist ein Klassiker des Merkantilismus, nämlich Thomas Mun, gewesen, der zweihundert Jahre vor Ricardo die Theorie der multilateralen Goldbewegungen entwirft[9] — kennzeichnenderweise in Vertretung von Interessen der East-India Company. Im Laufe der Zeit weitet sich schließlich die Vorstellung von einzelnen Mechanismen, die das Staatsoberhaupt kontrolliert, aus zu der Vorstellung eines wirtschaftlichen Gesamtmechanismus, der sich selbst ins Gleichgewicht bringt und ungestört wie eine Maschine funktioniert. Als Beispiel hierfür verweisen wir auf die Schrift von Sir Dudley North, „Discourses upon Trade", London 1691, die noch fast zweihundert Jahre später den begeisterten Beifall von Macculloch gefunden hat[10]. Unter Berufung auf Descartes schreibt North im Vorwort seiner Schrift: „And hence it is, that Knowledge in great measure is become Mechanical; which word I need not interpret farther, than by noting, it here means, built upon clear and evident Truths." Ebenso schreibt der unbekannte Autor der

[5] Das ist besonders in der französischen Aufklärung der Fall. Man denke an die Enzyklopädisten, die Frühkommunisten, Sensualisten etc.

[6] Vgl. Carl Schmitt, Der Staat als Mechanismus bei Hobbes und Descartes. Archiv für Rechts- und Sozialphilosophie, Bd. XXX, 1936/37.

[7] Senior, Nassau William, Three Lectures on the Transmission of the Precious Metals from Country to Country and the Mercantile Theory of Wealth, London 1828, S. 35.

[8] Schumpeter, History of Economic Analysis, London 1955, S. 376.

[9] In seiner Schrift, A Discourse of Trade, London 1621. Vgl. a. Wilson, Thomas Mun and Specie Flows, Journal of Economic History, Vol. XVIII, 1958 und den Aufsatz von Viner, English Theories of Foreign Trade, before Adam Smith, Journal of Political Economy, Vol. 38, 1930.

[10] A select Collection of early English Tracts on Commerce, London 1865, S. XIII: „His system is sound throughout, consentaneous in its parts, and complete."

allseitig bewunderten „Considerations on the East-India Trade", 1701: „He hopes, he shall not be thought to speak with confidence, of any thing that is not as certain as the very Principles of Geometry"[11]. Ähnlich argumentieren die Physiokraten, die Materialisten und Sensualisten, deren Argumentationsweise von den 'Philosophical Radicals' übernommen wird. Die Ableitung von mechanischen Zusammenhängen, die zwischen evidenten Prinzipien bestehen oder die aus „Natur"gesetzen folgen, wird, wenn wir von Smith und Malthus absehen, zur herrschenden Argumentationsfigur der ökonomischen Analysis. Es ist deshalb wichtig, sich klarzumachen, was in diesem Ansatz enthalten ist[12]. Die Hebelgesetze und Fallgesetze, die Gesetze der Optik stellen unter Ausschaltung der „disturbing causes", die sich aus dem Standort des Beobachters, den Bedingungen der Umwelt ergeben, eine „Natur" dar, die strengen Zusammenhängen gehorcht. Die Aufdeckung einer ähnlichen „Natur" im wirtschaftlich-sozialen Bereich ist das große Ziel, von der auch hier die Nachforschungen geleitet werden. „Social systems, like solar systems, contain within themselves but few disturbing causes[13]". Das ist die große petitio principii, die hier zugrundeliegt: Die „Naturgesetze des menschlichen Verkehrs" funktionieren ebenso exakt wie die Gesetze der Gravitation[14]. Wenn das noch nicht allseitig bekannt ist, so liegt das entweder daran, daß die Wissenschaft noch nicht weit genug entwickelt ist[15], oder aber daran, daß die Gesellschaft sich in einem ‚entfremdeten', unrichtigen Zustand befindet[16]. Grundlage einer mechanistischen Erklärung ist hier, wie auf dem Gebiet der Naturwissenschaften, das Auffinden von Konstanten, die den theoretischen Deduk-

---

11 Macculloch, a. a. O., S. 543.

12 „Clear and distinct ideas are terms which, though familiar and frequent in men's mouths, I have reason to think everyone who uses does not perfectly understand." John Locke, An Essay Concerning Human Understanding, The Epistle to the Reader.

13 J. F. Bray, Labour's Wrongs and Labour's Remedies, Leed 1839, S. 25.

14 So expressis verbis bei H. H. Gossen, Entwicklung der Gesetze des menschlichen Verkehrs und der daraus fließenden Regeln für menschliches Handeln, Berlin 1889, S. 3/4. Singgemäß aber auch bei Menger, Mill, Cournot et al.

15 So schon Descartes: „He lived and died convinced of the possibility of a complete mathematical philosophy of the universe, including human life and personality, if he could only be given the necessary funds for research." L. I. Bredvold, The Invention of the Ethical Calculus, in: R. F. Jones, The Seventeenth Century, Stanford 1951, S. 167. Dieser Glaube hat bekanntlich noch in der Gegenwart Anhänger. Es ist das ‚Prinzip Hoffnung', das hier im Hintergrund steht mit den entsprechenden sozialen und politischen Konsequenzen.

16 So schon Morelly, Saint-Just, Babeuf, wiederholt von Marx, in der Neuzeit von den Technokraten.

tionen zugrundegelegt werden können. Der Gegenstand muß einer Gesetzmäßigkeit unterworfen sein, die heute ebenso gilt wie morgen; die wirksame Ursache, die den Erscheinungen zugrundeliegt, muß in derselben Formel ausgedrückt werden können. Von den Physiokraten bis zu den ‚Philosophical Radicals' hat man hier verschiedene Konstanten angenommen; Senior hat sie in seinen fünf Postulaten[17] explizit gemacht und dafür das Lob Schumpeters geerntet[18]. Unter dem Einfluß des Methodenstreits haben diese Konstanten zwar ihren Charakter gewandelt, ihre Stellung im Rahmen der ökonomischen Theorie aber unangefochten behauptet.

Eine mechanische Erklärung ist nur dort möglich und zureichend, wo ein bestimmter Zusammenhang durch gegebene Daten zureichend definiert ist. Diese Daten mögen vielfältig und kompliziert sein — wie es etwa die Daten der Astronomie sind — das Wesentliche ist, daß sie gegeben sind, daß man ‚mit ihnen rechnen kann'. Diese Gegebenheit kann, wie im Fall der Logik oder Mathematik, eine rein definitorische sein, bei einer Erfahrungswissenschaft muß sie einen empirisch vergewisserten Sachverhalt ausdrücken. Eine Wissenschaft muß — das ist nicht erst seit Kant bekannt[19] — ihre Gewißheit immer in dem Gegenstandsbereich begründen, den sie erklären will, eine Erfahrungswissenschaft also in der Erfahrung. Hier zeigt sich nun ein starkes Argument für die Verwendung mechanischer Erklärungsprinzipien in der ökonomischen Theorie. Es kann wenig Zweifel daran bestehen, daß etwa Mun oder North, Cantillon oder jener unbekannte Verfasser der ‚Considerations on the East-India Trade' die Zusammenhänge, die sie erklären wollten, mit Hilfe mechanischer Analogien richtig darstellten; bei Ricardo und Say wird man schon Zweifel haben, wie etwa die Kritik von Malthus und Sismondi beweist. Die Erklärungsbreite mechanischer Analogien oder überhaupt eines bestimmten Ansatzes der Theorie ist offenbar davon abhängig, wie sich das ‚ökonomische Problem' in der Wirklichkeit stellt. Ein Ansatz, der bei North überzeugend wirkt, ist bei Macculloch Zeichen theoretischen Verfalls, denn das ‚ökonomische Problem' ist im 17. Jahrhundert, in dem North schreibt, ein anderes als im 19. Jahrhundert. Der Ansatz, das ökonomische Problem mit Hilfe mechanischer Analogien zu durchleuchten, ist in der Zeit, in

---

[17] Senior, Nassau William, An Introductory Lecture on Political Economy, London 1831, S. 29—31. In den späteren ‚Outline of the Science of Political Economy', auf die sich Schumpeter bezieht, sind es nur noch vier.

[18] Schumpeter, History of Economic Analysis, London 1955, S. 575.

[19] Man denke an die Kritik, die sich schon im 17. Jahrhundert gegen Descartes richtet, also an Mersenne, Gassendi, Huygens et al. Vgl. hierzu auch Centre International de Synthèse, Pierre Gassendi, Paris 1955, S. 37 und 84—88.

der die ökonomische Theorie entsteht, durchaus gerechtfertigt. Marshall bemerkt einmal über die Klassiker, sie hätten von der ganzen wirtschaftlichen Wirklichkeit — die er an der Schwelle des 20. Jahrhunderts vor Augen hat — nur den ‚city man' gesehen. Das ist jedoch genau besehen kein Vorwurf. Die wirtschaftliche Wirklichkeit, das ökonomische Problem, das von Mun bis Ricardo, also von dem Beginn des 17. bis zum Ende des 18. Jahrhunderts analysiert wird, ist ein Problem, für dessen Lösung im wesentlichen die City zuständig ist. Es ist ein Handels- und Finanzierungsproblem, kein Produktionsproblem. Wirtschaften heißt in diesem Sinne Güter austauschen, diesen Austausch und die Bedürfnisse des Staates, der für dessen Sicherheit sorgt, finanzieren. Für die Lösung dieses ökonomischen Problems ist eine kleine Schicht von Kaufleuten und Finanziers zuständig, in der North, Cantillon und Ricardo zu Hause sind, deren Prinzipien sie als selbstverständlich voraussetzen.

Wer North oder Cantillon liest, sieht sogleich, daß sie sich in der Wirklichkeit, die sie beschreiben, auskennen. Es ist eine im wesentlichen stationäre Welt, in der sich der ‚city man' als Inkarnation ökonomischer Rationalität bewegt. Es gibt einen Datenkranz von Beständen, die in Indien, England und anderswo vorhanden sind und gegenseitig ausgetauscht werden. Die Warenwelt ist, wie es Senior später zur Verteidigung des Say'schen Theorems anführt, zu vergleichen mit einem See. An der einen Stelle entnimmt die Nachfrage etwas, an der anderen gießt das Angebot etwas hinein, der Wasserspiegel bleibt davon unberührt[20]. In einer so beschaffenen Welt haben mechanische Erklärungsprinzipien eine sehr hohe Aussagekraft. Das in ihnen vorausgesetzte ‚ceteris paribus', die Konstanz der zugrundeliegenden Kausalzusammenhänge, ist hier keine Fiktion, sondern eine Erfahrungstatsache. In diesem Sinne haben North und Cantillon Marktvorgänge sehr schön beschrieben, ohne sich den Kopf darüber zerbrechen zu müssen, was für Rückwirkungen durch den Handel auf die Produktion ausgelöst werden. Die berühmten Theoreme, die hier entstehen, das sog. Say'sche Theorem, die Theorie der Goldbewegungen, die Theorie des Außenhandels, also die Glanzstücke der klassischen Theorie, sind alles Theoreme, die das Handels- und Marktgleichgewicht in einer Welt darstellen, die stationär oder quasi-stationär ist. In dem Maße, in dem die Welt diesen Charakter verliert, sich industrialisiert, werden diejenigen, die diese Theoreme weiterhin vertreten — wie Senior, Macculloch oder Bastiat — kritisiert; sogar Miss Martineau kam schließlich zu der Einsicht, „that

[20] Senior, Three Lectures, a.a.O., S. 12.

economic doctrines might be all wrong"[21], was ihr das Lob Marshalls eingetragen hat.

Die ökonomische Theorie beschreibt mit mechanischen Analogien sehr richtig die Prozesse, die dadurch ausgelöst werden, daß in einer vorwiegend agrarischen und handwerklichen, d. h. stationären Umwelt der Händler auftritt, ein Markt entsteht, auf dem ohne staatliche Bevormundung Waren gehandelt werden. Mit dem 19. Jahrhundert verändert sich jedoch die wirtschaftliche Wirklichkeit entscheidend, und damit auch das ‚ökonomische Problem', das die Theorie zu erklären hat. Das zeigt sich einmal darin, daß der klassische Ansatz zunehmend als Orthodoxie erscheint, gegen die andere Theorien auftreten, zum anderen jedoch in der Veränderung, die dieser klassische Ansatz jetzt erleidet. Er wird in den Händen von Senior und Mill zur ‚postulational method', zu einer Sammlung von abstrakten Hypothesen. Aus einem Ansatz, der gegen den Merkantilismus mit dem Anspruch aufgetreten war, eine bessere Erklärung der wirtschaftlichen Wirklichkeit als dieser zu bieten, wird eine Theorie, die sich als ‚method of reasoning on hypothetical cases'[22] versteht. Der klassische Anspruch, die wirtschaftliche Wirklichkeit in ihrer herrschenden Problemlage zu erklären, wird aufgegeben. „If its object be to accomplish definite practical ends, then I say it has none of the characteristics of a science, and has no just claim to the name[23]."

Diese Wendung tritt nach dem Tode Ricardos ein, dessen Lehre als dunkel und widersprüchlich empfunden wird[24], deren Zentralstück, die Wertlehre, er selbst als problematisch bezeichnet hat[25]. Aus dieser

[21] Zit. b. Marshall, Principles of Economics, ed. Guillebaud, Vol. II, London u. a. 1961, S. 759. Hinzuweisen ist hier vor allen Dingen auf das Werk von John Stuart Mill, der die klassische Lehre in allen wesentlichen Punkten bis zur Unkenntlichkeit modifiziert hat, wenngleich er sich als Verteidiger des ‚unsterblichen Ricardo' versteht.

[22] J. E. Cairnes, The Character and Logical Method of Political Economy. London 1875, S. 81.

[23] Cairnes, a.a.O., S. 17. Ebenso J. Schumpeter, Das Wesen und der Hauptinhalt der theoretischen Nationalökonomie, Leipzig 1908, S. 578. Cairnes hat auch darauf hingewiesen, warum das so ist: „The economist may thus be considered at the outset of his researches as already in possession of those ultimate principles governing the phenomena which form the subject of his study, the discovery of which in the case of physical investigation constitutes for the inquirer his most arduous task.", a. a. O., S. 77. Gerade das Pathos Ricardos war es jedoch, eine praktische Wissenschaft begründet zu haben. Vgl. Schumpeter, History, S. 472, und die Schrift von James Mill, Whether Political Economy is useful, 1835.

[24] Vgl. M. Blaug, Ricardian Ecconomics, New Haven 1958, S. 63.

[25] D. Ricardo, Letters to J. R. Macculloch, New York 1895, S. 48.

„desperate enormity of vicious logic"[26] sucht man einen Ausweg durch Klärung der Grundbegriffe, durch Vergewisserung der Grundannahmen in Postulaten. „If Economists had been aware that the Science depends more on reasoning than on observation, and that its principal difficulty consists not in the ascertainement of its facts, but in the use of its terms, we cannot doubt that their principal efforts would have been directed to the selection and consistent use of an accurate nomenclature[27]." Die Verwendung mechanischer Analogien „which are built upon clear and evident truths" bedeutet jetzt, daß eine genaue Nomenklatur logisch richtig verwendet wird, oder daß empirische Daten nach dieser Nomenklatur aufgearbeitet werden als ‚ex post facto explanation'. Als solche erhebt die Theorie — jedenfalls bei den kritischen Ökonomen — nicht mehr den Anspruch, die wirksame Ursache darzustellen, nach der sich das ökonomische Problem der Industriestaaten bestimmt. Sie ist eine ‚method of reasoning on hypothetical cases'. John Stuart Mill hat diese Wendung in seiner Methodenlehre unterstrichen[28]. Die ökonomische Theorie ist für ihn keine Erfahrungswissenschaft mehr, die nach der Methodenlehre, die er in seiner Logik bringt, induktiv vorgehen muß, sie ist eine abstrakt-deduktive Wissenschaft. Als solche gibt sie keine Erklärung von Erfahrungszusammenhängen, sondern expliziert Prinzipien, deren hypothetische Geltung sie selbst festgesetzt hat. Seit dieser Zeit ist die Theorie reine Theorie und als solche ergänzungsbedürftig durch andere Wissenschaften, die ihr erst den Zugang zur wirtschaftlichen Wirklichkeit eröffnen[29].

Die Wendung zur reinen Theorie, die sich bei Ricardo andeutet, bei Whately und Senior begonnen, bei Cairnes und John Stuart Mill systematisiert und in den Werken der Österreichischen und Lausanner Schule durchgeführt wird, läuft parallel mit der Veränderung, die das ökonomische Problem in der Wirklichkeit erfährt. Die berühmte Formel ‚ceteris paribus', die lange Zeit hindurch vorausgesetzt werden konnte, ohne daß darin eine größere Fehlerquelle gelegen hätte, ver-

---

26 Th. de Quincey, The Logic of Political Economy, Edinburgh and London 1844, S. III/IV.

27 Senior, An Outline of the Science of Political Economy, London 1938, S. 5.

28 Diese Methodenlehre bringt Mill in seinen ‚Essays on some Unsettled Questions of Political Economy', London 1874.

29 So schon bei Mill und Menger, in der Gegenwart bei Hicks. Es ist dies der Bruch zwischen reiner Theorie und Konjunkturtheorie, gegen den schon Böhm-Bawerk polemisierte, den Keynes durch seine ‚General Theory' zu heilen versuchte. Für Keynes ebenso wie für Marshall ist es die Pflicht des Ökonomen, 'to make a reasoned catalogue of the world as it is', nicht hypothetische Fälle zu konstruieren.

liert jetzt ihre Gültigkeit. Die Wirklichkeit ist nicht mehr zu fassen als ein Kranz von Beständen, innerhalb dessen sich der Händler als ‚economic man' bewegt. Die kleinen Handwerker und Bauern, deren Erzeugnisse man kaufte, um sie wieder zu verkaufen, werden jetzt abgelöst durch rationale Produktionseinheiten, die nicht daran denken, immer dasselbe auf dieselbe Weise zu produzieren, sondern die spekulativ neue Kombinationen durchsetzen, die Umwelt zu verändern suchen. Die Überzeugungskraft der ökonomischen Lehren der Sozialisten, der Protektionisten und der Imperialisten lag darin begründet, daß sie nicht mehr von einer im wesentlichen unveränderten Umwelt ausgingen, sondern zu erklären suchten, wie sich die Umwelt verändert. Ihr Thema ist nicht das Gleichgewicht, das unter gegebenen Bedingungen nach mechanischen Gesetzen zustandekommt, sondern die Veränderung der Umwelt, die sich im Zuge der Industrialisierung vollzieht.

Diese Veränderung der Umwelt ist im Rahmen der klassischen Theorie bewältigt worden mit Hilfe des sog. Additionstheorems, das auch als Say'sches Theorem bekannt wurde. Es besagt, daß eine zusätzliche wirtschaftliche Leistung — und auch die neue Kombination von Produktionsfaktoren ist formell darzustellen als eine zusätzliche wirtschaftliche Leistung — oder die Ausdehnung der Erzeugung kein besonderes Problem darstellt. Malthus hatte das zwar in seiner Auseinandersetzung mit Ricardo behauptet, war aber zurückgewiesen worden. Das bedeutet, daß das ökonomische Problem unter den Bedingungen einer ständigen industriellen Expansion grundsätzlich nicht anders aussieht als unter den Bedingungen einer im wesentlichen stationären Wirtschaft. Die mechanischen Erklärungsprinzipien bleiben auch hier gültig, sie erhalten nur eine andere, nämlich ‚dynamische' Form. Sie stellen nicht mehr nur die Wirkung einer Kraft dar, die zu einem neuen Gleichgewicht führt, sondern die Addition mehrerer Kräfte, die zeitlich auseinanderliegen.

John Stuart Mill beschreibt in seiner Autobiographie, welche Freude er bei der — nicht neuen — Entdeckung empfand, daß das physikalische Prinzip der Zusammensetzung der Kräfte auch in der ökonomischen Theorie angewandt werden könne. „When the mind applies this principle it performs a simple act of addition. It adds the separate effect of one force to the separate effect of the other, and puts down the sum of these separate effects as the joint effect[30]." Voraussetzung ist hier ebenso wie beim Say'schen Theorem, daß die Wirtschaftssubjekte den Gleichgewichtszustand, der durch ihre Handlungen entstehen wird, schon kennen — ohne diese Kenntnis würde das Ergebnis anders

[30] Zit. b. Marshall, Memorials, S. 313.

aussehen als die Summe der Einzelleistungen[31]. John Stuart Mill ist hier ebenso naiv wie Quesnay[32], für ihn ist dieses Additionstheorem eine ‚metaphysical necessity'[33]. Bei Edgeworth und Walras, die die hier liegende Schwierigkeit sehen, tritt die Theorie des ‚recontracting' bzw. des ‚tâtonnement' ein. Unter dieser Voraussetzung stellt die Addition verschiedener Variabler im Zeitverlauf kein besonderes Problem dar[34]. Die statische Analyse kann dargestellt werden als ein Spezialfall der allgemeineren dynamischen Analyse.

Hier beginnt Marshall zu fragen. Er sieht sofort die Schwierigkeit, die hier liegt, weil er als Second Wrangler des St. John's College in Cambridge eine recht genaue Vorstellung davon hat, was eine dynamische Analyse in der Physik bedeutet. Eine solche Analyse besteht darin, die vielfältigen Rückwirkungen darzustellen, die innerhalb eines Systems zu einem Gleichgewichtszustand führen. Eine solche Darstellung ist schon auf physikalischem Gebiet — Marshall erwähnt als Beispiel das Sonnensystem — nicht einfach. Sie ist auf ökonomischem Gebiet unmöglich: „Dynamical solutions in the physical sense, of economic problems are unattainable[35]." Läßt man einmal die petitio principii fallen, daß eine dynamische Lösung unter denselben Voraussetzungen möglich ist wie unter statischen[36], so ergeben sich ‚endless complexities', zu deren Bewältigung mathematische Methoden gar nicht in der Lage sind[37]. Wollte man versuchen, die vielfältigen Rückwirkungen dar-

31 Vgl. Rosenstein-Rodan, The Coordination of the General Theories of Money and Price, Economica, Bd. 3, 1936.

32 Schumpeter schreibt über ihn: „He manifestly thought that if every individual strives to realize maximum satisfaction, than all individuals will ‚of course' achieve maximum satisfaction. The fact that one of the best brains of our science could have been content with such an obvious non sequitur is indeed food for thought: low standards of rigor and sloppiness of thinking have been worse enemies of scientific economics than has been political bias." History, S. 233.

33 Essays on some Unsettled Questions, S. 69.

34 J. R. Hicks, Value and Capital, London 1939, S. 127, Schumpeter, History, S. 963.

35 Marshall, Memorials, S. 313.

36 „Nous pourrons, si nous voulons, passer du point de vue statique au point de vue dynamique. Il nous suffira, pour cela, de supposer les données du problème: quantités possédées, courbes d'utilité ou de besoin, etc. variant en fonction du temps." Walras, Eléments d'Economie Politique Pure, Lausanne 1926, S. 301.

37 „The most helpful applications of mathematics to economics are those which are short and simple, which employ few symbols; and which aim at throwing a bright light on some small part of the great economic movement rather than at representing its endless complexities." Marshall, Memorials, S. 313.

zustellen, die faktisch den Gleichgewichtszustand unter dynamischen Bedingungen bestimmen, „les rôles seraient changés: et ce ne seraient plus les mathématiques qui viendraient en aide à l'économie politique, mais l'économie politique, qui viendrait en aide aux mathématiques[38]".

Für Pareto folgt aus dieser Tatsache der Übergang zur reinen Theorie: „Les conditions que nous venons d'énumérer ne peuvent pas nous servir pratiquement"[39] — aber an eben dieser praktischen Brauchbarkeit ist Marshall interessiert. Für ihn ist die Theorie keine ‚method of reasoning upon hypothetical cases', sie hat die Aufgabe „to lend her aid in unravelling the tangled skein of the events of actual life"[40], „to make a reasoned catalogue of the world as it is" und „the true analytical study of economics is the search of ideas latent in the facts[41]". Eine Theorie, die für einen bestimmten Sachbereich Relevanz haben will, darf sich in ihren Voraussetzungen nicht danach richten, was mit Hilfe ihrer Methoden behandelt werden kann, sie muß in ihren Voraussetzungen die in der Erfahrung vorhandenen Tatsachen darstellen: „It should have that delicacy and sensitiveness of touch which are required for enabling it to adapt itself closely to the real phenomena of the world"[42]. Die ‚dynamische' Erklärung mit Hilfe mechanischer Analogien hat eben diese Feinheit nicht, weil sie von Voraussetzungen ausgehen muß, die in der Gegenwart nicht mehr zutreffend sind. In der industriellen Gesellschaft verliert die Annahme, daß die Wirtschaftssubjekte den Gleichgewichtspreis kennen und sich darum konsistent verhalten, die Überzeugungskraft, die sie in stationären oder quasistationären Zuständen hatte. Wenn die Theorie hier davon ausgeht, daß die Individuen sich das Wissen, das sie zur Lösung des ökonomischen Problems benötigen, schon erworben haben, so setzt sie gerade das voraus, was in der Wirklichkeit das entscheidende Problem ist. Argumentiert Say in dieser Weise, um das nach ihm benannte Theorem zu verteidigen, so ist diese Voraussetzung für Walras, Pareto und Hicks insofern zentral, als sie allein eine exakte Darstellung ermöglicht. Die Handlungen der einzelnen Marktteilnehmer müssen so konsistent sein, daß zwischen der Nachfrage des Einzelnen und der Gesamtnachfrage kein Unterschied besteht, dann erst hat die Analysis einen Gegenstand,

---

[38] V. Pareto, Manuel d'Economie Politique, Paris 1927, S. 234.

[39] Pareto, ib. id. l. Wir weisen hier nur darauf hin, daß Pareto diesen Zustand selbst als unbefriedigend empfunden hat und zur Soziologie übergewechselt ist.

[40] Marshall, The Present Position of Economics, London 1885, S. 21/22

[41] Marshall, Memorials, S. 303, 309.

[42] Marshall, Principles, 1. Bd., S. 769.

der ,traitable' ist[43]. Marshall sieht das entscheidende Problem hier darin, daß mit diesem Ansatz die praktisch wichtigen Fragen abgeschnitten werden: „And hence arises a tendency towards assigning wrong proportions to economic forces: those elements being most emphasized which lend themselves most easily to analytical methods[44]."

Marshall warnt davor, einen Ansatz beizubehalten, dessen Erklärungsbreite in einer veränderten Umwelt abnimmt. Er hat selbst die neuen Institutionen und Wissenschaften nicht gekannt, die in der Gegenwart entstehen, weil die Umwelt für die Wirtschaftssubjekte immer undurchsichtiger wird; er hat aber sehr wohl gesehen, daß die schöne Formel ,ceteris paribus' ihre Gültigkeit verliert. Das Modell eines stationären Staates oder das Modell einer komparativ-statischen Entwicklung, in der die ,données du problème varient en fonction du temps' „bears less resemblance to the real conditions of life now than it did in past generations. There has even been a perceptible change in this respect since Mill's time"[45]. Das Problem, das die ökonomische Theorie zu erklären hat, kann nur auf einem sehr hohen Abstraktionsgrad als immer gleich angesehen werden. Tatsächlich sieht es heute anders aus als in der Zeit, in der North oder Smith schrieben, und man muß auch bei John Stuart Mill anerkennen, daß er wohl die tiefe Veränderung gespürt hat, die gerade zu seinen Lebzeiten eintrat. Er konnte sich aus dem Ansatz, in dem er groß geworden war, nicht befreien, aber er hat dessen Grenzen selbst gut gesehen. Marshall geht über diese Grenzen hinaus. „Economics like biology, deals with a matter, of which the inner nature and constitution, as well as the outer form, are constantly changing[46]." In der Wirtschaft äußert sich keine Kraft, die konstant und gleichförmig wirkt wie die Schwerkraft, in ihr äußert sich eine lebendige Energie, die eine eigene Entwicklung aufweist, deren Wirksamkeit und Probleme sich im Zeitverlauf ändern. Wenn man die wirtschaftliche Wirklichkeit erkennen will, kann man nicht voraussetzen, daß sie immer dieselbe ist;

---

43 Hicks, Value and Capital, London 1939, S. 58 Anm., ebenso S. 34. Schon Bertrand hatte Walras aus diesem Grunde kritisiert: „En remplacant le groupe des acheteurs par un acheteur unique . . on change les conditions du problème etc." Théorie des Richesses, Journal des Savants, Bd. 48, Paris 1883. Neuerdings Hayek, Individualism and Economic Order, London 1949. Vgl. a. Pareto, Manuel, S. 145/146.

44 Marshall, Principles, London 1910, S. 850. Ebenso Koopmans, „The difficulty in economic dynamics has been that the tools have suggested the assumptions rather than the other way round". Three Essays on the State of Economic Science, New York 1957, S. 183.

45 Marshall, Memorials, S. 316.

46 Marshall, Principles, 1. Bd., S. 772.

wenn man das ökonomische Problem analysieren will, muß man sehen, daß es sich von Generation zu Generation verschieden stellt. Seinen Vorgängern, der klassischen Theorie, wirft Marshall vor: „Their most vital fault was that they did not see how liable to change are the habits and institutions of industry[47]." Und über Ricardo bemerkt er: „Ricardo's bias was towards making his ground certain, so far as he went, rather than towards broadening his outlook: and his vigorous narrow certainties had such sway that men rested on them, with the result that little truly constructive work was done for a long while; though in consequence of that very stagnation, the science appeared to increase in certainty[48]."

Die Bedeutung der ökonomischen Theorie als einer Erfahrungswissenschaft liegt nicht darin, daß sie eine exakte Exposition von Prinzipien darstellt, sondern daß sie zu den großen Sachfragen ihrer Zeit relevante Aussagen liefert. Marshall, der sonst so sehr auf Versöhnung gestimmt ist, polemisiert scharf gegen die Verwendung einer Methode, die von Voraussetzungen ausgehen muß, die irreal sind. Wer das Wirtschaftsleben ansieht wie einen Mechanismus, der mit Notwendigkeit nach bestimmten Prinzipien funktioniert, verkennt, daß so gerade die entscheidenden Probleme der Gegenwart nicht ins Blickfeld kommen. Alfred Marshall ist, wie sich an vielen Stellen zeigen läßt, tief verbunden mit den ökonomischen und sozialen Problemen seines Landes, seiner Zeit. Wenn er im Vorwort seiner ‚Principles' schreibt: „The central idea of economics, even when its Foundations alone are under discussion, must be that of living force and movement" [49], so nennt er damit auch das praktisch größte Problem, das er kommen sieht: Die Erstarrung oder, wie er sagt, ‚crystallization' dieser ‚living force'.

Es ist bekannt, daß Keynes fünfzig Jahre später diesen Ansatz zum Thema seiner ‚General Theory' gemacht hat, und es ist vielleicht nicht uninteressant, sich zu vergegenwärtigen, was Ricardo zu diesem Thema schreibt: „Man muß sich auch erinnern, daß der Rückgang stets ein unnatürlicher Zustand der Gesellschaft ist. Der Mensch wächst von der Jugend zur Mannheit heran, dann altert er und stirbt. Allein, die Entwicklung der Völker gestaltet sich nicht so. Sind sie erst einmal in das Stadium der größten Kraft gelangt, so kann einem weiteren Fortschreiten allerdings Einhalt geboten werden (durch äußere Umstände, Bodenknappheit; Anmerkung des Verf.), aber in ihrem natürlichen Streben wollen sie auf Jahrhunderte noch ihren Wohlstand und ihre Be-

---

[47] Marshall, Memorials, S. 155.

[48] Marshall, Industry and Trade, S. 674.

[49] Marshall, Principles, 1. Bd., S. XV.

völkerung unvermindert beibehalten[50]." Der ,Pessimist' Ricardo strahlt hier die ganze Zuversicht einer Gesellschaft aus, der der industrielle ,take-off' geglückt ist, die in das Stadium des ,self-sustained growth' übergeht. Ganz anders Marshall, der sein Land in einer immer härter umkämpften Situation sieht, der von der Neigung der englischen Wirtschaftssubjekte bedrückt ist, sich auf den Lorbeeren der Vergangenheit auszuruhen[51]. Er vergleicht die wirtschaftliche Energie, die die Industrien aufbaut, Angebot und Nachfrage reguliert und die eigentliche Ursache des Volkswohlstandes darstellt, mit dem Leben eines Menschen, eines Baumes: „In each case the forces of life preponderate at first; then those of crystallization and decay attain to equal terms, and there is balance of equilibrium; afterwards decay predominates[52]."

Das zentrale Problem der ökonomischen Theorie ist der wirtschaftliche Fortschritt, der mit mechanischen Analogien nicht erklärt werden kann. Die Bewegungsgesetze einer stationären oder quasi-stationären Wirtschaft können wohl so dargestellt werden, aber nicht mehr die der industriellen Gesellschaft, die vom Fortschritt lebt. Hier handelt es sich nicht um ,gegebene Kräfte', die in einem ,gegebenen Datenkranz' funktionieren und deren Wirksamkeit darum mechanisch beschrieben werden kann, sondern um die Wirksamkeit einer Energie, die ständig Neues aufbaut, deren innerer Gehalt und deren äußere Form sich ständig ändern. Es macht die Größe und Bedeutung von Adam Smith aus, daß er in seiner Auseinandersetzung mit dem aus der französischen Aufklärung stammenden Rationalismus[53] auf diese Energie hingewiesen und ihre Wirksamkeit zum eigentlichen Thema seines Werkes gemacht hat. Wenn Marshall sich gegen Mill wendet, der in der Tradition dieses Rationalismus groß geworden ist, so versucht er damit, zu der Weisheit des Adam Smith zurückzufinden, zu der sich auch Keynes in seinen letzten Aufsätzen bekannt hat. Wirtschaft ist keine Naturerscheinung, die Theorie bezieht sich nicht auf einen ,ordre naturel', sondern auf eine Zivilisation, deren Gesetze nicht allgemein, sondern an einen bestimmten Ort, eine bestimmte Zeit gebunden sind. Die ökonomische Theorie, die sachliche Relevanz hat, ist nicht ,allgemein'. Das ist weder bei Smith so noch bei Ricardo, bei Marshall oder bei Keynes. Sie ist nicht allgemein, weil sie sich auf eine Energie bezieht, die endlich ist, sich verändert, sich auch erschöpfen kann: ,bogey of economic maturity'.

50 D. Ricardo, Grundsätze der Volkswirtschaft und Besteuerung, dt. v. H. Waentig, Jena 1921, S. 269/270.

51 J. M. Keynes (ed.), Official Papers by Alfred Marshall, London 1926, S. 404 ff.

52 Marshall, Memorials, S. 318.

53 In seiner Auseinandersetzung mit Quesnay, Eine Untersuchung über Natur und Wesen des Volkswohlstandes, dt. v. E. Grünfeld, 2. Bd., Jena 1923, S. 537.

Die größte Schwäche dieser ‚Adam-Smith-Tradition' liegt darin, daß sie kein ‚System' hat, das von denen gelernt werden kann, die, wie Keynes es sagt, keine wirkliche Neigung zur Volkswirtschaftslehre haben, in deren Interesse aber die großen Schulen der Gegenwart gebaut werden[54]. Es ist leichter, sagt Schumpeter, Theoretiker auszubilden als Ökonomen, weil es nämlich leichter ist, aus Prinzipien zu deduzieren, als die wirklichen Proportionen eines Problems zu sehen. Wenn es aber so ist, daß, wie es Schumpeter sagt, der so eintretende Wirklichkeitsverlust den eigentlichen Kern unserer Schwierigkeiten darstellt[55], so ist es wohl nützlich, sich an Alfred Marshall zu erinnern, dessen Meisterschaft gerade in diesem ‚sense of proportion' liegt. Schumpeter, der gewiß nicht der Parteilichkeit für Marshall verdächtigt werden kann, schreibt über ihn: „Unlike the technicians of today, who so far as the technique is concerned, are superior to him as he was to A. Smith, he understood the working of the capitalist process[56]."

---

[54] In seiner Einleitung zu den Memorials, S. 51.

[55] Schumpeter, Kapitalismus, Sozialismus und Demokratie, Bern 1950, S. 414.

[56] ders., History, S. 836. Vgl. a. L. Robbins, The Economist in the twentieth Century, London 1954, S. 6.

Zum Problem der unverzerrten Schätzung von Wachstumsraten

Wolfgang Wetzel

In der Wirtschaftstheorie wird das Wachstum gewisser ökonomischer Variabler im allgemeinen an deterministischen Modellen untersucht. Gewöhnlich beschränkt man sich dabei auf Ansätze, die sich in geschlossener Form als Exponentialfunktion darstellen; seltener findet man logistische Funktionen als wirtschaftliche Wachstumsmodelle diskutiert. Wir werden deshalb unsere Untersuchungen auf den Fall eines rein exponentiellen Wachstums beschränken.

Unsere Problemstellung soll sein, aus einer äquidistanten Zeitreihe y_0, $y_1, \ldots, y_n$ einer ökonomischen Variablen Y, für die ein Wachstumsgesetz

(1) $$Y_t = Y_{t-1}(1+\lambda) \qquad \lambda > 0 \quad t = 1, 2, \ldots$$

definiert ist, die Wachstumsrate λ zu schätzen.

Offenbar bietet sich eine Reihe von statistischen Methoden an, die ebengenannte Aufgabe zu lösen. Es ist deshalb zweckmäßig, aus den zur Verfügung stehenden Verfahren das geeignetste auszuwählen. Aus diesem Grund werden wir prüfen, welche der gebräuchlichen erschöpfenden Schätzfunktionen unverzerrte Schätzwerte $\hat{\lambda}$ der Wachstumsrate liefert. Dabei wird sich zeigen, daß unter gewissen plausiblen Annahmen über den Zufallseffekt von den untersuchten verteilungsfreien Schätzfunktionen nur eine nicht verzerrend ist. Abschließend werden wir für den Fall einer bestimmten Verteilungshypothese die Lösung nach dem Maximum-Likelihood-Prinzip erörtern.

I.

Wie bereits erwähnt, setzen wir voraus, daß die Zeitreihe $y_0, y_1, \ldots, y_n$ eine strukturelle Komponente exponentiellen Typs besitzt. Die Wachstumsrate in der τ-ten Periode $\eta_\tau \geqq 0$ sei eine stochastische Variable, deren Erwartungswert $E(\eta_\tau) = \lambda$ für alle $\tau = 1, 2, \ldots, n$ ist. Weiterhin sei unterstellt, daß

(2) $$y_t = y_{t-1}(1+\eta_t) \qquad t = 1, 2, \ldots, n$$

gilt[1]. Durch wiederholtes Einsetzen findet man

$$y_n = y_0 \prod_{\tau=1}^{n} (1 + \eta_\tau) .$$

Diese wenigen Annahmen genügen bereits, um die herkömmlich benutzten, verteilungsfreien Schätzmethoden der Wachstumsrate auf ihre Unverzerrtheit (Erwartungstreue) zu untersuchen.

II.

Die Ausführungen dieses Abschnitts befassen sich mit den gebräuchlichsten Methoden, die zur Ermittlung von durchschnittlichen Wachstumsraten verwendet werden.

1. In der Literatur findet man gewöhnlich

$$\hat{\lambda}_1 = \sqrt[n]{\frac{y_n}{y_0}} - 1 \tag{3}$$

als Schätzfunktion der durchschnittlichen Wachstumsrate angegeben. Dabei geht man von der Vorstellung aus, daß sich y_n in der Form

$$y_n = y_0 \left(1 + \hat{\lambda}_1\right)^n$$

darstellen läßt, sofern in den Perioden 1, 2, ..., n ein durchschnittliches Wachstum $\hat{\lambda}_1$ eintritt. Man kann jedoch leicht zeigen, daß bei Gültigkeit dieser Beziehung (2) die Wachstumsrate zu niedrig geschätzt wird.

Unter der Benutzung von Gleichung (2) erhält man für (3) den Ausdruck

$$\hat{\lambda}_1 = \sqrt[n]{\prod_{\nu=1}^{n} (1 + \eta_\nu)} \quad 1.$$

Haben — was im allgemeinen zutrifft — die η_ν nicht alle den gleichen Wert, so gilt nach einem bekannten Satz

$$\sqrt[n]{\prod_{\nu=1}^{n} (1 + \eta_\nu)} - 1 < \frac{1}{n} \sum_{\nu=1}^{n} (1 + \eta_\nu) - 1 .$$

---

[1] Es sei angemerkt, daß die Beziehung (2) einer stochastischen Differenzengleichung

$$y_t = y_{t-1} (1 + \lambda) + \varepsilon_t \tag{*}$$

äquivalent ist. Setzt man nämlich

$$\eta_t = \lambda + \frac{\varepsilon_t}{y_{t-1}} ,$$

so geht der Ausdruck (*) in die Gleichung (2) über.

Folglich ist

$$E(\hat{\lambda}_1) < E\left\{\frac{1}{n}\sum_{\nu=1}^{n}\eta_\nu\right\},$$

woraus wegen

$$E\left\{\frac{1}{n}\sum_{\nu=1}^{n}\eta_\nu\right\} = \frac{1}{n}\sum_{\nu=1}^{n}E(\eta_\nu) = \lambda$$

unmittelbar folgt, daß $\hat{\lambda}_1$ ein verzerrter Schätzwert der Wachstumsrate ist.

Mit dem vorstehenden Beweis haben wir gleichzeitig gezeigt, daß

$$\hat{\lambda}_2 = \frac{1}{n}\sum_{\nu=1}^{n}\eta_\nu = \frac{1}{n}\sum_{t=1}^{n}\frac{y_t - y_{t-1}}{y_{t-1}} \tag{4}$$

ein erwartungstreuer Schätzwert von λ ist.

2. Neben der Schätzfunktion (3) werden in der Literatur häufig Schätzungen ökonomischer Wachstumsraten durchgeführt, die auf der Methode der kleinsten Quadrate basieren. Dabei ergibt sich jedoch die Schwierigkeit, daß der Ansatz

$$\sum_{t=1}^{n}\left[y_t - Y_0(1+\lambda)^t\right]^2 = \text{Min}!$$

nicht in geschlossener Form lösbar ist. Deshalb behilft man sich gewöhnlich in der Weise, daß man eine logarithmische Transformation durchführt. Man erhält dann die Forderung

$$\sum_{t=1}^{n}[\ln y_t - \ln Y_0 - t\ln(1+\lambda)]^2 = \text{Min}! \tag{5}$$

Faßt man diesen Ausdruck als eine Funktion von Y_0 und λ auf, so erhält man als Schätzfunktion für die Wachstumsrate

$$\hat{\lambda}_3 = \exp\left\{\frac{\sum_{t=1}^{n}\left(t - \frac{n+1}{2}\right)\ln y_t}{\sum_{t=1}^{n}\left(t - \frac{n+1}{2}\right)^2}\right\} - 1,$$

wofür man nach einigen Umformungen auch

$$\hat{\lambda}_3 = \left[\prod_{\nu=1}^{n}(1+\eta_\nu)^{\sum_{t=\nu}^{n}\left(t-\frac{n+1}{2}\right)}\right]^{\frac{1}{\sum_{t=1}^{n}\left(t-\frac{n+1}{2}\right)^2}} - 1 \tag{6}$$

schreiben kann. Nun ist aber

$$\sum_{\nu=1}^{n}\sum_{t=\nu}^{n}\left(t - \frac{n+1}{2}\right) = \sum_{t=1}^{n}\left(t - \frac{n+1}{2}\right)^2.$$

Deshalb läßt sich $1 + \hat{\lambda}_3$ als ein gewogenes geometrisches Mittel darstellen mit den Gewichten

$$g_\nu = \frac{\sum_{t=\nu}^{n} \left(t - \frac{n+1}{2}\right)}{\sum_{t=1}^{n} \left(t - \frac{n+1}{2}\right)^2} \qquad \nu = 1, 2, \ldots, n.$$

Beachtet man schließlich, daß nach einem bekannten Satz

$$\prod_{\nu=1}^{n} (1 + \eta_\nu)^{g_\nu} - 1 < \sum_{\nu=1}^{n} g_\nu (1 + \eta_\nu) - 1$$

ist, so wird wegen

$$E(\hat{\lambda}_3) = E\left\{\prod_{\nu=1}^{n} (1 + \eta_\nu)^{g_\nu} - 1\right\} < E\left\{\sum_{\nu=1}^{n} g_\nu (1 + \eta_\nu) - 1\right\} = \lambda$$

die systematische Verzerrung der Schätzfunktion (6) unmittelbar evident.

3. Weniger gebräuchlich als die eben diskutierte Beziehung (5) ist in der Literatur der folgende Ansatz:

$$\sum_{t=1}^{n} [y_t - y_{t-1}(1 + \lambda)]^2 = \text{Min!} \tag{7}$$

Aus diesem Ausdruck erhält man den Schätzwert

$$\hat{\lambda}_4 = \frac{\sum_{1}^{n} y_t \, y_{t-1}}{\sum_{t=1}^{n} y_{t-1}^2} - 1 .$$

Mit $\eta_0 \equiv 0$ läßt sich diese Beziehung auf die Form

$$\hat{\lambda}_4 = \frac{\sum_{t=1}^{n} \prod_{\nu=0}^{t-1} (1 + \eta_\nu)^2 \eta_t}{\sum_{t=1}^{n} \prod_{\nu=0}^{t-1} (1 + \eta_\nu)^2}$$

bringen. Setzt man

$$h_t(\eta_1, \eta_2, \ldots, \eta_n) = \frac{\prod_{\nu=0}^{t-1} (1 + \eta_\nu)^2}{\sum_{t=1}^{n} \prod_{\nu=0}^{t-1} (1 + \eta_\nu)^2},$$

so geht $\hat{\lambda}_4$ über in

$$\hat{\lambda}_4 = \sum_{t=1}^{n} \eta_t h_t (\eta_1, \eta_2, \ldots, \eta_n) .$$

Da mit steigenden η_t die Funktion $h_t(\eta_1, \eta_2, \ldots, \eta_n)$ stets abnimmt, muß die Kovarianz

$$\text{(8)} \qquad \operatorname{Cov}[\eta_t, h_t(\eta_1, \eta_2, \ldots, \eta_n)] < 0$$

sein. Weiterhin gilt

$$\operatorname{Cov}[\eta_t, h_t(\eta_1, \eta_2, \ldots, \eta_n)] = E[\eta_t h_t(\eta_1, \eta_2, \ldots, \eta_n)] - E(\eta_t) E[h_t(\eta_1, \eta_2, \ldots, \eta_n)] .$$

Daraus findet man unter Benutzung der Ungleichung (8) die Beziehung

$$E(\hat{\lambda}_4) = \sum_{t=1}^{n} E[\eta_t h_t(\eta_1, \eta_2, \ldots, \eta_n)] < \sum_{t=1}^{n} E(\eta_t) E[h_t(\eta_1, \eta_2, \ldots, \eta_n)] .$$

Weil vereinbarungsgemäß $E(\eta_t) = \lambda$ und weil — wie man sich leicht überzeugt —

$$\sum_{t=1}^{n} E[h_t(\eta_1, \eta_2, \ldots, \eta_n)] = E\left[\sum_{t=1}^{n} h_t(\eta_1, \eta_2, \ldots, \eta_n)\right] = E(1) = 1$$

ist, erhält man

$$E(\hat{\lambda}_4) < \lambda ,$$

womit gezeigt ist, daß ebenfalls $\hat{\lambda}_4$ keine erwartungstreue Schätzung der Wachstumsrate λ ergibt.

4. Das Ergebnis der vorausgegangenen Untersuchungen ist deshalb überraschend, weil das in der Literatur als Schätzwert für Wachstumsraten völlig ungebräuchliche arithmetische Mittel

$$\hat{\lambda}_2 = \frac{1}{n} \sum_{t=1}^{n} \frac{Y_t - Y_{t-1}}{Y_{t-1}}$$

eine unverzerrte Schätzung von λ liefert. Die üblichen Schätzfunktionen sind dagegen alle systematisch verzerrt.

III.

Es wird angenommen, daß die stochastischen Wachstumsraten η_t eine logarithmische Normalverteilung

$$\text{(9)} \qquad \mathrm{d}F(\eta_t) = \frac{1}{\sqrt{2\pi}\,\sigma\,\eta_t} \exp\left\{-\frac{1}{2\sigma^2}(\ln \eta_t - \mu)^2\right\} \mathrm{d}\eta_t \quad \text{mit} \quad \eta_t > 0$$

besitzen. Weiterhin sei unterstellt, daß die Zufallsvariablen η_t ($t = 1, 2, \ldots, n$) stochastisch unabhängig sind — also

$$E(\eta_t \eta_{t-\Theta}) = E(\eta_t) E(\eta_{t-\Theta}) \quad \text{für} \quad \Theta \neq 0$$

gilt.

Um den Parameter λ nach der Maximum-Likelihood-Methode zu schätzen, substituiere man in (9) zunächst μ durch $\ln \lambda - \sigma^2/2$, was wegen

$$E(\eta_t) = \exp\left\{\mu + \frac{\sigma^2}{2}\right\} = \lambda$$

ohne weiteres möglich ist. Die Likelihood-Funktion lautet dann

$$L(\lambda, \sigma^2) = (2\pi\sigma^2)^{-\frac{n}{2}} \prod_{t=1}^{n} \eta_t^{-1} \exp\left\{-\frac{1}{2\sigma^2}\sum_{t=1}^{n}\left(\ln\eta_t - \ln\lambda + \frac{\sigma^2}{2}\right)^2\right\}.$$

Durch Differenzieren dieser Funktionen erhält man nach einigen Umformungen den Schätzwert

$$\hat{\lambda}_5 = \exp\left\{\overline{\ln\eta} + \frac{\widehat{\sigma^2}}{2}\right\}$$

mit

$$\overline{\ln\eta} = \frac{1}{n}\sum_{t=1}^{n}\ln\eta_t$$

und

$$\widehat{\sigma^2} = \frac{1}{n-1}\sum_{t=1}^{n}\left(\ln\eta_t - \overline{\ln\eta}\right)^2.$$

Weil $\ln\eta_t$ normalverteilt ist, sind $\overline{\ln\eta}$ und $\widehat{\sigma^2}$ stochastisch unabhängig. Demzufolge gilt

$$E(\hat{\lambda}_5) = E\left\{e^{\overline{\ln\eta}}\right\} E\left\{\exp\frac{\widehat{\sigma^2}}{2}\right\},$$

woraus man unmittelbar schließen kann, daß auch $\hat{\lambda}_5$ eine verzerrende Schätzfunktion ist. Glücklicherweise hat Finney[2] eine Transformation $\psi_n(1/2\,\widehat{\sigma^2})$ gefunden, welche die Eigenschaft hat, daß

$$\hat{\lambda}_6 = e^{\overline{\ln\eta}}\,\psi_n\left(\frac{1}{2}\widehat{\sigma^2}\right)$$

ein erwartungstreuer Schätzwert von λ ist, der bei logarithmisch-normalverteiltem η_t eine minimale Varianz aufweist.

---

[2] D. J. Finney, On the Distribution of a Variable whose Logarithm is Normally Distributed; Supplement to the Jl. of the Royal Stat. Soc. Vol. VII (1940/41), p. 155—161.

Die Funktion $\psi_n\left(\frac{1}{2}\widehat{\sigma^2}\right)$ haben Aitchison und Brown tabelliert.

J. Aitchison, J. A. C. Brown, The Lognormal Distribution with Special References to its Uses in Economics; Cambridge University Press, Cambridge 1957, p. 155—160.

Die Schätzung der Wachstumsrate λ nach der Maximum-Likelihood-Methode wurde vorgeführt, weil man in der Literatur mitunter die Annahme findet, daß die Zufallsvariable

$$\varepsilon_t = \ln y_t - \ln Y_0(1+\lambda)^t \tag{10}$$

normalverteilt sei. Gewöhnlich schätzt man die Parameter dieser Beziehung unter Benutzung des Ausdrucks (5) nach der Methode der kleinsten Quadrate. Wie wir bereits gesehen haben, erhält man aber bei diesem Vorgehen für die Wachstumsrate eine verzerrende Schätzfunktion. Wenn man also schon die Verteilungshypothese einführt, daß ε_t normalverteilt — und deshalb der Zufallsfehler des nicht-logarithmierten Ansatzes (10) logarithmisch normalverteilt ist, dann sollte man aus naheliegenden Gründen den Parameter λ nach der Maximum-Likelihood-Methode schätzen.

Der Einfluß veränderter Vorleistungen in einzelnen Unternehmensbereichen auf Produktivität, Wirtschaftlichkeit und Preise

Gerhard Zeitel

1. Einzelbetriebliche, branchen- und gesamtwirtschaftliche Produktivität

Das Wachstum und die Verteilung des Sozialprodukts werden entscheidend mitbestimmt durch die Produktivitäts- und Wirtschaftlichkeitsgestaltung in einer Volkswirtschaft. Die gesamtwirtschaftliche Entwicklung dieser Einflußfaktoren verdeckt dabei häufig ihre recht unterschiedlichen oder sogar gegenläufigen Entwicklungstendenzen, die bei wirtschaftspolitischen Überlegungen — etwa preis- oder lohnpolitischer Art — nur zu leicht übersehen werden. Daher gebührt der Produktivitäts- und Wirtschaftlichkeitsanalyse nach Unternehmensbereichen (Branchen) besondere Aufmerksamkeit[1].

Sobald es um Branchenstudien der Produktivitäts- und Wirtschaftlichkeitsentwicklung geht, treten besondere methodische Erfassungs- und Interpretationsschwierigkeiten auf, die bei einer gesamtwirtschaftlichen und weitgehend auch einzelwirtschaftlichen Betrachtung nicht in gleicher Weise gegeben sind. Besonders hinzuweisen ist auf Variationen bei den von einem Unternehmensbereich bezogenen Vorleistungen und bei der Absatzgestaltung, deren Bedeutung für die Produktivitäts- und Wirtschaftlichkeitsanalyse im Zusammenhang mit der Preisbildung näher betrachtet werden soll.

2. Definitorische Abgrenzungen

Im Hinblick auf die unterschiedliche konkrete Erfassungsweise der Produktivität — allgemein als „real output per unit of input" definiert — und der Wirtschaftlichkeit — allgemein als wertmäßiges, d. h. nominal berechnetes Verhältnis von Erlösen zu Kosten des Einsatzes bestimmt[2]

---

[1] Vgl. Paige, Deborah und Bombach, Gottfried: A Comparison of National Output and Productivity of the United Kingdom and the United States, Paris 1959.

[2] Siehe dazu Reuss, Gerhart E.: Produktivitätsanalyse, Basel/Tübingen 1960, S. 3 ff.

— erscheinen für das Folgende einige definitorische Klarstellungen angebracht.

Bezeichnen wir das reale Bruttoprodukt einer Branche mit O_b, das Nettoprodukt mit O_n, den realen Faktoreinsatz mit F und die entsprechenden Vorleistungen mit V, so wird die Produktivität üblicherweise gemessen als

$$(1) \qquad \frac{O_b}{F} \text{ bzw. } \frac{O_n}{F},$$

wobei für

$$O_n = O_b - V_r = L_r + K_r + Q_r$$

gilt. Das Nettoprodukt setzt sich demnach zusammen aus preisbereinigten Löhnen, Kapitalkosten und Gewinn. Der Begriff der Vorleistungen wird hier beschränkt auf die laufenden Fremdbezüge eines Unternehmensbereichs von anderen Branchen, er umschließt also nicht den Bezug von Gütern zu Investitionszwecken. Die laufenden Vorleistungen bedeuten zugleich Absatz für den liefernden und Faktoreinsatz für den empfangenden Bereich.

Hinsichtlich der Maßstabgröße des Faktoreinsatzes muß unterschieden werden zwischen „partiellen" Produktivitäten

$$(2a) \quad \frac{O_b}{F_a} \text{ bzw. } \frac{O_n}{F_a}, \qquad (2b) \quad \frac{O_b}{F_k} \text{ bzw. } \frac{O_n}{F_k}, \qquad (2c) \quad \frac{O_b}{F_v} \text{ bzw. } \frac{O_n}{F_v},$$

den „kombinierten" Produktivitäten

$$(3a) \quad \frac{O_b}{F_{a,k}} \text{ bzw. } \frac{O_n}{F_{a,k}}, \qquad (3b) \quad \frac{O_b}{F_{k,v}} \text{ bzw. } \frac{O_n}{F_{k,v}}, \qquad (3c) \quad \frac{O_b}{F_{a,v}} \text{ bzw. } \frac{O_n}{F_{a,v}}$$

und den „totalen" Produktivitäten

$$(4) \qquad \frac{O_b}{F_{a,k,v}} \text{ bzw. } \frac{O_n}{F_{a,k,v}},$$

wobei die Indizes a, k, v für Arbeit, Kapital und Vorleistungen stehen.

Es ist unschwer einzusehen, daß bei Branchenuntersuchungen nicht mehr rein technische bzw. mengenbestimmte, sondern wirtschaftliche, d. h. wertabhängige Kennziffern berechnet werden müssen[3]. Das bedeutet, daß als gleichbleibend unterstellte Geldpreise den einheitlichen Nenner für

---

[3] Vgl. Rose, Klaus: Produktivität, in: Handwörterbuch der Sozialwissenschaften, Stuttgart/Tübingen/Göttingen 1963.

vergleichende Produktivitätsstudien bilden. Um zeitlich vergleichbare Kennziffern der Produktivitätsentwicklung zu gewinnen, müssen dementsprechend die nominellen Geldgrößen der Erlöse und Kosten preisbereinigt und so die geforderten realen Ausgangswerte abgeleitet werden. Bei Anwendung der Laspeyres'schen Methode zur Preisbereinigung ergibt sich dementsprechend als Maß für die Änderung der Produktivität einer Branche von Periode 0 auf Periode 1 etwa

$$\frac{O_b^1/F_{a,k,v}^1}{O_b^0/F_{a,k,v}^0},$$

wobei

$$O_b^1/F_{a,k,v}^1 = \frac{\left(q_b^1 \cdot p_b^0\right)}{\left(f_a^1 \cdot l^0 + f_k^1 \cdot z^0 + f_v^1 \cdot p_v^0\right)}$$

und

$$O_b^0/F_{a,k,v}^0 = \frac{\left(q_b^0 \cdot p_b^0\right)}{\left(f_a^0 \cdot l^0 + f_k^0 \cdot z^0 + f_v^0 \cdot p_v^0\right)}.$$

Die Höhe der Totalproduktivität hängt also im Zeitverlauf von der Entwicklung der Zähler und Nenner in den beiden Ausdrücken $O_b^1/F_{a,k,v}^1$ bzw. $O_b^0/F_{a,k,v}^0$ ab, wobei der Unterschied zwischen Zähler und Nenner den Gewinn darstellt, wie er unter Ausschaltung von Preisänderungen zustande käme[4].

Die Wirtschaftlichkeitskennziffern sind demgegenüber allein aus den nominellen Geldgrößen der Umsätze (U) und Kosten (K) herleitbar. Entsprechend der bisherigen Bezeichnungsweise können als Ausdruck der Wirtschaftlichkeit gelten

$$(5)\quad \frac{U}{K_g}\,, \qquad (6)\quad \frac{U}{K_g - K_v}\,,$$

wobei unter K_g und K_v Gesamtkosten bzw. Vorleistungskosten verstanden werden sollen.

Produktivität und Wirtschaftlichkeit sind durch eine Mehrzahl von Einflußfaktoren bestimmt, durch die die Interpretation der Meßergebnisse für einzelne Branchen und ihrer wirtschaftspolitischen Bedeutung erschwert wird.

---

[4] Der Ansatz läßt zugleich erkennen, in wie starkem Maße die Produktivitätsanalyse praktisch durch „Indexprobleme" belastet ist. Vgl.: Anmerkungen zur statistischen Messung.

3. *Bestimmungsfaktoren der Produktivitäts- und Wirtschaftlichkeitsentwicklung*

Die Wirtschaftlichkeits- und/oder kombinierten bzw. totalen Produktivitätskennziffern in einer Branche werden vor allem mitbestimmt durch:

1. den Leistungsgrad der *einzelnen* eingesetzten Produktionsfaktoren, einschließlich der bezogenen Vorleistungen,
2. die Effizienz der gegebenen oder veränderten *Kombination* der eingesetzten Produktionsfaktoren, insbesondere in Abhängigkeit von der Kapazitätsausweitung,
3. die *Preise* der eingesetzten *Produktionsfaktoren*, einschließlich derjenigen für die Vorleistungen,
4. das *Erzeugungs-* bzw. *Absatzvolumen* bei gegebener oder veränderter *Absatzstruktur* im Sinne der anteilsmäßigen Zusammensetzung des Produktensortiments,
5. die *Preise* für die erzeugten bzw. abgesetzten *Güter*.

Änderungen der Produktivität und/oder der Wirtschaftlichkeit können speziell auf die Wirksamkeit eines Einflußfaktors zurückgeführt werden, sind indessen praktisch zumeist das Ergebnis einer gleichzeitigen Variation mehrerer Faktoren. Der stärkste Anstoß zu diesen Variationen geht letztlich vom technisch-wissenschaftlichen Erkenntnisfortschritt in Verbindung mit bestimmten wirtschaftspolitischen Maßnahmen aus: etwa finanz-, außenhandels- oder marktpolitischer Art. Wegen dieser wechselseitigen Verknüpfung bei den entscheidenden Antriebskräften ist das Maß des Produktivitätsanstiegs auch wesentlich eine Frage zielbewußten Gestaltens und nicht die Frucht einer gewissermaßen natürlichen Entwicklung.

4. *Der Einfluß veränderter Vorleistungen auf Produktivität und Wirtschaftlichkeit*

Im folgenden soll isoliert vorgegangen und jeweils nur ein Bestimmungsfaktor betrachtet werden. Die spezielle Aufmerksamkeit gilt dem Einfluß der veränderten Vorleistungen, weniger den Effekten beim Einsatz von Arbeit und Kapital. Die Untersuchungen beziehen sich ferner in erster Linie auf die Situation einer Branche. Entsprechend unserer Fragestellung soll davon ausgegangen werden, daß die Kombination der Produktionsfaktoren Arbeit und Kapital zur Herstellung der Erzeugnisse in einem Unternehmensbereich konstant bleibt und ihr Mengeneinsatz lediglich insoweit variiert wird, als es zur Realisierung des angestrebten Gewinnmaximums bei veränderten Vorleistungen oder Absatzverhältnissen geboten ist. Aus Vereinfachungsgründen wird überwiegend ein linearer Verlauf der Einsatz- und Nachfragefunktionen ohne Berücksichtigung von Fixkosten unterstellt.

Unter einem veränderten Vorleistungseinsatz sei primär eine Variation des realen oder nominellen Anteils der Vorleistungen (I_v und K_v) am realen Output oder Umsatz verstanden, d. h. eine Variation der Quotienten

$$\text{(7a)} \quad \frac{I_v}{O_b}, \qquad \text{(7b)} \quad \frac{K_v}{U},$$

$$\text{wobei} \quad U = Q + K_g = Q + K_{a,k} + K_v \quad \text{ist.}$$

Darüber hinaus kann auch dann von einer Veränderung des Vorleistungseinsatzes gesprochen werden, wenn sich bei Konstanz der obigen Quotienten die Zusammensetzung der Vorleistungen wandelt[5]. Analoges gilt für die Absatzseite.

Zunächst sei der Fall einer bloßen Preisänderung der eingesetzten Vorleistungen graphisch demonstriert. Im ersten Quadranten werden der Umsatz (U), die Gesamtkosten (K_g), der Gewinn ($Q = U - K_g$), die Kosten für die Produktionsfaktoren Arbeit und Kapital ($K_{a,k}$) und der Vorleistungen ($K_v = K_g - K_{a,k}$), im zweiten Quadranten die zugehörigen Preisgeraden [P (K_g), P (K_v)] sowie der preisbereinigte Umsatz (O_b), im vierten Quadranten die entsprechenden Einsatzmengen von Arbeit und Kapital ($I_{a,k}$), des gesamten Inputs ($I_{a,k,v}$) und der Output (O_b) dargestellt. Die oberen Indizes bezeichnen den Zustand vor (1) und nach (2) der Veränderung.

Es zeigt sich, daß preisbedingte Kostensenkungen der Vorleistungen die Produktivitätskennziffern nicht beeinflussen, gleichgültig, ob als Maßstabgrößen die Brutto- oder Nettoproduktionswerte verwendet und diese Größen auf den Mengeneinsatz einer, mehrerer oder aller Produktionsfaktoren bezogen werden. Die bloße Preisänderung bleibt definitionsgemäß bei der realen Betrachtungsweise der Produktivität außer Ansatz. Indessen ändert sich die nominell berechnete Einsatzstruktur, insbesondere die Gewinnquote (vgl. Strukturkoeffizienten der Graphik 1).

Das Maß der Wirtschaftlichkeitsänderung resultiert aus dem gegenläufigen Einfluß der Preisvariationen auf der Absatz- und der Vorleistungsseite. Bei gleichbleibender Produktivität eröffnet sich also für den betroffenen Unternehmensbereich infolge eines vergrößerten Gewinns ein mehr oder weniger stark erweiterter Aktionsspielraum — etwa zum

[5] Ist der Mengeneinsatz der Vorleistungen $x_1, x_2, \ldots, x_n$, die dazugehörigen Preise $p_1, p_2, \ldots, p_n$, so bedeutet eine Variation der Vorleistungsstruktur, daß sich die Relationen $x_1 : x_2 : \ldots : x_n$ bzw. $(x_1 \cdot p_1) : (x_2 \cdot p_2) : \ldots : (x_n \cdot p_n)$ ändern.

Zwecke der Kapazitätsausweitung und/oder der Gewährung von Lohnzugeständnissen, um bei Vollbeschäftigung zusätzliche Arbeitskräfte zu gewinnen. Für den Fall von Preiserhöhungen der Vorleistungen gelten

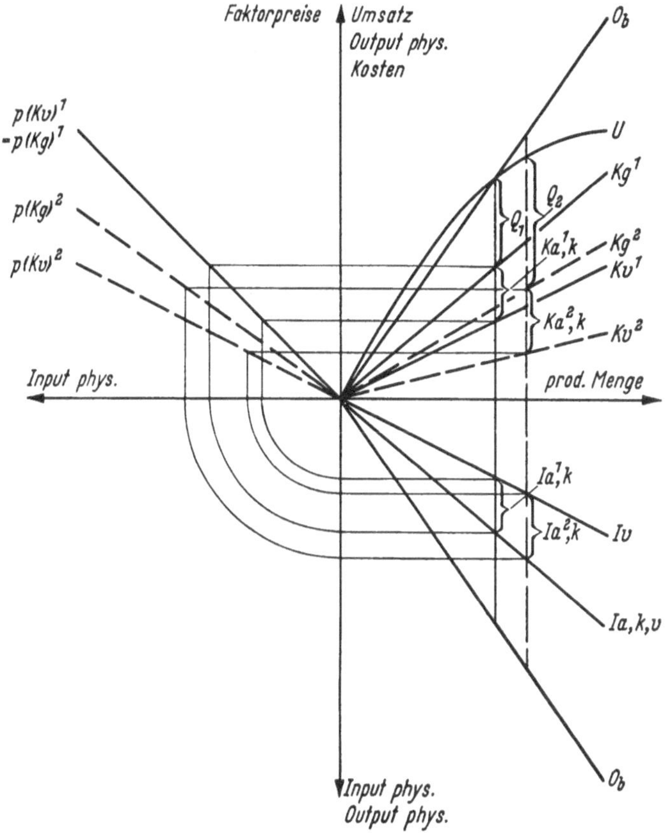

Graphik 1

Produktivitätskennziffern:

1. $\dfrac{O_b^1}{I_{a,k,v}^1} = \dfrac{O_b^2}{I_{a,k,v}^2}$

2. $\dfrac{O_b^1}{I_{a,k}^1} = \dfrac{O_b^2}{I_{a,k}^2}$

3. $\dfrac{O_b^1 - I_v^1}{I_{a,k,v}^1} = \dfrac{O_b^2 - I_v^2}{I_{a,k,v}^2}$

Wirtschaftlichkeitskennziff.:

4. $\dfrac{U^1}{K_g^1} < \dfrac{U^2}{K_g^2}$

5. $\dfrac{U^1}{K_{a,k}^1} > \dfrac{U^2}{K_{a,k}^2}$

Strukturkoeff.:

6. $\dfrac{I_v^1}{O_b^1} = \dfrac{I_v^2}{O_b^2}$

7. $\dfrac{K_v^1}{U^1} > \dfrac{K_v^2}{U^2}$

8. $\dfrac{Q^1}{U^1} < \dfrac{Q^2}{U^2}$

in bezug auf die Wirtschaftlichkeit die Feststellungen mit umgekehrtem Vorzeichen.

Nunmehr sollen nicht gesunkene Preise, sondern verminderte Einsatzmengen von Vorleistungen unterstellt werden, wie sie z. B. als Folge eines „besseren" Materialeinsatzes entstehen können. Ausgangspunkt der Betrachtung ist damit eine andere Produktionsfunktion.

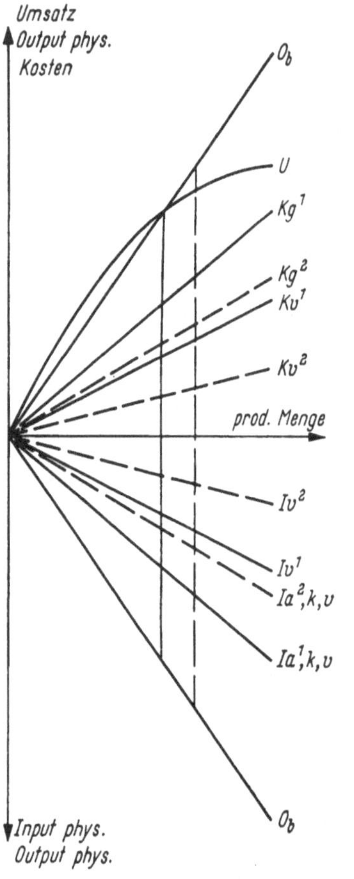

Produktivitätskennziffern:

1. $\frac{O_b^1}{I_{a,k,v}^1} < \frac{O_b^2}{I_{a,k,v}^2}$

2. $\frac{O_b^1}{I_{a,k}^1} = \frac{O_b^2}{I_{a,k}^2}$

3. $\frac{O_b^1 - I_v^1}{I_{a,k,v}^1} < \frac{O_b^2 - I_v^2}{I_{a,k,v}^2}$

Wirtschaftlichkeitskennziffern:

4. $\frac{U^1}{K_g^1} < \frac{U^2}{K_g^2}$

5. $\frac{U^1}{K_g^1 - K_v^1} > \frac{U^2}{K_g^2 - K_v^2}$

Strukturkoeffizienten:

6. $\frac{I_v^1}{O_b^1} > \frac{I_v^2}{O_b^2}$

7. $\frac{K_v^1}{U^1} > \frac{K_v^2}{U^2}$

8. $\frac{Q^1}{U^1} < \frac{Q^2}{U^2}$

Graphik 2

Sind die Mengenänderungen der Vorleistungen wertmäßig von gleichem Gewicht wie die Preisänderungen im Fall 1, so beeinflussen sie die Wirtschaftlichkeit und damit den monetären Aktivitätsspielraum in gleicher Weise. Ein anderes Bild als im Fall 1 ergibt sich für die Produktivitätsentwicklung, sofern diese nicht nur am Bruttoproduktionswert gemessen und lediglich auf den Kapital- und Arbeitseinsatz bezogen wird. Die erhöhte Produktivität in einer Branche braucht, wie das Beispiel zeigt, nicht auf einer vermehrten Leistungsintensität der eingesetzten Arbeitskräfte und Kapitalien selbst zu beruhen, sondern kann lediglich auf eine größere Produktivität oder Wirtschaftlichkeit hinsichtlich der bezogenen Vorleistungen zurückzuführen sein.

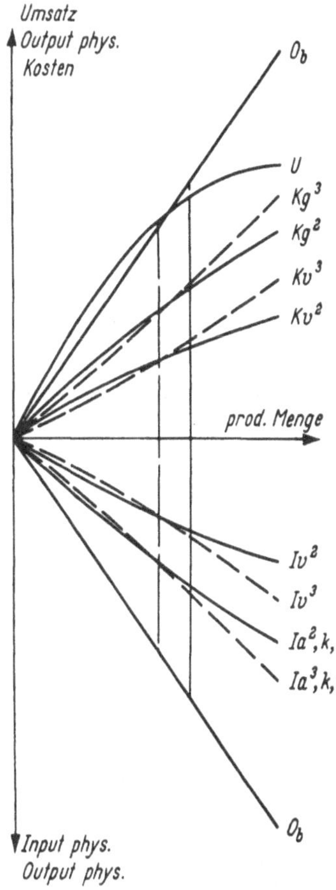

Produktivitätskennziffern:

$$1.\quad \frac{O_b^2}{I^2_{a,k,v}} > \frac{O_b^1}{I^1_{a,k,v}} < \frac{O_b^3}{I^3_{a,k,v}}$$

$$2.\quad \frac{O_b^2}{I^2_{a,k}} > \frac{O_b^1}{I^1_{a,k}} < \frac{O_b^3}{I^3_{a,k}}$$

$$3.\quad \frac{O_b^2 - I_v^2}{I^2_{a,k,v}} = \frac{O_b^1 - I_v^1}{I^1_{a,k,v}} = \frac{O_b^3 - I_v^3}{I^3_{a,k,v}}$$

Wirtschaftlichkeitskennziffern:

$$4.\quad \frac{U^2}{K_g^2} < \frac{U^1}{K_g^1} < \frac{U^3}{K_g^3}$$

$$5.\quad \frac{U^2}{K_g^2 - K_v^2} > \frac{U^1}{K_g^1 - K_v^1} < \frac{U^3}{K_g^3 - K_v^3}$$

Strukturkoeffizienten:

$$6.\quad \frac{I_v^2}{O_b^2} > \frac{I_v^1}{O_b^1} < \frac{I_v^3}{O_b^3}$$

$$7.\quad \frac{K_v^2}{U^2} > \frac{K_v^1}{U^1} = \frac{K_v^3}{U^3}$$

$$8.\quad \frac{Q^2}{U^2} < \frac{Q^1}{U^1} < \frac{Q^3}{U^3}$$

Graphik 3

Sind nicht lineare Kostenfunktionen, sondern mit zunehmender Ausbringung degressive (vgl. Graphik 3: K^2) — der praktisch wohl bedeutsamere Fall — oder progressive (vgl. K^3 in Graphik 3) Kostenverläufe gegeben, so wird die Produktivitätsmessung und die Interpretation der Meßergebnisse erschwert durch den eigentümlichen Einfluß, der sich hieraus im Falle eines Wandels im Vorleistungseinsatz ergibt. Wiederum mag die Veränderung bei den Vorleistungen und Kosten im wesentlichen auf Preiseinflüsse oder aber primär auf Art- bzw. Mengenvariationen zurückzuführen sein.

Nur im Fall von Art- bzw. Mengenvariationen wird ex definitione überhaupt die Produktivitätsmessung beeinflußt, und zwar mit hinreichendem Informationswert auch nur dann, wenn die Vorleistungen in den Untersuchungen explizit erscheinen. Bleiben die Vorleistungen unberücksichtigt, so werden bei intertemporären oder interregionalen Vergleichen die hierin begründeten Produktivitätsdifferenzen verdeckt. Die nominell berechneten Wirtschaftlichkeitskennziffern, insbesondere auch die entsprechend ermittelten Einsatzkoeffizienten, variieren bei dem unterstellten Vorgang in fast allen denkbaren Fällen mehr oder weniger abweichend, und zwar je nach Art und Maß der eingetretenen Kostenänderungen in gleicher, indessen auch gegenläufiger Richtung wie die Produktivitätskennziffern.

Schließlich ist der spezifische Einfluß in Betracht zu ziehen, der aus Verschiebungen im Absatz- bzw. Outputniveau (vgl. Graphik 4) oder in der Absatz- bzw. Outputstruktur folgt, die in den bisherigen Erörterungen als gleichbleibend angesehen wurden. Soweit es sich um Vorleistungen handelt, bedeutet dabei eine Veränderung derselben zugleich eine Variation im Absatz der zuliefernden Bereiche, ohne daß es sich freilich in der Realität wegen der Mehrzahl von Zulieferungssektoren um einen wechselseitigen Vorgang zwischen zwei Unternehmensbereichen handelt. In Analogie zu den entsprechenden Feststellungen auf der Einsatzseite der Produktionsfaktoren gilt, daß bloße Preisänderungen bei den abgesetzten Gütern in den Kennziffern für die Produktivitätsentwicklung nicht zum Ausdruck kommen. Diese werden bei gewandelten Absatzverhältnissen nur dann beeinflußt, wenn nicht proportionale, sondern degressive oder progressive Realkostenfunktionen vorliegen. Die Wirtschaftlichkeitswerte können sich jedoch wiederum recht abweichend gestalten.

Die Wirtschaftlichkeitsentwicklung einer Branche im Zusammenhang mit Produktivitätsänderungen wird nun freilich wesentlich von der sich wandelnden monetären Nachfrageelastizität bei gegebenem oder erhöhtem (vermindertem) Absatzniveau mitbestimmt. Inwieweit daher Produktivitätsfortschritte in Gestalt von Preiskonzessionen an andere Unternehmensbereiche weitergegeben werden, hängt von diesen monetären Elastizitäten ab, die ihrerseits bei verändertem Absatzniveau nicht gleichbleiben. Hinsichtlich solcher Verschiebungen im Absatzniveau einer Branche kann praktisch sehr häufig davon ausgegangen werden, daß sie mit einer andersartigen Sortimentszusammensetzung der erzeugten Produkte einhergehen, so daß eine Produktivitätsänderung die Resultante eines gleichzeitig wirksamen Niveau- und Struktureffekts ist. Es läßt sich — etwa am Beispiel eines Zwei-Produkt-Sortiments — zeigen, daß die Produktivität in einer Branche bei veränderter Sortimentszusammen-

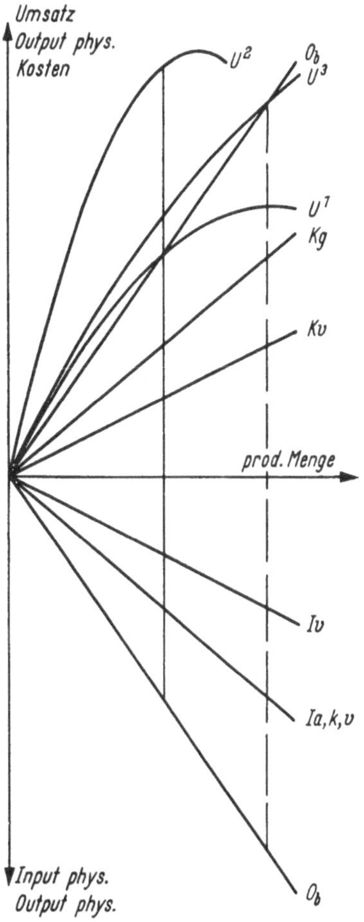

Produktivitätskennziffern:

1. $$\frac{O_b^2}{I^2_{a,k,v}} = \frac{O_b^1}{I^1_{a,k,v}} = \frac{O_b^3}{I^3_{a,k,v}}$$

2. $$\frac{O_b^2}{I^2_{a,k}} = \frac{O_b^1}{I^1_{a,k}} = \frac{O_b^3}{I^3_{a,k}}$$

3. $$\frac{O_b^2 - I_v^2}{I^2_{a,k,v}} = \frac{O_b^1 - I_v^1}{I^1_{a,k,v}} = \frac{O_b^3 - I_v^3}{I^3_{a,k,v}}$$

Wirtschaftlichkeitskennziffern:

4. $$\frac{U^2}{K_g^2} > \frac{U^1}{K_g^1} = \frac{U^3}{K_g^3}$$

5. $$\frac{U^2}{K_g^2 - K_v^2} > \frac{U^1}{K_g^1 - K_v^1} = \frac{U^3}{K_g^3 - K_v^3}$$

Strukturkoeffizienten:

6. $$\frac{I_v^2}{O_b^2} = \frac{I_v^1}{O_b^1} = \frac{I_v^3}{O_b^3}$$

7. $$\frac{K_v^2}{U^2} < \frac{K_v^1}{U^1} = \frac{K_v^3}{U^3}$$

8. $$\frac{Q^2}{U^2} > \frac{Q^1}{U^1} = \frac{Q^3}{U^3}$$

Graphik 4

setzung steigen (fallen) kann, obgleich die Produktivität bei beiden Produkten gefallen (gestiegen) ist. Eine hinreichend exakte statistische Isolierung beider Effekte in einem Unternehmensbereich ist praktisch wegen der Unkenntnis bzw. der willkürlich ermittelten Kostenstrukturen bei einzelnen Produkten überwiegend kaum möglich. Besondere Schwierigkeiten ergeben sich namentlich in Fällen neuaufkommender Erzeugnisse.

Ohne daß hier im einzelnen den verschiedenen Möglichkeiten von Absatzverschiebungen nachgegangen werden kann, seien doch einige allgemeinere Konsequenzen für die Produktivitäts- und Wirtschaftlichkeitsgestaltung hervorgehoben. Je elastischer die monetäre Nachfrage bei gegebenem Absatzniveau oder je stärker die Nachfragezunahme bei einer Branche ist, um so weniger werden Produktivitätsänderungen an andere Bereiche in Gestalt verminderter Preise weitergegeben. Eher kommt es zu einer vermehrten Wirtschaftlichkeit in dem betreffenden Bereich. Mit abnehmender Elastizität der Nachfrage bei gegebenem Absatzniveau oder bei geringerer Nachfragezunahme bzw. gar Absatzminderung haben die gegenteiligen Feststellungen Gültigkeit. Die Konsequenzen einer veränderten Produktivitäts- und/oder Wirtschaftlichkeitsentwicklung in einer Branche auf die Preisgestaltung der Endnachfrage lassen sich um so schwerer übersehen, je mehr Zwischenverarbeitungsstufen bei einem betroffenen Bereich in Betracht kommen. Die Schwierigkeiten für die statistische Erfassung der Folgewirkung ergeben sich namentlich aus der Unsicherheit in bezug auf die wirtschaftlichkeitsbedingte Nachfrageänderung in nach- oder vorgelagerten Bereichen.

Fassen wir das Ergebnis der vorhergehenden beispielhaften Betrachtungen zusammen:

1. Untersuchungen der Produktivitätsentwicklung, die sich nicht auf die gesamte Volkswirtschaft oder einzelne Betriebseinheiten, sondern auf Branchen beziehen, bleiben in ihrem Erkenntniswert, insbesondere für die Analyse der Preisentwicklung und der wirksamen Kausalfaktoren, unzulänglich, wenn den Messungen hinsichtlich des *Produktionsergebnisses* lediglich Brutto- oder Nettoproduktionswerte zugrunde gelegt werden. Der Einfluß von unter Umständen erheblichen Wandlungen in den bezogenen Vorleistungen wird auf diese Weise verdeckt. Wegen der praktischen Unmöglichkeit, erzielte Produktivitätsfortschritte einzelnen mitwirkenden Produktionsfaktoren hinreichend exakt zuzurechnen, erscheint es angebrachter, diesbezügliche Messungen dadurch zu verfeinern, daß nicht nur die Nettoproduktionswerte, sondern ebenso die Vorleistungsanteile, d. h. alle Elemente des Bruttoproduktionswerts in die Berechnungen einbezogen werden.

2. Im Hinblick auf den Einfluß sich ändernder Vorleistungen entsteht bei Branchenuntersuchungen leicht die Möglichkeit einer Fehlinterpretation, wenn die Produktionsergebnisse nur auf die eingesetzten Kapital- und Arbeitseinheiten bezogen werden. Unter Berücksichtigung der Vorleistungen können sich für die Produktivitätsmessung gegenläufige

Ergebnisse einstellen, je nachdem, ob nur die Produktionsfaktoren Arbeit und Kapital oder auch die Vorleistungen als Bezugsmaßstab verwendet werden. Dieser Sachverhalt verdient um so mehr Beachtung, als der Gewinnbestandteil der Wertschöpfung bei sonst weitgehend gleichem Faktoreinsatz von Art und Umfang der Vorleistungen mitbestimmt ist.

3. Unabhängig von der angewandten Methode der Produktivitätsmessung ist bei Branchenanalysen nicht zu übersehen, daß sich Wirtschaftlichkeit und Produktivität gegenläufig entwickeln können. Eine erhöhte (verminderte) Produktivität in einer Branche kann mit einer geringeren (vermehrten) Wirtschaftlichkeit verknüpft sein. Dementsprechend ist ebenso damit zu rechnen, daß sich die reale und monetäre Einsatzstruktur in einer Branche abweichend entwickeln können. Für intertemporäre und interregionale Produktivitätsvergleiche hat die Gegenüberstellung von Anteilsquoten einzelner Wertschöpfungselemente am Nettoproduktionswert — z. B. der Löhne und Gewinne —, namentlich wenn die Beziehungen zur Preisentwicklung in Frage stehen, einen recht begrenzten Erkenntniswert. Das gilt um so mehr, wenn der spezifische Einfluß von Wandlungen im Absatzniveau und in der Absatzstruktur auf Produktivität und Wirtschaftlichkeit bei einer bestimmten Branche in Betracht gezogen wird.

Da die Wirtschaftlichkeit und nicht die Produktivität für die produktionelle und finanzielle Aktivität der Unternehmen ausschlaggebend ist, bezeichnet eine Produktivitätsänderung weder deren möglichen noch zweckmäßigen preispolitischen Aktionsradius in bezug auf die Gestaltung der Absatz- und Einsatzstruktur. Ob in einer Branche auf Grund einer verbesserten Produktivität Preissenkungen möglich oder zweckmäßig sind, kann nicht aus Produktivitätskennziffern gefolgert werden. Was hinsichtlich der Beziehungen zwischen Produktivitäts-, Einkommens- und Preisentwicklung für die gesamte Volkswirtschaft gilt, läßt sich wegen der Tatsache der Vorleistungen nicht einfach auf eine Branche oder ein Unternehmen übertragen.

4. Wenn aus Produktivitätsänderungen in einer Branche nicht auf einen entsprechenden preislichen Aktivitätsspielraum des Unternehmens gefolgert werden kann, so ist es auch nicht möglich, darauf zu schließen, wie sich diese Produktivitäts- und Wirtschaftlichkeitsänderungen in anderen bezugs- und absatzmäßig verflochtenen Wirtschaftsbereichen auswirken. Die Folgewirkungen von Produktivitätsänderungen in einer Branche werden längerfristig vor allem durch Umdispositionen in der realen Einsatzstruktur und kurzfristig durch den Grad der Kapazitätsausnutzung bestimmt. Im besonderen Maße sind die Konsequenzen für

die Wirtschaftlichkeit in den vor- oder nachgelagerten Wirtschaftsbereichen fraglich, weil sie entscheidend von den monetären Angebots- und Nachfrageelastizitäten abhängen. Über diese sind für eine Vielzahl von Branchen nur schwer hinreichend exakte Aussagen zu machen. Betrifft eine Produktivitätsänderung namentlich solche Bereiche, die in erster Linie Vorprodukte für andere Sektoren erzeugen, so sind hierdurch induzierte Preisbewegungen bei der Endnachfrage, die stabilitätspolitisch besonders interessieren, um so ungewisser, je „entfernter" der produktivitätsvariable Anstoßbereich ist. Eine erhöhte Wirtschaftlichkeit, die sich in Mehrgewinnen äußert, wird in den betroffenen Bereichen bei allgemeiner Vollbeschäftigung und anhaltendem Wachstum dazu benutzt, die Finanzlage durch Schuldentilgung und Konsolidierung zu verbessern oder neue Investitionen in Angriff zu nehmen, nur seltener dazu, Preiskonzessionen zu machen.

5. *Anmerkungen zur statistischen Messung*

Auf die Notwendigkeit, bei vergleichenden Produktivitätsuntersuchungen die monetären Ausgangsgrößen um Preisbewegungen zu bereinigen, wurde bereits hingewiesen. Die hiermit verbundenen Probleme, insbesondere der Indexberechnung, sollen im einzelnen nicht mehr näher erläutert werden. Nur ein in unserem Zusammenhang bedeutsamer Sachverhalt sei hervorgehoben: Sobald es um Branchenanalysen geht, in die auch die Vorleistungen einzubeziehen sind, ist hierbei die Preisbereinigung unerläßlich. Da diese statistisch zumeist auf der Basis gleichbleibender Mengenstrukturen erfolgt, sind branchenmäßige Produktivitätskennziffern gegenüber gesamtwirtschaftlichen Meßergebnissen mit besonderen Fehlern behaftet und schwieriger zu interpretieren, wenn die Struktur der Vorleistungen nicht gleichbleibt. Große Produktivitätssteigerungen in einzelnen Unternehmensbereichen beruhen indessen gerade auf veränderten Vorleistungen, insbesondere hinsichtlich ihrer Struktur infolge des technisch-wissenschaftlichen Fortschritts. Der Einfluß solcher strukturellen Wandlungen kommt in den üblicherweise ermittelten Kennziffern nicht hinreichend genau zum Ausdruck. Er kann auch nach dem gegenwärtigen Stand der statistischen Methodenlehre in bezug auf qualitative Merkmalsänderungen nicht zutreffend erfaßt werden. Im Grunde werden daher bei vergleichenden Produktivitätsmessungen des öfteren entscheidende Fortschritte nicht sichtbar bzw. gewissermaßen herausgerechnet. Bei intertemporären und interregionalen Vergleichen können die hier bestehenden Schwierigkeiten auch nicht einfach dadurch ausgeräumt werden, daß nur die Anteilsquoten einzelner Elemente des Produktionswerts betrachtet werden, weil diese

Quoten selbst von der Art der Preisbereinigung einzelner Strukturkomponenten nicht unbeeinflußt sind. Infolgedessen ist die statistisch bedingte Fehlerhaftigkeit von einzelnen Branchendaten der Produktivität noch größer als von gesamtwirtschaftlich berechneten Kennziffern.

6. Einige wirtschaftspolitische Folgerungen

Aus den vorhergehenden Betrachtungen seien einige Folgerungen für die Verwendung von Produktivitätskennziffern bei wirtschaftspolitischen Analysen und Entscheidungen gezogen, zu deren Erleichterung solche Kennziffern häufig berechnet und verwandt werden.

Soweit es bei der Produktivitätsanalyse in einzelnen Branchen um eine Kausalinterpretation und namentlich um die Beziehungen zum Prozeß der Preisbildung geht, kommt dem Einfluß veränderter Vorleistungs- bzw. Absatzstrukturen erhebliches Gewicht zu. Wandlungen im Einsatz von Arbeit und Kapital sind fast immer mit veränderten Vorleistungen verbunden; letztere variieren indessen sehr häufig bei weitgehend gleichbleibendem Arbeits- und Kapitaleinsatz. Deshalb erscheint eine Verfeinerung der Produktivitätsanalyse durch Berücksichtigung der Vorleistungen zweckmäßig.

Indessen ist der Aussagewert von branchenbezogenen Produktivitätsanalysen für preispolitische Zwecke prinzipiell recht begrenzt. Die Preisbewegungen in einzelnen Branchen können sich je nach der monetären Kosten- und Absatzlage mehr oder weniger unabhängig von Produktivitätsänderungen vollziehen. Die Produktivität ist häufig eine, keineswegs *die* entscheidende Determinante der Preispolitik in den verschiedenen Unternehmensbereichen.

Dieser Sachverhalt erscheint namentlich beachtlich für lohnpolitische Überlegungen. So richtig der Satz ist, daß gesamtwirtschaftlich Lohnerhöhungen, die anhaltend den Produktivitätsfortschritt übersteigen, bei proportionaler Ausweitung der anderen Endnachfragesektoren Preiserhöhungen zur Folge haben, so wenig ist damit für die praktische Gestaltung der Lohnpolitik gewonnen. Die Formel, die tariflichen Lohnanhebungen in einzelnen Branchen an der durchschnittlichen Produktivität der Volkswirtschaft auszurichten, kann weder alleinige Richtschnur für die Lohnpolitik sein, noch gewährleistet sie ein preisstabiles Wachstum. Unter der Voraussetzung anhaltender Vollbeschäftigung und einer primär marktwirtschaftlichen Ordnung ist für die Lohngestaltung davon auszugehen, daß in solchen Wirtschaftsbereichen, in denen überdurchschnittliche Produktivitäts- und gleichgerichtete Wirtschaftlichkeitsfortschritte zu verzeichnen sind, zur Beschaffung der benötigten Arbeitskräfte immer freiwillig Lohnkonzessionen gemacht werden, die über den durchschnittlichen Produktivitätsanstieg hinausgehen. Selbst wenn solche übertariflichen Lohnzugeständnisse untersagt werden — was wegen der Umgehungsmöglichkeiten durch eine andere Lohngruppeneinstufung problematisch und selbst in der sowjetischen Zentralverwaltungswirtschaft bislang nicht befriedigend lösbar erscheint — sind bei entsprechend erhöhter Wirtschaftlichkeit ein vermehrter Substitutionsprozeß der nicht attrahierbaren Arbeitskräfte durch Kapital, d. h. entsprechend wachsende Investitionen, zu erwarten. Infolgedessen werden gerade in solchen Bereichen kaum Preiszugeständnisse erfolgen. In Branchen mit unterdurchschnittlichen Produktivitätszunahmen können andererseits im Falle gleichgerichteter Wirtschaftlichkeitsentwicklung Preiserhöhungen als wahrscheinlich gelten, sofern der mit dem Wachstum einhergehende branchenstrukturelle Umschichtungsprozeß nicht mit einem — namentlich international — forcierten Wettbewerb verknüpft ist. Ein solchermaßen beschleunigter Umschichtungsprozeß ist indessen kaum ohne zeitweilig größere Arbeitslosigkeit zu realisieren. Deshalb wird den betroffenen Branchen zumeist in der einen oder anderen Form staatliche Hilfe zuteil, durch die gerade ihr preispolitischer Aktionsspielraum erhalten bleibt. Als Beispiel mag in unserem Zusammenhang der Kohlenbergbau gelten. Solange also wirtschaftliches Wachstum — wie im Regelfall — mit branchenstrukturellen Umschichtungen einhergeht und der Umsetzungsprozeß aus Gründen der Beschäftigungssicherung durch die staatliche Aktivität verzögert wird, existieren also starke Kräfte, die einen allgemeinen Preisauftrieb begünstigen.

Betreffen Produktivitätsänderungen solche Unternehmensbereiche, die Vor- oder Zwischenprodukte liefern, so bleibt deren Weitergabe in Gestalt sinkender Preise in starkem Maße von den Reaktionen der nachgelagerten Bereiche abhängig. Diese werden um so weniger zu Preiskonzessionen veranlaßt, je mehr die Endnachfrage mit dem durchschnittlichen Einkommensanstieg Schritt hält oder gar darüber hinausgeht.

Preispolitisch ist für die einzelnen Unternehmungen und Branchen die Wirtschaftlichkeitsgestaltung relevanter als die Produktivitätsentwicklung. Hierdurch wird entscheidend bestimmt, welche Politik die Unternehmungen in bezug auf Preise, Löhne, Investitionen und Finanzierung betreiben. An der Wirtschaftlichkeit sollten daher auch primär Überlegungen zu einer Lösung der unbefriedigenden lohnpolitischen Verfahrensweise in einem marktwirtschaftlichen System mit anhaltendem Wirtschaftswachstum und hohem Beschäftigungsgrad anknüpfen und nicht zu sehr an die aus mehreren Gründen problematischen Produktivitätsberechnungen.

Anwendung und Zuverlässigkeit vierteljährlicher Gesamtrechnungen

Klaus Dieter Arndt

Die Wirtschafts- und Finanzpolitik bedarf eines problemgerechten wie zuverlässigen Systems von Informationen, um durch Handeln wie Unterlassen „Wachstum" so dimensionieren zu können, daß es die anderen ökonomischen und politischen Zielsetzungen fundiert oder sich zumindest mit ihnen verträgt.

In der Erörterung der für diese Aufgabe in Frage kommenden Informationsquellen über Vergangenheit und Gegenwart und der auf ihnen beruhenden Vorausschätzungen wie Operationslinien für die Zukunft, wird der langfristige Aspekt im allgemeinen stark, der kurzfristige wenig betont. Dies ist verständlich, soweit darin nur zum Ausdruck kommen soll, daß Wachstumszielsetzungen für einen mehrjährigen Zeitraum abgesteckt werden müssen und Wachstumspolitik zu einem guten Teil allmähliche Anpassungen bewirken, d. h. Strukturpolitik sein will. In vielen Fällen erschöpft sich jedoch Analyse und Gestaltung der Wachstumsvorgänge in der langfristigen Problematik, wird also übersehen, daß Wirtschaftswachstum das Produkt einer guten langfristigen Konzeption wie eines nicht abreißenden Stroms richtiger kurzfristiger Entscheidungen ist. Zahlreiche Versuche mit langfristigen Wirtschaftsprogrammen haben gelehrt, daß mit der Fixierung von Zielgrößen, mit Annahmen über Verhaltensweisen und mit der Festlegung von Aktionsparametern für den Staat erst einige Hürden auf dem Wege zum stetigen Wirtschaftswachstum genommen sind, ja, daß in vergleichbaren Ländern ohne derartige Programme, aber mit einer wachen Konjunkturpolitik, mitunter günstigere Resultate erzielt wurden.

Zum konjunkturdiagnostischen Instrumentarium gehört aber nun einmal sowohl das Datensystem des Wirtschaftskreislaufs als auch die empirische Verifizierung von Begriffen wie Gesamtangebot, Gesamtnachfrage und Preisniveau, also jene im Zahlenwert der volkswirtschaftlichen Gesamtrechnungen enthaltene Fülle an Information. Diese Information muß so kurzfristig wie möglich zur Verfügung stehen: Bisher hat sich der Vierteljahreszeitraum als die kleinste statistisch zu bewältigende Zeiteinheit erwiesen; Versuche mit monatlichen Rechnungen hatten bisher noch keinen Erfolg. Vierteljährliche Gesamtrechnungen dieser Art gibt es zur Zeit für die USA, Kanada, die Niederlande, Finnland, Großbritannien und die Bundesrepublik Deutschland; weitere Länder wollen folgen. Über die statistische Zuverlässigkeit und über die Verwendung dieser Rechnungen wurde von Wissenschaftlern dieser Länder auf der achten Konferenz der „International Association for Research in Income and Wealth" im Juni 1963 berichtet. Mit dem deutschen Beitrag war der Verfasser beauftragt; die nachfolgenden Ausführungen gehen über den damaligen Bericht hinaus, da in ihnen selbstverständlich auch die vielfältigen Anregungen dieser Konferenz verarbeitet sind.

Zur Geschichte der Vierteljahresrechnungen

Vierteljährliche Daten der volkswirtschaftlichen Gesamtrechnung wurden für die Bundesrepublik seit dem Frühjahr des Jahres 1951 veröffentlicht. Sie folgten damit der Kreierung der Jahres- und der (damals vorhandenen, 1955 aber aufgegebenen) Halbjahresrechnung durch das Statistische Bundesamt in dem relativ kurzen Abstand von etwa einem Jahr. In anderen Ländern verging in der Regel eine wesentlich längere Zeit, bevor der Schritt von der Jahresrechnung zu kürzeren Zeiträumen gewagt wurde, aber im Deutschland jener Tage war der Nachholbedarf eben nicht nur in Lebensstandard und in Marktanteilen, sondern auch im theoretischen wie empirischen Instrumentarium der Nationalökonomie sehr groß, und auch auf diesem Gebiet ließ sich Neues weit schneller nachvollziehen als selbst entwickeln. Schließlich verlangte die konjunkturpolitische Situation der damaligen Zeit des Korea-Booms rasche Informationen über den Zustand und die Entwicklungstendenzen der Volkswirtschaft und gab den letzten Anlaß für die erste hastige Berechnung von Vierteljahresdaten.

Zu dieser Zeit begann Ferdinand Grünig im Deutschen Institut für Wirtschaftsforschung mit laufenden Veröffentlichungen über die Entstehung und Verteilung des Sozialprodukts in Vierteljahresabschnitten. Grünig hatte bereits in den letzten Tagen der Weimarer Republik eine Pionierarbeit[1] in der Theorie wie in statistischer Verifizierung verschiedener Gleichgewichtszustände einer Volkswirtschaft als auch für die wirtschaftspolitische Beseitigung des Gleichgewichts bei Unterbeschäftigung geleistet und konnte an diese Arbeiten am raschesten wieder anknüpfen. Für die Westberliner Wirtschaft hatten Grünig und Rolf Krengel nicht einmal Zeit, die Geburt einer volkswirtschaftlichen Jahresrechnung abzuwarten, bevor an die Ermittlung von Vierteljahresdaten herangegangen wurde: Mit einer Arbeitslosenquote von 33 vH war die Wirtschaftstätigkeit in dieser Stadt nach der Blockade vom völligen Zusammenbruch nicht weit entfernt; das dritte Vierteljahr 1950 wurde Basiszeitraum für den im Zusammenwirken mehrerer Institutionen und auf Wunsch der amerika-

---

[1] Ferdinand Grünig, Der Wirtschaftskreislauf, München 1933.

nischen Dienststellen entstandenen Long-term-Plan von 1951[2]. Infolgedessen wurden seit dieser Zeit für Westdeutschland und für West-Berlin (seit 1955 wird diese Rechnung vom Statistischen Landesamt Berlin geführt) vierteljährliche Gesamtrechnungen vom Deutschen Institut für Wirtschaftsforschung publiziert. Sie erwiesen sich in der Konjunkturdiagnose als unentbehrlich, so daß 1954 das Ifo-Institut, München, und 1957 das Rheinisch-Westfälische Institut, Essen, wenn auch mit einer wesentlich geringeren Informationstiefe, folgten.

Anwendung

Die Vierteljahresrechnung ist ein Instrument der Konjunkturdiagnose und der Konjunkturpolitik. Läßt man die Problematik der Datenfindung noch beiseite, so ist es einleuchtend, daß ein geschlossenes System von Daten mehr zu leisten imstande ist als einzelne Indikatoren. Die Einzelreihen sind von vornherein in Aggregaten zusammengefaßt und haben das ihnen zukommende gesamtwirtschaftliche Gewicht.

Ferner bedeutet die Präsentation statistischen Primärmaterials in der Form des geschlossenen Kreislaufs ein anderes Denken. Die Abkehr von der in der deutschen Vergangenheit und zum Teil noch in der amerikanischen Gegenwart geübten Symptomatologie, also von den Barometermethoden mit ihren Analogieschlüssen aus ähnlichen Konstellationen der Vergangenheit, ist auch eine Abkehr von konjunkturpolitischer Passivität. Die Fragestellung „wie lange hat früher (bei ähnlicher Indikatoren-Konstellation) die Kontraktion angehalten, bis die Erholung einsetzte?" vermochte im Deutschland nach der großen Depression und ihren politischen Folgen niemand mehr zu beruhigen und wurde in den aktivistischen Ansatz umgewandelt: „Wie wird sich das Angebotspotential entwickeln, wie würde es bei der gegebenen staatlichen Aktivität genutzt werden und wie hätte sich diese eventuell zu ändern, um die Nutzung optimal zu gestalten?" Diese Analyse von Gesamtangebot und Gesamtnachfrage in Gegenwart und naher Zukunft verlangt andere Instrumente, verlangt eben eine Gesamtrechnung für kurze Perioden, um selbst dann, wenn Wirtschaftspolitik im Jahreszeitraum geplant werden muß (öffentliche Etats), durch Addition vor Vierteljahresdaten bereits vor Ablauf eines Kalenderjahres die Vergangenheit kontrollieren und die Zukunft abtasten zu können.

Statistische Problematik

Über das Zahlenwerk und die Schätzungsverfahren für die Einzelreihen der Vierteljahresrechnung des Deutschen Instituts für Wirtschafts-

---

2 Bedingungen und Möglichkeiten für den Ausbau der Wirtschaft Westberlins in den kommenden Jahren (Ergebnisse einer Enquete), Januar 1951.

Primärmaterial und Schätzungen in der Vierteljährlichen
(am Beispiel

Bruttosozialprodukt[1] nach:	Die ersten	
	Erhebungen und Indikatoren	
	Mrd. DM	vH
A. *Entstehung*	*232,4*	75
Land- und Forstwirtschaft, Fischereiwesen	7,3	41
Übrige Güterproduktion	148,5	88
davon		
Bergbau, Energiewirtschaft	14,8	100
Verarbeitendes Gewerbe	118,4	89
Baugewerbe	15,3	70
Dienstleistungen	77,3	62
davon		
Groß- und Einzelhandel	35,0	85
Verkehrs- und Nachrichtenwesen	12,0	60
Banken und Private Versicherungen	—	—
Wohnungswesen	8,9	100
Staat	21,4	91
Sonstige Dienstleistungen	—	—
Einkommen aus dem Ausland (./.)	0,7	66
B. *Einkommen*	*218,8*	*70*
Nettolöhne und -gehälter	93,6	84
Nettogewinne	—	—
Übertragungen des Staates	40,4	90
Verfügbare Einkommen des Staates	59,1	90
Abschreibungen	25,7	95
C. *Verwendung*	*204,6*	66
Privater Verbrauch	116,5	66
Staatsverbrauch	21,4	49
Bruttoanlageinvestitionen	58,5	75
davon		
Ausrüstung	31,0	80
Bauten	27,5	70
Lagerbildung	—	—
Ausfuhr	68,9	93
Einfuhr (./.)	60,7	90

1 Beispiel: Bei den Bruttolöhnen und -gehältern wurden 48 vH der laufenden Erhebungen entnommen (Industrie- und Bauberichterstattung); 36 vH wurden an Hand von Indikatoren wie der Tarifentwicklung und der Beschäftigungsveränderungen fortgeschrieben (Energiewirtschaft, Handel, Banken, Verkehrswesen, öffentliche Dienste); 16 vH (Landwirtschaft, industrielle Kleinbetriebe, Baunebengewerbe, private Dienste) beruhten auf Annahmen

Tabelle I

Gesamtrechnung für die Bundesrepublik Deutschland
des Jahres 1961)

Ergebnisse beruhten auf[1]: Annahmen und Restgrößen[2] Mrd. DM	vH	Summe Mrd. DM	Zum Vergleich: Veränderungs-Revisionen gegenüber 1960 Durchschnittsabweichung in vH des letzten Ergebnisses für die Gesamtgröße[4]
78,0	*25*	*310,4*	*0,1*
10,4	59	17,7	3,9
21,2	12	169,7	0,6
—	—	14,8	0,7
14,6	11	133,0	1,3
6,6	30	21,9	1,4
46,7	38	124,0	0,9
6,2	15	41,2	0,5
7,9	40	19,9	0,5
10,5	100	10,5	3,7
—	—	8,9	3,5
2,1	9	23,5	1,3
20,0	100	20,0	2,0
0,3	34	1,0	54,2
91,6	*30*	*310,4*	*0,1*
17,8	16	111,4	0,7
61,4	100	61,4	1,0
4,5	10	44,9	1,6
6,6	10	65,7	1,5
1,3	5	27,0	0,8
105,8	*34*	*310,4*	*0,1*
59,7	34	176,2	0,3
22,3	51	43,7	1,0
19,4	25	77,9	0,9
7,7	20	38,7	0,5
11,7	30	39,2	1,0
5,8	100	5,8	16,6
5,0	7	73,9	0,6
6,4	10	67,1	0,5

über die Auswirkungen der Lohnsteigerungen in den übrigen Wirtschaftszweigen. Steuern und Sozialversicherungsbeiträge sind bekannt. — [2] Einschließlich des Anteils von fehlenden Monaten in einer laufenden Berichterstattung. — [3] Definition einzelner Aggregate, siehe Tabelle III, Fußnoten 7 bis 10. — [4] Siehe Fußnoten 1 bis 4 in Tabelle V.

forschung ist an anderer Stelle ausführlich berichtet worden[3]. Hier kommt es darauf an, sich allein auf die Schwächen der Zahlenfindung zu konzentrieren. Der Strom der Einkommen und ihre Verausgabung wird in etwa 70 Einzelreihen für fünf Sektoren „Private und öffentliche Unternehmen", „Private Haushalte", „Öffentliche Hand", „Übrige Welt" und „Vermögensveränderung" dargestellt. Die Veröffentlichtung erfolgt 12 bis 13 Wochen nach Ablauf des Berichtsquartals. Zu dieser Zeit stehen noch nicht alle für die Rechnung benötigten Ausgangsdaten zur Verfügung.

Die Schätzung beginnt auf der Entstehungsseite des Sozialprodukts mit den Beiträgen der einzelnen Wirtschaftsbereiche zum Bruttosozialprodukt, wendet sich dann den Daten der Einkommensverteilung zu (wobei die Nettogewinne offengelassen werden müssen) und endet bei der Verwendung des Bruttosozialprodukts (wiederum zunächst mit einer Leerstelle: den Vorratsveränderungen). Die für die Bundesrepublik vorhandenen monatlichen und vierteljährlichen primär-statistischen Unterlagen reichen nur aus, um das Bruttosozialprodukt auf der Entstehungsseite zu 75 vH, der Einkommensseite zu 70 vH und auf der Verwendungsseite zu 66 vH zu repräsentieren (Tabelle I). Im ersten Fall fehlen vor allem die Unterlagen für die Beiträge vieler Dienstleistungsgewerbe, im zweiten Fall fehlt (wie bereits erwähnt) Primärmaterial über die Gewinn- und im dritten Fall über die Lagerentwicklung.

Auf einem der drei möglichen Wege muß nun durch Einsetzen von Schätzwerten das Bruttosozialprodukt erreicht werden; die beiden anderen fehlenden Größen fallen dann als Restposten an. Es ist naheliegend, daß für diese erste überschlägige Kalkulierung des Sozialprodukts die Entstehungsseite gewählt wird, da für sie der Repräsentationsgrad des bereits vorhandenen Primärmaterials am höchsten ist. Wahrscheinlich würde aber dieer Weg auch dann vorzuziehen sein, wenn es kurzfristige Statistiken über Gewinnentwicklung und Lagerveränderung (einschließlich der bereits im Produktionsprozeß befindlichen Güter) gäbe, Statistiken, bei denen es im Gegensatz zu Umsatzzahlen und Produktionsmengen sehr fraglich ist, ob das zur Meldung aufzufordernde Unternehmen überhaupt vernünftige Werte liefern kann.

Ergeben nun die Restposten im Zeit- und im Strukturvergleich „vernünftige" Resultate, werden sie als richtig angenommen. Häufig ist dies aber nicht der Fall, und es muß das gesamte Schätzverfahren von Anfang an auf mögliche Fehler kontrolliert werden. Führt diese Kontrolle zu

---

[3] Klaus Dieter Arndt und Oskar de la Chevallerie, Volkswirtschaftliche Gesamtrechnung für die Bundesrepublik Deutschland, Vierteljahreszahlen 1950 bis 1960, Sonderhefte des DIW, N. F. Nr. 59, Reihe A: Forschung, Verlag Duncker u. Humblot, Berlin.

keinem Ergebnis, so wird die zunächst bezweifelte Entwicklung der Gewinne oder der Vorratsveränderung als richtig angenommen: Das nächste Vierteljahr bringt endgültig darüber Gewißheit, ob man es mit einem Wendepunkt oder nur mit Irregularitäten zu tun hat.

Ein derartiges Verfahren muß freilich viele Statistiker zutiefst erschrecken, obschon selbst bei methodisch als sicher gewähnten Erhebungen und Fortschreibungen nicht immer ermutigende Resultate herauskommen[4]. Zahlensysteme, in denen Restgrößen eine wichtige Rolle spielen, haben allerdings mit klassischer Statistik im Sinne des Ordnens von Erfragtem wenig zu tun. Will man den Charakter der Vierteljahresrechnung beschreiben, so ist sie eine Zusammenstellung von gewichteten Indikatoren und von Schätzungen, welche von den diagnostischen Vorstellungen der Bearbeiter geformt ist wie auch diesen Auffassungen überhaupt zur Form verholfen hat. Gerade der Zwang zum Schließen des Systems veranlaßt zu jenen iterativen Kontrollen, deren Ergebnisse die zu Beginn des Schätzungsverfahrens vorhandenen qualitativen wie quantitativen Vorstellungen über die Wirtschaftslage in hohem Maße verändern können. Allerdings ist der Erfolg auch auf diesem Weg nie ganz sicher. Aber selbst wenn seine Chancen durch neues Primärmaterial noch verbessert werden würden, wird „feeling" eine wichtige Rolle in der Berechnung des vierteljährlichen „Modells" der Volkswirtschaft spielen müssen. Immerhin war in der Vergangenheit, wie noch gezeigt werden wird, die Treffergenauigkeit dieser Schätzungen relativ hoch.

Freilich hat dazu das starke Wachstum der deutschen Volkswirtschaft in einem erheblichen Maße beigetragen: In stagnierenden Volkswirtschaften können Fehler in der Schätzung der — sehr reagiblen — Vorratsveränderungen für Konjunkturdiagnose und Konjunkturpolitik verhängnisvoll sein; bei starker Zunahme (oder Abnahme) aller Größen fällt ein Fehler bei diesem relativ kleinen Wert nicht ins Gewicht. Da aber nun einmal die Informationen der Vierteljahresrechnung dazu beitragen sollen, Stagnation zu verhindern und starkes Wachstum zu bewahren, kann man sich einstweilen mit der Schönwetter-Zuverlässigkeit zufriedengeben: Wirtschafts- und Finanzpolitik werden durch das Instrument besser fundiert als das mit isolierten Indikatoren der Fall sein

---

[4] Ein besonders krasses Beispiel dieser Art ist die deutsche Bevölkerungsstatistik. Hier ergab die auf das polizeiliche Meldewesen gestützte laufende Fortschreibung der Volkszählung von 1950 für das Jahr 1956 eine Bevölkerungszahl von 50,8 Mill. Menschen; das Resultat der neuen Volkszählung von 1956: 50,0 Mill. Menschen. Auch die totale Zählung der Bevölkerung, die vermeintlich lückenlose Kontrolle ihrer Veränderungen und eine ehrwürdige Tradition konnten diese beträchtliche Abweichung nicht verhindern. (Vgl. „Wirtschaft und Statistik", 9. Jg., Heft 9, S. 466 ff. vom September 1955.)

Tabelle II

Zuverlässigkeitskontrolle für die Schätzung des Bruttosozialprodukts
Niveau-Revision 1950 bis 1961 (48 Quartale)

Berichtsquartal	Erste Ergebnisse		Letzte Ergebnisse		Zeitunterschied	Abweichungen in Mrd. DM		Relative Abweichungen	
	Mrd. DM	Heft[1]	Mrd. DM	Heft[1]	Quartale	Unbereinigt	Davon auf Grund methodischer Änderungen[2] und Übernahme von Korrekturen aus der amtlichen Jahresrechnung[3]	Unbereinigt	Bereinigt auf Grund: Methodischer Änderungen[2] und Übernahme von Korrekturen aus der amtlichen Jahresrechnung[3]
								in vH des letzten Ergebnisses	
1950 I	20,6	1/51	20,1	2/52	5	— 0,5	— 0,5	— 2	.
II	21,8	1/51	21,2	3/52	6	— 0,6	— 0,6	— 3	.
III	24,6	1/51	23,6	4/52	7	— 1,0	— 0,6	— 4	— 2
IV	26,4	1/51	25,4	4/52	7	— 1,0	— 0,7	— 4	— 1
1951 I	25,8	2/51	25,8	1/53	7	0	+ 0,1	.	— 0
II	27,2	3/51	27,5	2/53	7	+ 0,3	+ 0,2	+ 1	+ 0
III	28,2	4/51	28,7	3/53	7	+ 0,5	+ 0,2	+ 2	+ 1
IV	30,7	1/52	31,4	4/53	7	+ 0,7	+ 0,3	+ 2	+ 1
1952 I	29,2	2/52	29,7	4/53	6	+ 0,5	+ 0,3	+ 2	+ 1
II	30,3	3/52	30,5	1/54	6	+ 0,2	+ 0,1	+ 1	+ 0
III	32,3	4/52	32,0	2/54	6	— 0,3	.	— 1	— 1
IV	34,0	1/53	33,7	3/54	6	— 0,3	.	— 1	— 1
1953 I	31,2	2/52	31,0	4/54	6	— 0,2	.	— 1	— 1
II	32,7	3/53	32,8	4/54	5	+ 0,1	.	+ 0	+ 0
III	33,8	4/53	34,5	1/55	5	+ 0,7	+ 0,3	+ 2	+ 1
IV	35,5	1/54	36,0	2/55	5	+ 0,5	+ 0,1	+ 1	+ 1
1954 I	32,4	2/52	33,0	4/55	6	+ 0,6	.	+ 2	+ 2
II	34,9	3/54	35,4	4/55	5	+ 0,5	.	+ 1	+ 1
III	37,3	4/54	37,4	2/56	6	+ 0,1	+ 0,1	+ 0	.
IV	39,5	1/55	39,6	3/56	6	+ 0,1	+ 0,1	+ 0	.

1955 I	37,0	2/55	37,0	2/57	8	0	·	·	·
II	39,8	3/55	40,2	2/57	7	+ 0,4	·	+ 1	+ 1
III	42,2	4/55	42,2	2/57	6	0	·	·	·
IV	44,5	1/56	44,6	2/57	5	+ 0,1	·	+ 0	+ 0
1956 I	41,4	2/56	44,0	2/58	8	+ 2,6	+ 2,6[4]	+ 6	·
II	44,9	3/56	47,3	3/58	8	+ 2,4	+ 3,1[4]	+ 5	— 1
III	45,4	4/56	49,5	4/58	8	+ 4,1	+ 4,1[4]	+ 8	·
IV	48,5	1/57	52/6	4/58	7	+ 4,1	+ 4,2[4]	+ 8	— 0
1957 I	45,3	2/57	48,5	2/59	8	+ 3,2	+ 3,1[4]	+ 7	+ 0
II	51,3	3/57	51,3	3/59	8	0	·	·	·
III	53,5	4/57	53,7	4/59	8	+ 0,2	·	+ 0	+ 0
IV	55,9	1/58	56,1	4/59	7	+ 0,2	·	+ 0	+ 0
1958 I	51,7	2/58	51,7	4/59	6	0	·	·	·
II	54,2	3/58	55,7	1/60	6	+ 1,5	+ 1,4	+ 3	+ 0
III	57,0	4/58	58,0	2/60	6	+ 1,0	+ 1,5	+ 2	— 1
IV	59,3	1/59	60,6	3/60	6	+ 1,3	+ 1,6	+ 2	— 0
1959[5] I	54,0	2/59	55,9	4/60	6	+ 1,9	+ 1,8	+ 3	+ 0
II	58,5	3/59	60,7	1/61	6	+ 2,2	+ 1,9	+ 4	+ 0
III	62,5	4/59	64,7	2/61	6	+ 2,2	+ 1,9	+ 3	+ 0
IV	67,6	1/60	68,7	3/61	6	+ 1,1	+ 1,9	+ 2	+ 0
1960[5] I	63,9	2/60	65,0	4/61	6	+ 1,1	+ 1,0	+ 2	+ 0
II	68,2	3/60	69,0	1/62	6	+ 0,8	+ 0,8	+ 1	·
III	71,4	4/60	71,9	2/62	6	+ 0,5	+ 0,4	+ 1	+ 0
IV	76,2	1/61	76,2	3/62	6	0	+ 0,4	·	— 1
1961[5] I	72,9	2/61	73,4	4/61	6	+ 0,5	+ 0,4	+ 1	+ 0
II	75,8	3/61	76,2	1/62	6	+ 0,4	+ 0,2	+ 1	+ 0
III	78,2	4/61	78,1	2/63	6	— 0,1	+ 0,2	— 0	— 0
IV	82,4	1/62	82,7	3/63	6	+ 0,3	+ 0,2	+ 0	+ 0

1 Quelle: Vierteljahreshefte zur Wirtschaftsforschung 1951—1963; Duncker & Humblot, Berlin. — 2 Abweichungen infolge von 5 Änderungen in der Definition von einzelnen Aggregaten (in diesem Beispiel ohne Einfluß) und infolge Anpassung der Vierteljahresrechnung in I/56—I/57 an die „große Revision" der jährlichen amtlichen Sozialproduktsberechnung 1957. — 3 Abweichungen infolge Anpassung an die laufenden kleineren Korrekturen der Jahresrechnung (von 1950 bis 1955 Halbjahresrechnung) des Statistischen Bundesamtes. — 4 Siehe Fußnote 2; die entsprechenden Änderungen in der Vierteljahresrechnung kommen im Unterschied der Zahlen in Heft 1/57 und 3/57 zum Ausdruck. — 5 Seit III/59 einschließlich Saarland.

kann — das Ergebnis verhilft zu einer Wirtschaftsentwicklung, die wiederum das Instrument verläßlich sein läßt.

Ein Zuverlässigkeitstest

Bei der Prüfung wurden folgende Methoden, Definitionen und Kriteria verwendet:

1. Es wurde nur veröffentlichtes und daher allgemein nachprüfbares Material verglichen.

2. Die Qualität der ersten Ergebnisse (ein Vierteljahr nach dem Berichtsquartal) wurde an den letzten Ergebnissen gemessen.

3. Die Revisionen wurden sowohl nach dem absoluten Niveau als auch nach der Veränderung der wichtigsten Reihen aufbereitet. Unter Veränderung wird die absolute Zunahme eines Aggregates gegenüber dem entsprechenden Vorjahrszeitraum verstanden.

4. Für die 48 Quartale von 1950 bis 1961 wurden die Durchschnitts- wie Maximal-Abweichungen für die einzelnen Reihen berechnet.

5. Die Abweichungen in den sechs „Wendepunkt-Quartalen" dieses Zeitraumes (Beginn einer längerfristigen Akzeleration oder einer Verlangsamung des Wachstums) wurden besonders geprüft. Da nicht sämtliche Einzelreihen zur gleichen Zeit ihr Wachstumstempo verlangsamen oder beschleunigen, kann die Fixierung der Wendepunkte nicht völlig sicher erfolgen. Als Kriterium wurde die Entwicklung der folgenden Aggregate der volkswirtschaftlichen Gesamtrechnung verwendet: „Bruttosozialprodukt in laufenden und in konstanten Preisen", „Beitrag des verarbeitenden Gewerbes", „Bruttolöhne", „Bruttogewinne", „unverteilte Gewinne (netto)" und „Nettovermögensbildung".

6. Für die eigentliche Fehlerberechnung war eine Bereinigung erforderlich, da in die einfachen Differenzen auch Abweichungen auf Grund von Änderungen in den verwendeten Definitionen und infolge der Anpassungen der Vierteljahreszahlen an die nachträgliche Korrektur der Jahresdaten durch das Statistische Bundesamt eingehen.

7. Diese Bereinigung war für die Veränderungsrevisionen nicht notwendig; diese beruhen nicht oder nur sehr geringfügig auf den unter 6. erwähnten Änderungen und Anpassungen, da bei ihnen der Vorjahrswert im allgemeinen ebenfalls korrigiert wurde.

8. Die Richtung der Abweichung wurde für die Niveau- und für die Veränderungsdaten ermittelt.

Die Tabelle II zeigt am Beispiel des Bruttosozialprodukts, in welcher Form das Ausgangsmaterial aufbereitet, die Abweichungen bereinigt und die Relativzahlen gebildet wurden. Der Zeitunterschied zwischen der ersten und der letzten Schätzung beläuft sich auf sechs bis acht Quartale. Allerdings ist sogar das zuletzt publizierte Ergebnis damit noch kein endgültiges Resultat: Weitere Revisionen sind später immerhin möglich. So wurde im November 1963 die Jahresrechnung des Statistischen Bundesamtes von 1950 an geändert und entsprechende Anpassungen müssen selbstverständlich in den Vierteljahresdaten ebenfalls erfolgen, um zumindest für die zentralen Größen der volkswirtschaftlichen Gesamtrechnung einheitliche Werte zu sichern. Im Frühjahr 1957 gab es schon einmal eine große Korrektur. Abweichungen dieser Art werden hier als „Methodische Änderungen" geführt. Zu ihnen gehören auch die definitorischen Änderungen in der Gliederung der Verwendung, Entstehung und vor allem der Einkommensverteilung des Sozialprodukts während der behandelten 12 Jahre.

Schließlich sind die Vierteljahresdaten auch an die laufenden kurzfristigen Korrekturen der amtlichen Jahresrechnung, also gewissermaßen an die Schätzfehler des Statistischen Bundesamtes, anzupassen. In den Tabellen werden diese Abweichungen als „Übernahme von Korrekturen aus der amtlichen Jahresrechnung" bezeichnet. Wie schon im Falle der methodischen Änderungen wurden die Revisionen der Vierteljahresrechnung auch um diese laufenden Anpassungen bereinigt. Leider ist ihr Ausmaß nicht so sicher zu bestimmen wie das der erwähnten großen amtlichen Revisionen. Hat es doch Fälle gegeben, in denen das Institut auf die Übernahme der ersten Welle kurzfristiger Korrekturen in der Jahresrechnung des Statistischen Bundesamtes im Vertrauen darauf verzichtete, daß sie später doch wieder rückgängig gemacht werden würden, so daß in den anderen Fällen einer sofortigen, aber nicht dauerhaften Anpassung die Übernahme der Amtsdaten eigentlich ebenso hätte unterbleiben können. Diese Überlegung hat einiges für sich. Dennoch dürfte die größere Kraft in dem ihm entgegenwirkenden Prinzip zu suchen sein, an eine Vierteljahresrechnung nicht strengere Maßstäbe anzulegen als an die beträchtlich später herauskommende Jahresrechnung. Abweichungen zwischen den ersten und den letzten Ergebnissen der Vierteljahresrechnung wurden also um laufende Anpassungen ebenfalls bereinigt, um als Residuum den echten Schätzfehler des Instituts gewinnen zu können. Der Rest unguten Gefühls, bei dieser Bereinigung vielleicht zu weit gegangen zu sein, die Schätzfehler also unterdimensioniert zu haben, verschwindet, wenn man die Durchschnitts-, Maximal- oder Wendepunkt-Abweichungen der bereinigten Niveaurevisionen mit den nicht manipulierten Veränderungsrevisionen vergleicht: Die Treffergenauigkeit ist bei den unbereinigten Veränderungsrevisionen eher größer als bei den manipulierten Niveauabweichungen.

Die Ergebnisse des Tests zeigen die Tabellen III bis VII. Da sie mit ausführlichen Anmerkungen versehen, also dazu bestimmt sind, für sich selbst zu sprechen, wird darauf verzichtet, sie der Reihenfolge nach abzuhandeln. Es dürfte genügen, die wichtigsten Ergebnisse wiederzugeben:

1. Mit Ausnahme der „Einfuhr", der „Beiträge des Baugewerbes und der Landwirtschaft zum Bruttosozialprodukt" mußte die Mehrheit der Schätzungen nachträglich geändert werden (Tabelle VII). Die meisten Änderungen gab es bei den durch Primärmaterial nicht gedeckten Posten „Beiträge des Dienstleistungsgewerbes", „Nettogewinne" und „Lagerbildung". Im allgemeinen waren die ursprünglichen Schätzungen zu niedrig; bei den soeben erwähnten, besonders wenig fundierten Aggregaten, hielten sich Aufwärts- und Abwärts-Korrekturen die Waage.

2. Die Durchschnittsabweichungen waren sowohl bei den Niveaurevisionen als auch bei den Veränderungsrevisionen für die gewichtigsten Aggregate relativ gering. Vor allem die Entstehungsseite des Bruttosozialprodukts hatte — mit Ausnahme der Landwirtschaft — keine gravierenden Korrekturen nötig. Auf der Einkommensseite erwies sich die Lohnentwicklung als sehr verläßlich; für ihre übrigen Einzelreihen waren die Resultate weniger befriedigend; sie waren bei den unverteilten Gewinnen ungenau (im Schätzverfahren durch Subtraktion eines Restpostens — „verteilte Gewinne" — von einem anderen Restposten — „Nettogewinne" — gewonnen). Die Verwendungsseite wiederum schnitt wesentlich besser ab. Sehr gute Resultate zeigten sich beim „privaten Verbrauch", den „Anlageinvestitionen", der „Ausfuhr" und der „Einfuhr"; befriedigende Ergebnisse beim Staatsverbrauch und schlechte in der Lagerbildung.

3. Die maximalen Abweichungen je Einzelreihe konzentrierten sich auf die ersten beiden Jahre (1950 und 1951) der Berichterstattung und auf verschiedene Quartale des Jahres 1959. Die großen Fehler im Anfangsstadium des Experimentierens mit dem neuen Instrument sind ohne weiteres erklärlich. Die Fehlerhäufung in 1959 konnte im Zusammenhang mit der damaligen konjunkturellen Belebung stehen und veranlaßte die zusätzliche Kontrolle der „Wendepunkt"-Ergebnisse.

4. Bei den Wendepunkt-Quartalen zeigt sich, daß das Ausmaß ihrer Durchschnittsabweichungen höher als im ganzen Zeitraum 1950 bis 1961 war, aber wesentlich unter den Maximal-Abweichungen liegt. Alles in allem war die Genauigkeit gerade in diesen für die Konjunkturdiagnose kritischen Quartalen überraschend groß.

Alles in allem zeigt die Zuverlässigkeitskontrolle für die aktuellen Daten der Vierteljahresrechnung des Instituts im Durchschnitt des Testzeitraums befriedigende Ergebnisse. Ob es möglich sein wird, ihre schwachen Punkte — Vorratsveränderungen und unverteilte Gewinne — durch Primärmaterial zu verstärken, ist zweifelhaft. Wenn auch Lagerstatistiken die Genauigkeit der betreffenden Reihe vergrößern würden, so doch wahrscheinlich nicht in einem Maße, daß sie die Gesamtqualität des Zahlenwerkes wesentlich verbessern können. Reichten doch die bisherigen Unschärfen bei diesen beiden Aggregaten nicht aus, um selbst in kritischen Perioden mehr als geringfügige Fehler in der Quantifizierung des Sozialprodukts und damit der gesamtwirtschaftlichen Aktivität zu bewirken.

Wenn allerdings das Wachstumstempo der deutschen Wirtschaft sich einmal nicht nur für ein bis zwei Jahre verlangsamen sollte (und die Gefahr ist ebensowenig auszuschließen wie umgekehrt die Annahme berechtigt wäre, sie müsse zwangsläufig eintreten), reicht die bisherige statistische Fundierung der Vierteljahresrechnung nicht aus. In einer stagnierenden Volkswirtschaft könnte allein die Lagerveränderung den Ausschlag zu „recession" oder zu „recovery" geben. Allerdings würde sich darin nichts ändern, wenn es keine Vierteljahresrechnung gäbe: Auch eine Konjunkturdiagnose, die ohne sie auskommen will, wäre in diesem Fall auf Lagerstatistiken angewiesen. Insofern ist das gesamte konjunktur-statistische Instrumentarium in der Bundesrepublik zur Zeit noch für Wirtschaftslagen von „Schön" bis „Leicht veränderlich" konzipiert. Das Instrumentarium sollte aber Informationen für alle möglichen Situationen verschaffen, um nicht nur Wirtschaftswachstum bewahren, sondern auch gegebenenfalls wiederherstellen zu können.

Niveau-Revisionen[1] [2] 1950 bis 1961:

	[3] Durchschnitts-	
	Unbereinigt	
	Ohne Rücksicht	
	Mrd. DM	in vH
Bruttosozialprodukt	0,9	1,9
nach:		
A. Entstehung[6]		
Land- und Forstwirtschaft, Fischereiwesen	0,2	5,0
Übrige Güterproduktion	1,0	4,5
davon		
Bergbau, Energiewirtschaft, Verarbeitendes Gewerbe	0,9	4,4
Baugewerbe	0,2	6,6
Dienstleistungen	1,2	7,2
B. Einkommen		
Nettolöhne und -gehälter	0,2	1,4
Nettogewinne[7]	0,6	6,2
davon		
verteilt	0,6	8,4
unverteilt	0,5	17,3
Übertragungen des Staates[8]	0,3	5,7
Verfügbare Einkommen des Staates[9]	0,5	5,8
Abschreibungen	0,2	5,2
C. Verwendung		
Privater Verbrauch	0,7	2,3
Staatsverbrauch	0,3	5,1
Bruttoanlageinvestition	0,2	1,9
davon		
Ausrüstung[10]	0,1	1,7
Bauten[10]	0,2	3,5
Lagerbildung	0,5	57,2
Ausfuhr	0,3	3,5
Einfuhr (./.)	0,3	2,6

[1] Vierteljahresrechnungen in laufenden Preisen, nicht saisonbereinigt. Quelle: Vierteljahreshefte zur Wirtschaftsforschung 1951—1963; Duncker & Humblot, Berlin. — [2] Abweichungen zwischen den ersten und den letzten *veröffentlichten* Ergebnissen. — [3] Arithmetischer Durchschnitt der relativen Abweichungen von 48 Quartalen. — [4] und [5] siehe Fußnoten 2 und 3 der Tabelle II. — [6] Im Gegensatz zu den in „B" und „C" verwendeten Abgrenzungen enthalten die Beiträge der Wirtschaftsbereiche hier nicht einige Sonderpositionen, wie Einkommen aus dem Ausland, Sozialprodukt des Saarlandes und „Scheingewinne" oder „Scheinverluste" im Falle von Wertberichtigungen der Lagerbestände. —

Tabelle III

Durchschnitts- und Maximal-Abweichungen

abweichungen (48 Quartale)	Maximal-Abweichungen			
Bereinigt auf Grund: Methodischer Änderungen[4] und Übernahme von Korrekturen aus der amtlichen Jahresrechnung[5]	Unbereinigt		Bereinigt auf Grund: Methodischer Änderungen[4] und Übernahme von Korrekturen aus der amtlichen Jahresrechnung[5]	Berichtsquartal
auf Vorzeichen addiert				
des letzten Ergebnisses	Mrd. DM	in vH des letzten Ergebnisses		
0,4	— 1,0	— 4	— 2	III/50
3,5	+ 0,5	+ 17	+ 10	III/50
0,8	— 2,7	— 21	— 3	III/50
0,9	— 2,7	— 24	— 4	III/50
2,9	— 0,1	— 8	— 8	I/51
1,5	+ 1,7	+ 7	+ 2	III/59
0,7	+ 0,7	+ 3	+ 2	I/59
2,5	— 1,0	— 14	— 4	IV/50
3,4	+ 1,7	+ 19	+ 7	III/59
9,7	— 1,3	— 57	— 26	IV/50
2,4	+ 0,2	+ 4	+ 7	III/51
2,7	+ 0,3	+ 8	+ 8	IV/50
2,2	+ 0,4	+ 7	+ 7	II/60
0,5	+ 1,9	+ 6	+ 2	I/59
2,6	+ 0,4	+ 13	+ 9	I/51
1,5	+ 0,4	+ 7	+ 7	IV/50
1,5	— 0,3	— 5	— 4	I/57
2,6	+ 0,7	+ 13	+ 9	I/59
39,4	+ 0,8	— 400	— 300	IV/59
2,1	— 0,4	— 7	— 7	I/54
1,4	+ 1,5	+ 13	+ 13	III/57

7 Einkommen der Unternehmen mit und ohne eigene Rechtspersönlichkeit, Kapitaleinkommen mit Ausnahme der dem Staat zufließenden Gewinne und Zinsen. — 8 Einkommens- und Vermögensübertragungen an andere Sektoren (ohne Subventionen). — 9 Steuern, Sozialversicherungsbeiträge, Kapitaleinkommen der öffentlichen Haushalte und sonstige Einnahmen (mit Ausnahme der Gebühren) abzüglich Einkommensübertragungen = verfügbares Einkommen für Staatsverbrauch und für die staatliche Nettovermögensbildung in Sachanlagen und Geldforderungen. — 10 Seit 1956, daher nur 26 Quartale.

Niveau-Revisionen [1] [2] 1950 bis 1961: Durchschnitts-

	Anfang	
	Unbereinigt[1]	
	Mrd. DM	in vH
Bruttosozialprodukt	1,1	3
nach:		
A. Entstehung[6]		
Land- und Forstwirtschaft, Fischereiwesen	0,2	6
Übrige Güterproduktion	1,2	8
davon		
Bergbau, Energiewirtschaft, Verarbeitendes Gewerbe	1,1	9
Baugewerbe	0,1	2
Dienstleistungen	0,8	7
B. Einkommen		
Nettolöhne und -gehälter	0,2	1
Nettogewinne[7]	0,8	9
davon		
verteilt	0,4	7
unverteilt	0,4	14
Übertragungen des Staates[8]	0,2	3
Verfügbare Einkommen des Staates[9]	0,1	1
Abschreibungen	•	2
C. Verwendung		
Privater Verbrauch	0,7	2
Staatsverbrauch	0,1	2
Bruttoanlageinvestition	0,2	3
davon		
Ausrüstung[10]	•	•
Bauten[10]	0,4	5
Lagerbildung	0,6	130
Ausfuhr	0,2	2
Einfuhr (./.)	0,1	1

[1] bis [10] siehe Tabelle III. — [11] III/50, III/54, II/59. — [12] III/51, III/56, III/61.

Tabelle IV

abweichungen[3] von je drei „Wendepunkt-Quartalen"

des Booms[11]	Ende des Booms[12]		
Bereinigt auf Grund: Methodischer Änderungen[4] und Übernahme von Korrekturen aus der amtlichen Jahresrechnung[5]	Unbereinigt[1]		Bereinigt auf Grund: Methodischer Änderungen[4] und Übernahme von Korrekturen aus der amtlichen Jahresrechnung[5]
Ohne Rücksicht auf Vorzeichen addiert			
des letzten Ergebnisses	Mrd. DM	in vH des letzten Ergebnisses	
1	1,6	3	·
4	0,4	9	3
1	1,4	6	1
2	1,1	5	1
·	0,3	11	2
2	2,8	15	1
1	0,3	2	·
3	1,2	10	3
3	0,9	15	3
7	0,4	12	8
3	0,2	3	4
1	0,4	4	4
2	0,3	6	1
1	0,9	3	1
2	0,4	8	·
2	0,1	2	1
·	0,1	1	1
·	0,1	1	1
78	0,4	26	20
2	0,7	7	2
1	0,5	5	1

Veränderungs-Revisionen [1] [2] 1951 bis 1961: Durchschnitts-
gegenüber dem

	Durchschnitts-
	Ohne Rücksicht
	Mrd. DM
Bruttosozialprodukt	0,2
nach:	
A. Entstehung	
Land- und Forstwirtschaft, Fischereiwesen	0,1
Übrige Güterproduktion	0,2
davon	
Bergbau, Energiewirtschaft, Verarbeitendes Gewerbe	0,2
Baugewerbe	0,1
Dienstleistungen	0,2
B. Einkommen	
Nettolöhne und -gehälter	0,1
Nettogewinne	0,3
davon	
verteilt	0,2
unverteilt	0,4
Übertragungen des Staates	0,2
Verfügbare Einkommen des Staates	0,2
Abschreibungen	0,1
C. Verwendung	
Privater Verbrauch	0,1
Staatsverbrauch	0,2
Bruttoanlageinvestition	0,1
davon	
Ausrüstung	0,1
Bauten	0,1
Lagerbildung	0,3
Ausfuhr	0,2
Einfuhr (./.)	0,1

1 Siehe Tabelle III. — 2 Die Veränderungsabweichungen zwischen den ersten und letzten veröffentlichten Ergebnissen, der Zeitunterschied in der Veröffentlichung beträgt in der

Tabelle V

und Maximal-Abweichungen der absoluten Veränderungen jeweiligen Vorjahr

abweichungen (44 Quartale)[2] auf Vorzeichen addiert	Maximal-Abweichungen[3]		
in vH des letzten Ergebnisses[4]	Mrd. DM	in vH des letzten Ergebnisses[4]	Berichts-quartal
0,5	+ 1,0	+ 3	IV/51
2,6	+ 0,4	+ 13	I/51
0,6	+ 0,5	+ 3	IV/51
0,8	+ 0,6	+ 4	IV/51
2,0	+ 0,2	+ 9	II/52
1,3	+ 0,9	+ 4	III/59
0,6	+ 0,4	+ 2	I/59
3,4	+ 1,2	+ 14	IV/51
3,0	— 0,6	— 5	IV/60
11,8	+ 1,2	+ 32	IV/51
2,3	— 0,6	— 7	II/59
2,5	— 0,7	— 4	III/61
2,0	+ 0,4	+ 7	II/60
0,5	+ 0,8	+ 2	I/60
3,1	— 0,9	— 24	I/52
1,3	+ 0,5	+ 4	III/58
1,3	— 0,2	— 4	I/57
1,9	+ 0,5	+ 8	II/57
29,9	+ 1,3	+ 62	III/51
1,6	— 0,8	— 6	IV/57
1,2	+ 1,1	+ 9	III/57

Regel 3 Quartale. — [3] Unbereinigt. — [4] Veränderungsabweichungen in vH des letzten Ergebnisses für das *Niveau* der Gesamtgröße.

Veränderungs-Revisionen[1] [2] 1951 bis 1961: Durchschnitts-

	Anfang
	Mrd. DM
Bruttosozialprodukt	0,2
nach	
A. Entstehung	
Land- und Forstwirtschaft, Fischereiwesen	0,1
Übrige Güterproduktion	0,1
davon	
Bergbau, Energiewirtschaft, Verarbeitendes Gewerbe	0,1
Baugewerbe	0,1
Dienstleistungen	0,2
B. Einkommen	
Nettolöhne und -gehälter	0,2
Nettogewinne	0,2
davon	
verteilt	0,2
unverteilt	0,2
Übertragungen des Staates	0,5
Verfügbare Einkommen des Staates	0,4
Abschreibungen	.
C. Verwendung	
Privater Verbrauch	0,1
Staatsverbrauch	0,1
Bruttoanlageinvestition	0,1
davon	
Ausrüstung	0,1
Bauten	0,1
Lagerbildung	0,1
Ausfuhr	0,1
Einfuhr (./.)	0,3

1 Siehe Tabelle III. — 2 bis 4 siehe Tabelle V. — 5 Veränderungen in III/54 gegenüber III/53 und in II/59 gegenüber II/58. — 6 Veränderungen in III/51 gegenüber III/50, in III/56 gegen-

Tabelle VI

abweichungen[3] in „Wendepunkt-Quartalen"

des Booms (2 Quartale)[5]	Ende des Booms (3 Quartale)[6]	
Ohne Rücksicht auf Vorzeichen addiert		
in vH des letzten Ergebnisses[4]	Mrd. DM	in vH des letzten Ergebnisses[4]
0,4	0,3	0,8
1,2	0,1	3,0
0,2	0,2	1,0
0,5	0,2	1,3
1,2	0,0	0,8
0,9	0,2	1,3
0,7	0,1	0,5
1,5	0,5	5,7
2,4	0,1	1,3
4,6	0,5	12,6
7,1	0,3	4,0
4,3	0,5	6,1
.	0,0	0,5
0,3	0,0	0,2
1,6	0,3	9,2
0,6	0,2	1,4
1,5	0,1	0,5
1,3	0,2	1,7
16,4	0,6	35,9
0,7	0,1	1,5
2,0	0,0	0,2

über III/55 und in III/61 gegenüber III/60.

Richtung[1] der Veränderungs-

	in allen 44	
	+	0
Bruttosozialprodukt	20	12
nach:		
A. Entstehung		
Land- und Forstwirtschaft, Fischereiwesen	9	22
Übrige Güterproduktion	18	13
davon		
Bergbau, Energiewirtschaft, Verarbeitendes Gewerbe	17	11
Baugewerbe	12	23
Dienstleistungen	22	9
B. Einkommen		
Nettolöhne und -gehälter	17	19
Nettogewinne	18	5
davon		
verteilt	17	4
unverteilt	22	4
Übertragungen des Staates	16	15
Verfügbare Einkommen des Staates	18	9
Abschreibungen	19	18
C. Verwendung		
Privater Verbrauch	17	16
Staatsverbrauch	16	14
Bruttoanlageinvestition	27	8
davon		
Ausrüstung	12	9
Bauten	14	9
Lagerbildung	19	5
Ausfuhr	17	15
Einfuhr (./.)	13	24

1 Korrektur nach oben = +; keine Korrektur = 0; Korrektur nach unten (also Zunahme über-

Tabelle VII

Revisionen 1951 bis 1961

Quartalen[2]	in den Wendepunkt-Quartalen[3] 2 am Anfang eines Booms			3 am Ende eines Booms		
−	+	0	−	+	0	−
12	2	.	.	1	1	1
13	1	1	.	—	2	1
13	1	1	.	2	1	—
16	1	.	1	2	—	1
9	1	1	.	1	2	—
13	1	1	.	2	1	—
8	1	1	.	1	2	—
21	2	.	.	2	—	1
23	1	.	1	—	1	2
18	1	1	.	2	—	1
13	1	.	1	2	1	—
17	1	.	1	—	—	3
7	.	2	.	1	2	—
11	1	1	.	1	2	—
14	1	.	1	—	2	1
9	.	1	1	2	—	1
5	.	.	1	1	1	—
3	1	.	.	2	—	—
20	1	.	1	1	—	2
12	.	1	1	2	1	—
7	.	1	1	1	2	—

schätzt) = —. — [2] Gemäß Tabelle V. — [3] Gemäß Tabelle VI.

Wachstumsprobleme der USA

Ingeborg Köhler-Rieckenberg

Aus der Befürchtung heraus, daß die amerikanische Wirtschaft nach Kriegsende wieder in ihre für die dreißiger Jahre charakteristische Unterauslastung des Produktionsapparats zurückfallen könnte, wurde im Februar 1946 der „Employment Act" mit überwiegender Mehrheit vom Kongreß verabschiedet. Er übertrug der Regierung die Aufgabe, „maximale Beschäftigung, Produktion und Kaufkraft"[1] zu fördern und dabei „alle praktisch anwendbaren Mittel zu nutzen und alle Pläne, Aufgaben, Hilfsmittel so aufeinander abzustimmen und einzusetzen, daß Bedingungen geschaffen und erhalten werden, unter denen Möglichkeiten nützlicher Beschäftigung einschließlich selbständiger Beschäftigung für alle die geboten werden, die fähig und gewillt sind, zu arbeiten und die Arbeit suchen". Der Begriff „Wirtschaftswachstum" ist dem Beschäftigungsgesetz fremd. Jedoch ist eine wirtschaftliche Expansion die Voraussetzung dafür, daß in einer Wirtschaft mit einem wachsenden Arbeitskräftepotential maximale Beschäftigung realisiert wird. Der Produktivitätsfortschritt — bezogen auf die geleistete Arbeitsstunde — macht es ferner erforderlich, daß die jährliche Zuwachsrate der gesamtwirtschaftlichen Produktion die jährliche Zunahme des Arbeitsvolumens, das durch die Bevölkerung, die Erwerbsquote und die Wochenarbeitsstunden gegeben ist, im Ausmaß der Produktivitätssteigerung überschreitet. Somit verpflichtet der „Employment Act" die amerikanische Regierung, wenn auch nur mittelbar, für ein stetiges Wirtschaftswachstum zu sorgen. Stand in den ersten Nachkriegsjahren die Frage im Mittelpunkt, wie maximale Kaufkraft bei maximaler Beschäftigung und maximaler Produktion gewahrt bleiben könne, so schob sich Mitte der fünfziger Jahre die Frage, wie Vollbeschäftigung und Wirtschaftswachstum realisiert werden können, in den Vordergrund. Heute wird man nicht umhin können festzustellen, daß es der amerikanischen Regierung nicht gelungen ist, die im Beschäftigungsgesetz verankerten Ziele zu verwirklichen.

In den Jahren seit 1947 hat die amerikanische Wirtschaft vier Perioden wirtschaftlicher Rückschläge durchlaufen, die entweder zu einem absoluten Rückgang des Sozialprodukts führten oder zumindest eine Sta-

---

[1] Im Sinne einer durch außerökonomische Entscheidungen gesetzten „ökonomischen Wohlfahrt"

gnation brachten. Es waren dies die Jahre 1948/49, 1953/54, 1957/58 und 1960/61. Erschwerend ist dabei die Tatsache, daß die amerikanische Wirtschaft seit 1957, d. h. also seit nunmehr 6 Jahren, den Zustand voller Auslastung der Produktionsfaktoren — Kapazitäten und Arbeitskräfte — nicht mehr erreicht hat. Auch die Aufschwünge, die auf die konjunkturellen Rezessionen 1957/58 und 1960/61 folgten, führten nicht zu einer vollen Beschäftigung der Produktionsfaktoren.

Das die wirtschaftliche Konstellation der Vereinigten Staaten seit geraumer Zeit kennzeichnende Nachfragedefizit hatte unterschiedliche Ausmaße. So dürfte die Unterauslastung in den einzelnen Phasen zwischen 3 und 10 vH geschwankt haben. Die Wirtschaftsberichte des Präsidenten haben das Nachfragedefizit für die Jahre 1962 und 1963 auf 7 bis 8 vH geschätzt. Dabei ist unterstellt worden, daß bei entsprechender effektiver gesamtwirtschaftlicher Nachfrage das Sozialprodukt aus erhöhter Beschäftigung um 4 vH, aus erhöhter Arbeitszeit um etwa 1 vH und aus höheren Produktivitätsfortschritten um 3 vH hätte gesteigert werden können. Ein Nachfragedefizit bedingt aber nicht nur Ausfälle an Einkommen und Produktion, sondern auch Einbußen an Produktionspotential. Weder das Arbeitsangebot noch die Kapitalausstattung ist eine eindeutig gegebene Größe, beide variieren vielmehr mit der effektiven Nachfrage. Vor allem ist es nicht möglich, die Auswirkungen von Investitionsunterlassungen auf den Umfang des Produktionspotentials wettzumachen. Die tatsächlichen Wachstumsverluste in den Vereinigten Staaten dürften daher noch höher zu veranschlagen sein, als sie nach den Schätzungen in den Wirtschaftsberichten des Präsidenten erscheinen.

Ursachen der Unterbeschäftigung

Die Tatsache dieses Nachfragedefizits wird heute von keiner Seite mehr bestritten. Bei den Bemühungen, die Ursachen für dieses Nachfragedefizit aufzudecken, wird den einzelnen Faktoren unterschiedliche Bedeutung beigemessen. So hat man sich wieder der These von der säkularen Stagnation erinnert und diese für die Unterbeschäftigung verantwortlich zu machen gesucht. In der Tat wird man sagen können, daß eine Volkswirtschaft, die ihrer Bevölkerung einen so hohen Lebensstandard wie in den Vereinigten Staaten bieten kann, gewisse Nachteile in Kauf nehmen muß. Die weitgehende Ausstattung der amerikanischen Haushalte mit dauerhaften Konsumgütern z. B. läßt Nachfrage nach solchen Waren überwiegend in Form von Ersatzbeschaffungen auftreten. Solche Ersatzbeschaffungen können, ohne daß der Lebensstandard nachhaltig beeinträchtigt wird, ohne weiteres um ein oder zwei Jahre hinausgeschoben werden. Das heißt aber, daß in Zeiten wirtschaftlicher oder auch politischer Unsicherheit Nachfrage ausfällt, die benötigt wird, um die Produktionsfaktoren voll zu beschäftigen.

Zwar haben die amerikanischen privaten Haushalte im letzten Jahrzehnt ihre Ausgaben etwa im Ausmaß ihrer verfügbaren Einnahmen erhöht. Anzeichen für eine Verbrauchsmüdigkeit liegen also nicht vor; eine solche Verbrauchsmüdigkeit würde auch der Tatsache widersprechen, daß die Bedürfnisse der Menschen nicht begrenzt sind und daß allein auf Grund der Einkommensdifferenzierung weite Kreise der Bevölkerung den Lebensgewohnheiten der oberen Einkommensschichten immer nur mit Verzögerung zu folgen vermögen, u. a. sorgt auch der „demonstration effect" für eine Ausweitung der Nachfrage. Nachhaltige von der Verbrauchernachfrage ausgehende Wachstumsimpulse sind in einer Wohlstandswirtschaft allerdings weniger häufig als in einer Wirtschaft mit geringerem Lebensstandard, die sich etwa in der Phase der Motorisierung oder Elektrifizierung der Haushalte oder des Eigenheimbaus befindet.

Die unzureichende gesamtwirtschaftliche Nachfrageentfaltung der letzten Jahre in den Vereinigten Staaten läßt sich auch nicht auf das Verhalten der privaten Investoren zurückführen. Zwar erreichten die Ausgaben der privaten Wirtschaft für Anlageinvestitionen im Jahre 1962 in konstanten Preisen noch nicht einmal die Aufwendungen des Jahres 1956. Die Investitionsmüdigkeit muß jedoch im Zusammenhang mit der unbefriedigenden Gewinnsituation sowie den in den letzten Jahren überwiegend pessimistischen Absatz- und Gewinnerwartungen gesehen werden. Die unverteilten Gewinne der amerikanischen Aktiengesellschaften lagen bis einschließlich 1962 ausnahmslos z. T. beachtlich unter ihrem 1950 erreichten Stand. Angesichts einer solchen Gewinnentwicklung ist es verständlich, daß sich die Unternehmer weitgehend auf Investitionen beschränkt haben, die aus Konkurrenzgründen unerläßlich waren.

Häufig wird als Ursache der anhaltenden Arbeitslosigkeit die Automation angeführt. Wenn auch in wichtigen Industriezweigen der Produktionsprozeß heute durch die Automation geprägt ist, scheint es verfehlt, hierin die Erklärung für die hohe Arbeitslosigkeit suchen zu wollen. Zwar hat sich die Zahl der Lohn- und Gehaltsempfänger in der gesamten verarbeitenden Industrie von 1947 bis 1962 bei gleichzeitiger beachtlicher Steigerung der Produktion nur wenig erhöht, doch sind die erzielten Produktivitätsfortschritte (Produktion je Arbeitsstunde) im internationalen Vergleich eher niedrig zu nennen, erlauben es somit auch nicht, die Automation als den entscheidenden Faktor der Unterbeschäftigung anzusprechen. Kann man somit die unzureichende Expansion in den Vereinigten Staaten weder mit der säkularen Stagnation noch mit der Automation erklären, so hat die Unterbeschäftigung ihrerseits nicht verfehlt, die Haltung der sozialen Partner negativ zu beeinflussen. Investitionsmüdigkeit auf der einen und Bemühungen um Sicherung des Arbeitsplatzes auf der anderen Seite sind schlechte Voraussetzungen für eine Dynamisierung des Wirtschaftsprozesses.

Auch in den USA hat die öffentliche Hand in der Nachkriegszeit eine ständig an Bedeutung gewinnende Rolle im Wirtschaftsgeschehen gespielt. Eine Überprüfung der von den Ausgabe- und Einnahmeströmen und ihrem Zusammenwirken ausgehenden Einflüsse zeigt, daß das Haushaltsgebaren der öffentlichen Hand der amerikanischen Wirtschaft in den letzten Jahren nicht zum Vorteil gereicht hat. Nach 1947 beanspruchte die öffentliche Hand (öffentlicher Verbrauch und öffentliche Investitionen) nur 12 vH des Bruttosozialprodukts zu laufenden Preisen, 1962 waren es 21 vH. Jedoch haben die Ausgaben der amerikanischen Bundesregierung im Gegensatz zu den Aufwendungen der Staaten und Gemeinden in den letzten 15 Jahren eine kontinuierliche Entwicklung vermissen lassen. Aus ideologischen Erwägungen — noch immer steht die amerikanische Öffentlichkeit einer wirtschaftlichen Aktivität der öffentlichen Hand ablehnend gegenüber — hat sie bei Anzeichen einer konjunkturellen Abschwächung notwendig werdende Stützungsmaßnahmen verzögert und häufig bei den ersten Anzeichen einer Belebung wieder rückgängig gemacht. Ohne ein überproportionales Ansteigen der öffentlichen Ausgaben vermeiden zu können, hat sich die Regierung auf diese Weise um die stabilisierenden Wirkungen öffentlicher Ausgaben gebracht, ja wiederholt hat sie hierdurch in den Wirtschaftsablauf Ausschläge hineingetragen, die zu kompensieren der privaten Wirtschaft nicht gelungen ist und wohl auch nicht gelingen konnte.

Neben der den Wachstumserfordernissen wenig Rechnung tragenden Ausgabengebarung der öffentlichen Hand muß dem amerikanischen Steuersystem, d. h. der Steuerprogression, Bedeutung für die Unterbeschäftigung beigemessen werden. Während die steuerliche Belastung der persönlichen Einkommen mit 20 vH beginnt, erreicht sie in der Spitze 91 vH. Diese Progression führt in jeder Expansion zu beschleunigt steigenden Einnahmen der öffentlichen Hand. Im Verlauf der nominalen Einkommenssteigerung der letzten Jahre wurden immer größere Teile des persönlichen Einkommens von diesen hohen Progressionssätzen betroffen — die letzte lineare Senkung der Einkommensteuerbelastung wurde im Jahre 1954 verfügt. Der Kaufkraftentzug durch die öffentliche Hand lähmt die Auftriebskräfte, bevor sie überhaupt eine die Investitionsneigung anregende Kapazitätsauslastung ermöglicht haben. Im Zusammenhang mit der konservativen Ausgabengebarung der öffentlichen Hand hat dies in den letzten Jahren in zunehmendem Maße dazu geführt, daß sich Einnahmen und Ausgaben der öffentlichen Hand schon bei hoher Arbeitslosigkeit die Waage hielten. Geht man davon aus, daß die amerikanische Bundesregierung durch das Beschäftigungsgesetz verpflichtet wird, ausgleichend auf Schwankungen der privaten Nachfrage einzuwirken, so sollte ein Haushaltsausgleich mit einer spannungsfreien Expansion zusammenfallen. Mit anderen Worten: In Zeiten einer offensichtlichen Unterbeschäftigung dürfte weder ein Ausgleich der öffentlichen Einnahmen und Ausgaben und noch viel weniger ein Überschuß der Einnahmen über die Ausgaben erzielt werden. Gerade dies ist aber in jüngster Zeit in den Vereinigten Staaten häufig der Fall gewesen. 1957 war ein Ausgleich der Einnahmen und Ausgaben bei einer Unterauslastung des Arbeitspotentials von 5,3 vH zu verzeichnen. 1959 fiel ein annähernder Budgetausgleich mit einer Unterbeschäftigung von 6,6 vH zusammen. 1960 wurde ein Budgetüberschuß erzielt, obwohl 6,7 vH mehr Arbeitsstunden hätten geleistet werden können, ehe maximale Beschäftigung verwirklicht worden wäre. Einer sich auf 8,0 bzw. 6,7 vH beziffernden Unterbeschäftigung in 1961 und 1962 standen zwar Defizite im öffentlichen Haushalt gegenüber, deren Ausmaß aber zu gering war, um die Nachfragelücke überwinden zu helfen.

Stärkung der gesamtwirtschaftlichen Nachfrage durch finanzpolitische Maßnahmen

Die Tatsache, daß Mangel an Gesamtnachfrage ein ausreichendes Wachstum verhindert und eine wichtige Ursache dieses Mangels im öffentlichen Bereich liegt, läßt eine Änderung des Haushaltsgebarens der öffentlichen Hand und des Steuersystems als vordringlich erscheinen. Dabei genügt es zweifelsohne nicht, die volle Beschäftigung der Produktionsfaktoren vornehmlich durch vermehrte öffentliche Ausgaben erreichen zu wollen. Um zu verhindern, daß die zur Aufrechterhaltung des Expansionsprozesses benötigte private Kaufkraft immer wieder von der öffentlichen Hand abgeschöpft wird, würden ständig zusätzliche öffentliche Aufwendungen erforderlich werden, was zu einer ununterbrochen wachsenden Beanspruchung des Sozialprodukts durch die öffentliche Hand führen würde. Auch wenn man einmal davon absehen wollte, daß die öffentliche Meinung sich mit einer solchen Entwicklung nicht abfinden würde, dürfte dies kein gangbarer Weg sein. So ist denn auch die amerikanische Regierung bestrebt, der Wirtschaft durch den Abbau der steuerlichen Progression aus ihrer strukturellen Unterbeschäftigung herauszuhelfen. Die Gesetzesvorschläge sehen eine Senkung der steuerlichen Belastung in einer Größenordnung von — netto — 11,0 Mrd. $ vor, wobei die steuerlichen Erleichterungen vor allem den privaten Haushalten zugute kommen sollen.

Diese Steuerreformvorschläge sind heftiger Kritik von verschiedenen Seiten ausgesetzt gewesen. Grundsätzlich ist dagegen eingewandt worden, daß diese steuerliche Entlastung überwiegend dem Verbrauch zugute kommen werde, daß aber, wie die Vergangenheit gezeigt habe, in erster Linie doch die Investitionstätigkeit einer Anregung bedürfe. Dieser Einwand übersieht, daß eine von steigenden Investitionen bzw. öffentlichen Ausgaben ausgelöste Aufschwungsperiode infolge der wachsenden Belastung der Masseneinkommen, also einer Nachfragelücke im Verbrauchsbereich, immer wieder zum Erliegen gekommen ist. Auch die Tatsache, daß die Gewinne der Körperschaften nicht der Progression unterliegen, unterstreicht die Zweckmäßigkeit der von der Regierung vorgesehenen Steuererleichterungen. Daneben muß berücksichtigt werden, daß die bereits Mitte vorigen Jahres gewährten Erleichterungen — günstigere Abschreibungsbedingungen und Steuerrabatte bei Neuinvestitionen — der Wirtschaft Vorteile gebracht haben.

Grundsätzliche Einwände gegen das Steuerprogramm der Regierung werden zudem von allen finanzkonservativen Bevölkerungsgruppen erhoben, die einen ausgeglichenen öffentlichen Haushalt als Ausdruck solider Finanzgebarung fordern und sich gegen jede weitere Verschuldung der öffentlichen Hand ablehnend verhalten. Der Argumentation der Regierung, daß ein Haushaltsdefizit bei Unterbeschäftigung der Produktionsfaktoren nicht inflationär wirke, sondern nur die Nachfrage schaffe, die erlaube, Beschäftigung und Einkommen und auf diese Weise die Steuereinnahmen zu steigern, hat in den Vereinigten Staaten leider erst wenig Freunde unter den Abgeordneten und Senatoren zu gewinnen vermocht. So ist der Kampf um das Steuerprogramm der Regierung, das schon am 1. Juli 1963 in Kraft treten sollte, auch Ende 1963 noch nicht entschieden.

Die Arbeitslosigkeit erreichte 1962 und in den ersten neun Monaten des Jahres 1963 5,6 bzw. 5,7 vH. Eine Reduzierung der Arbeitslosenquote auf 4 vH, die die amerikanische Öffentlichkeit heute mit einer „reasonable" Vollbeschäftigung gleichsetzen würde, setzt die Eingliederung von 1,2 Millionen Menschen in den Produktionsprozeß voraus. Die Senkung der Arbeitslosenquote auf 3 vH, die langfristig wohl von den verantwortlichen Stellen in den Vereinigten Staaten erstrebt wird, würde die Beschäftigung weiterer 800 000 Arbeitskräfte erfordern. Bei annähernder Vollbeschäftigung muß zudem damit gerechnet werden, daß sich das Arbeitsangebot noch einmal um 800 000 Arbeitswillige (Rentner, Frauen, Studenten) erhöht. Insgesamt müßten also Arbeitsmöglichkeiten für annähernd 3 Millionen Menschen geschaffen werden.

Bei einem Investitionsaufwand je Arbeitsplatz von 10 000 $[2] errechnet sich ein zusätzlicher Investitionsaufwand von insgesamt 30 Mrd. $. Gemessen an dem Produktionspotential der Vereinigten Staaten stellen die für die Eingliederung der Arbeitslosen notwendigen Investitionen kein nachhaltiges Hindernis dar, immerhin machen sie aber mehr als 50 vH der gegenwärtigen Investitionsausgaben aus. Einer Eingliederung neuer Arbeitskräfte in den Produktionsprozeß steht jedoch eine weitere Schwierigkeit in der Tatsache entgegen, daß im Zuge der technischen Neuerungen der Bedarf an hochqualifizierten Arbeitskräften überproportional zunimmt, während die Arbeitsmöglichkeiten für angelernte und ungelernte Arbeitskräfte sowie für Landarbeiter kaum noch steigen bzw. sogar sinken, die Arbeitslosen aber überwiegend in der ungelernten Arbeiterschaft zu suchen sind.

Die Steuerreform ist eine notwendige, wenn auch vielleicht nicht ausreichende Bedingung für eine volle Nutzung des Arbeitspotentials. Jede weitere Verzögerung der Steuersenkungen aber und jede Beschränkung der vorgesehenen Erleichterungen werden zwangsläufig zu erhöhten Wachstumsverlusten und Potentialeinbußen der amerikanischen Wirtschaft führen.

---

[2] Im Bereich der privaten Wirtschaft

Grundfragen wirtschaftlichen Wachstums der Insel Mauritius

Horst Seidler

Die Insel Mauritius mit ihren zur Zeit 700 000 Einwohnern ist nur knapp 2000 km² groß. Sie hat damit eine Bevölkerungsdichte, wie sie nur in wenigen Entwicklungsländern anzutreffen ist (rd. 375 Einwohner je km²), ja selbst in den hochindustrialisierten und dichtbesiedelten Ländern Westeuropas nicht erreicht wird. Die Nachteile, die sich aus einer derart hohen Einwohnerdichte ergeben, werden allerdings zum größten Teil ausgeglichen durch recht günstige klimatische Bedingungen: Die Lage im Tropengürtel der Erde, auf etwa 20° südlicher Breite und fast 1000 km östlich der großen Nachbarinsel Madagaskar, sichert ihr eine ganzjährige Vegetationsperiode mit fast stets ausreichenden Niederschlägen; der Einfluß des Süd-Ost-Passats kommt außerdem gerade während der heißen Jahreszeit in einer Dämpfung der Höchsttemperaturen zum Ausdruck. Selbst im Januar, dem heißesten Monat, werden + 30° Celsius kaum überschritten. Zusammen mit dem im allgemeinen sehr fruchtbaren Boden vulkanischen Ursprungs sind damit die natürlichen Voraussetzungen für eine erfolgreiche landwirtschaftliche Tätigkeit des Menschen gegeben.

Diesen günstigen Bedingungen stehen nur zwei, allerdings gewichtige negative Faktoren gegenüber. Einmal ist die regionale Verteilung der Niederschläge ungleichmäßig. Die durchschnittliche jährliche Regenmenge ist im Westen und im Norden mit 1125 bzw. 1402 mm nur etwa halb so groß wie im Osten, im Zentrum oder im Süden. Große Teile des Landes sind daher noch heute ohne landwirtschaftliche Nutzung. Nur durch künstliche Bewässerung können weitere Böden nach und nach ertragreich gemacht werden. — Zum anderen ist dieser Teil der Erde besonders anfällig für tropische Wirbelstürme, dort Zyklone genannt; die schwersten dieser Stürme haben in der Vergangenheit bis zu 50 vH der Jahresernte vernichtet. Als widerstandsfähigste Pflanze hat sich noch das Zuckerrohr erwiesen. Nicht zuletzt darauf ist es zurückzuführen, daß alle anderen landwirtschaftlichen Produkte völlig in den Hintergrund treten und sich eine Zucker-Monokultur herausgebildet hat: Die Hälfte der Inselfläche ist landwirtschaftlich genutzt, davon werden wiederum über 90 vH mit Zuckerrohr bepflanzt.

Die wirtschaftlichen Auswirkungen der Zyklonschäden sind für Mauritius besonders schwerwiegend, da die Landwirtschaft und damit die Zuckerwirtschaft faktisch die einzige materielle Basis des Landes bildet. Einschließlich der Zuckerrohrverarbeitung zu Rohzucker beträgt in „normalen" Jahren der Anteil der Zuckerwirtschaft fast 40 vH des Bruttosozialprodukts zu Faktorkosten. Das übrige warenproduzierende Gewerbe (Kleinindustrien, Handwerksbetriebe) trägt demgegenüber nicht einmal 7 vH zum Sozialprodukt bei.

Ist durch diese einseitige Struktur der Wirtschaftstätigkeit das jährliche Einkommen der Bevölkerung Mauritius' schon im ungleich höheren Ausmaß als dasjenige der Länder mit einer ausgeglicheneren Wirtschaftsstruktur durch unbeeinflußbare klimatische Faktoren bedroht, so ist dazu in den Jahren seit dem zweiten Weltkrieg eine weitere, langfristig auf eine Eindämmung der Durchschnittseinkommen hinwirkende Gegebenheit getreten. Seit der Ausrottung der Malaria sind die Sterblichkeitsziffern auf einen mit westeuropäischen Verhältnissen vergleichbaren Stand gesunken; diesen niedrigen Sterbeziffern stehen jedoch außerordentlich hohe Geburtenraten gegenüber. Seit Jahren wächst daher die Bevölkerung des Landes um jährlich etwa 3 vH. Es entstand daraus die ernste Sorge, ob es möglich sein würde, in Zukunft das im Augenblick mit etwa 200 $ je Jahr noch vergleichsweise hohe Einkommen je Einwohner zu erhalten[1].

Angesichts der unregelmäßigen Entwicklung der Ernteergebnisse ist es zwar sehr schwierig, an Hand der Daten vergangener Jahre etwas Genaueres über den Trend des Produktionswachstums zu sagen. Zweifellos zeigt er nach oben, das durchschnittliche Jahreswachstum ist jedoch schwer zu beziffern. Es wird aber vermutet, daß die volkswirtschaftliche Wertschöpfung in den letzten Jahren nicht mehr so stark zugenommen hat wie die Bevölkerung, d. h. daß das Durchschnittseinkommen bereits fällt.

Zu diesem Ergebnis gelangte jedenfalls eine im Jahre 1959 nach Mauritius gerufene Kommission wirtschaftlicher Sachverständiger, die unter der Leitung von Professor J. E. Meade gestanden hat[2]. Die vom Gouver-

---

[1] Für andere Entwicklungsländer errechnen sich in den meisten Fällen wesentlich niedrigere Durchschnittsbeträge, so 70 bis 80 $ für Indien und nur 60 $ für Pakistan. In afrikanischen Ländern sind die rechnerischen Ergebnisse meistens noch geringer, aber selbst in einigen europäischen Ländern führen die zum geltenden Wechselkurs umgerechneten Werte des Sozialprodukts je Einwohner zu nicht wesentlich günstigeren Zahlen; so erreichen Spanien und Portugal nicht einmal 300 $.

[2] Report to the Government of Mauritius on the Economic and Social Structure of the Colony of Mauritius; Mauritius Legislative Council, Sessional Paper No. 7 of 1960.

Tabelle 1

Die Entstehung des Bruttosozialprodukts
1958 bis 1961[1]

	1958	1959	1960	1961	1958	1959	1960	1961
	In Millionen Rupien				in vH			
1. Land- u. Forstwirtschaft, Fischerei (einschl. Zuckerverarbeitung)	262	289	145	277	41.3	42.4	26.7	39.3
2. Bergbau, Steinbrüche	1	1	1	1	0.2	0.1	0.2	0.1
3. Produzierendes Gewerbe	44	44	48	50	6.9	6.5	8.9	7.1
4. Bauwirtschaft	32	34	35	50	5.1	5.0	6.5	7.1
5. Elektrizität, Gas, Wasser	11	12	12	14	1.7	1.8	2.2	2.0
6. Verkehrs- u. Nachrichtenwesen, Lagereigewerbe	72	79	73	83	11.4	11.6	13.5	11.8
7. Groß- u. Einzelhandel	68	65	67	73	10.7	9.5	12.4	10.3
8. Banken, Versicherungen, Grundstücksverkehr	12	12	13	14	1.9	1.8	2.4	2.0
9. Wohnungswesen	45	47	42	50	7.1	6.9	7.7	7.1
10. Öffentliche Verwaltung	24	27	27	27	3.8	4.0	5.0	3.8
11. Dienstleistungen	59	64	69	71	9.3	9.4	12.7	10.1
Brutto-Inlandsprodukt zu Faktorkosten	630	674	532	710	99.4	99.0	98.2	100.7
+ Einkommen aus dem Ausland	+ 4	+ 7	+ 10	— 5	0.6	1.0	1.8	./. 0.7
Brutto-Sozialprodukt zu Faktorkosten	634	681	542	705	100.0	100.0	100.0	100.0

1 Die Aufteilung des Sozialprodukts auf die einzelnen Wirtschaftsbereiche ist in dieser Tabelle gegenüber den offiziellen Daten verändert worden. Die Wertschöpfung der Zuckerfabriken wurde im Bereich 1 belassen; eine Herauslösung dieses Teils der Zuckererzeugung ist nur fiktiv möglich, da der agrarische und der industrielle Teil eigentumsmäßig und betriebswirtschaftlich häufig eine Einheit bilden und ein Marktpreis für das Ausgangsprodukt, das Zuckerrohr, nicht existiert. Weiterhin wurde der Wert der Verkehrsleistungen, der von anderen Bereichen als dem Verkehrswesen erbracht wird, als Wertschöpfung dieser Bereiche behandelt, und nicht, wie in der offiziellen Statistik, dem Verkehrswesen zugeschrieben (Befolgung des Unternehmungsprinzips).

neur der britischen Kolonie beauftragte Kommission hat in einer großangelegten Untersuchung die Wirtschaft Mauritius' analysiert und Vorschläge zur Stärkung der wirtschaftlichen Basis der Insel gemacht. Die Kommission hat jedoch nicht versucht, die Auswirkungen ihrer Vorschläge zu quantifizieren und damit selbst einen zahlenmäßig umrissenen Plan für die weitere Entwicklung der Insel vorzulegen. Die Vorstellungen, welche hinter den Vorschlägen gestanden haben, lassen sich allerdings aus den Ausführungen der Kommission klar herauslesen: Wenn alle Kräfte auf die Entfaltung neuer Aktivitäten im Lande gerichtet werden, sollte es möglich sein, den drohenden Rückgang des mauritianischen Durchschnittseinkommens aufzuhalten, d. h. ein reales Wachstum des gesamten Sozialprodukts im Ausmaß der Bevölkerungszunahme von 3 bis 3,5 vH jährlich zu sichern. Die Meade-Kommission empfiehlt dafür eine Diversifikation der landwirtschaftlichen Erzeugung, eine Verlagerung des Gewichts der Produktion vom Zucker hinweg zu anderen Produkten und die Errichtung einer Vielzahl kleiner Industrien, die neben der Landwirtschaft Beschäftigung und Einkommen auf der Insel schaffen sollen.

Bevölkerung und Erwerbstätige

Sollen in Zukunft Verschlechterungen im Lebensstandard der Einwohner Mauritius' verhindert werden, so ist die Forderung nach einem wenigstens gleichbleibenden Einkommen je Einwohner aber nicht ausreichend. Zu ihr muß zumindest noch die Forderung nach einer Aufrechterhaltung des bisherigen Beschäftigungsgrades in der Wirtschaft kommen, es muß also verlangt werden, daß — gleichbleibende Willigkeit zur Erwerbstätigkeit vorausgesetzt — auch die sogenannte gesamtwirtschaftliche Erwerbsquote gleichbleibt. Diese zweite Bedingung wird durch die Erfüllung der ersten nicht automatisch mit erfüllt, nämlich dann nicht, wenn sich das jährliche Produkt je Beschäftigten ebenfalls erhöht und die Zunahme der Bevölkerung auch zu einer Zunahme der im erwerbsfähigen Alter stehenden Bevölkerung führt.

Davon abgesehen, kann das Prinzip eines konstanten Einkommens je Einwohner auch im Lichte moderner Vorstellungen über die Ziele der Wirtschaftspolitik in Entwicklungsländern nicht befriedigen. Eine diesen Erfordernissen Rechnung tragende Wirtschaftspolitik sollte zu einer Verminderung der zwischen Entwicklungsländern und Industrieländern bestehenden Kluft beitragen, und der Trend der durchschnittlichen Einkommen in den wirtschaftlich fortgeschrittenen Ländern der Erde weist aufwärts. Stillstand in den Entwicklungsländern bedeutet damit schon relativen Abfall.

Tabelle 2

Die voraussichtliche Entwicklung der Bevölkerung von Mauritius nach wichtigen Altersgruppen 1963 - 1973

Jahr Zeitraum	Männliche Bevölkerung im Alter von ... Jahren unter 15	15 - 64	65 u. älter	Männliche Bevölkerung Gesamt	Weibliche Bevölkerung im Alter von ... Jahren unter 15	15 - 64	65 u. älter	Weibliche Bevölkerung Gesamt	Gesamtbevölkerung im Alter von ... Jahren unter 15	15 - 64	65 u. älter	Gesamtbevölkerung Gesamt
1963	155 025	187 760	8 105	350 890	151 315	179 975	12 300	343 590	306 340	367 735	20 405	694 480
1968	178 195	218 695	9 300	406 190	173 770	211 295	13 305	398 370	351 965	429 990	22 605	804 560
1973	209 470	255 650	10 950	476 070	204 140	248 315	15 005	467 460	413 610	503 965	25 955	943 530
					in vH							
1963	44,2	53,5	2,3	100	44,0	52,4	3,6	100	44,1	53,0	2,9	100
1968	43,9	53,8	2,3	100	43,6	53,1	3,3	100	43,7	53,5	2,8	100
1973	44,0	53,7	2,3	100	43,7	53,1	3,2	100	43,8	53,4	2,8	100
					1963 = 100							
1968	115	116	115	116	115	117	108	116	115	117	111	116
1973	135	136	135	136	135	138	122	136	135	137	127	136
					Zunahme in jeweils 5 Jahren							
1963/68	23 170	30 935	1 195	55 300	22 455	31 320	1 005	54 780	45 625	62 255	2 200	110 080
1968/73	31 275	36 955	1 650	69 880	30 370	37 020	1 700	69 090	61 645	73 975	3 350	138 970
					Durchschnittliche jährliche Zuwachsrate in vH							
1963/68	2,83	3,10	3,02	2,97	2,81	3,26	1,58	3,00	2,82	3,18	2,07	2,99
1968/73	3,29	3,17	3,32	3,23	3,28	3,28	2,43	3,25	3,28	3,23	2,80	3,24

Die Bevölkerungsprojektion[3], an Hand derer die Mindestanforderungen an die wirtschaftliche Entwicklung klarer herausgestellt werden können, wurde für die Jahrfünfte 1963 bis 1968 und 1968 bis 1973 vorgenommen. Es wurde dabei mit einer verlangsamt weiter sinkenden Sterblichkeit und insgesamt sich noch etwas erhöhenden altersspezifischen Fruchtbarkeitsziffern gerechnet. Der Realitätsgehalt dieser Ansätze ist selbstverständlich eingehend geprüft worden. Folgt man ihnen, so muß mit einer weiterhin stark und sogar noch leicht beschleunigt steigenden Bevölkerung gerechnet werden. Der Anteil der im erwerbsfähigen Alter von 15 bis 64 Jahren stehenden Bevölkerung, der gegenwärtig etwa 53 vH beträgt, wird dabei noch leicht zunehmen. Insgesamt werden in zehn Jahren, 1973, mehr als 500 000 Menschen in Mauritius im erwerbsfähigen Alter stehen, rd. 135 000 mehr als gegenwärtig. Im Jahrfünft 1963 bis 1968 wird die Zunahme 62 000 betragen.

Über die Zahl der in der Gegenwart tatsächlich Erwerbstätigen sind die statistischen Angaben nur unvollständig. Selbst die Zahl der abhängigen Beschäfigten ist nicht genau bekannt, schwerer noch ist die Zahl der Selbständigen und der mithelfenden Familienangehörigen zu schätzen. Die für diese Gruppe auch in Ländern mit einer weitentwickelten Statistik bestehenden Erfassungsschwierigkeiten fallen in einem Entwicklungsland aber weitaus stärker ins Gewicht, da der Anteil der Selbständigen und Mithelfenden dort wesentlich höher ist als in weiterentwickelten Ländern[4]. Die Beurteilung der Beschäftigungssituation ist außerdem durch die mit dem Rhythmus der landwirtschaftlichen Produktion verbundene saisonale Fluktuation erschwert. Die Grundlagen für eine Vorausschau auf die zukünftige potentielle Beschäftigungsentwicklung, auf das Arbeitsangebot, müssen also weitgehend geschätzt werden. Eine Zusammenfassung der bekannten Daten über die Zahl der Unselbständigen und der Ableitungen, die sich aus der Zahl der selbständigen Existenzen in der Landwirtschaft und in der gewerblichen Wirtschaft ergeben, führt zur Annahme einer gegenwärtig wirtschaftlich aktiven Bevölkerung von etwa 210 000 Menschen, d. h. von 56 vH der im arbeitsfähigen Alter stehenden oder von etwa 30 vH der gesamten Be-

---

[3] Der Verfasser darf Theda Bolle, Deutsches Institut für Wirtschaftsforschung, Berlin, herzlich danken, daß sie diese Bevölkerungsvorausschätzung von Mauritius vorgenommen hat. Die Ergebnisse der Projektion stimmen weitgehend mit derjenigen von Edith Adams im Titmuss-Report (Social Policies and Population Growth in Mauritius. Report by Richard M. Titmuss and Brian Abel-Smith, assisted by Tony Lynes; Mauritius Legislative Council, Sessional Paper No. 6 of 1960) überein.

[4] Bessere Information über die Zahl der Beschäftigten darf von den Ergebnissen der im Jahre 1962 durchgeführten Bevölkerungszählung erhofft werden. Diese liegen indessen gegenwärtig noch nicht vor.

völkerung[5]. Daneben besteht bereits heute eine Arbeitslosigkeit nicht genauer bekannten Umfangs. Die aus der Statistik der gewährten öffentlichen Unterstützungen bekannten Arbeitslosenzahlen von etwa 2000 umfassen bei weitem nicht die gesamte Arbeitslosigkeit, denn ein versicherungsrechtlicher Anspruch auf Arbeitslosenunterstützung besteht nicht; Hilfen werden nur auf Grund einer strengen Prüfung der Bedürftigkeit gewährt. Oft ist es leichter, eine öffentliche Unterstützungszahlung auf dem Wege einer Krankenunterstützung zu erhalten. Es wird daher angenommen, daß eine Arbeitslosenzahl von etwa 10 000 nicht übertrieben ist.

Überträgt man die obengenannten Prozentsätze der Erwerbstätigkeit auf die künftigen Bevölkerungsdaten, so ergibt sich eine Zunahme des Arbeitsangebots bis 1968 um rd. 30 000, bis 1973 um weitere 40 000. Die Absorption dieses kommenden neuen Arbeitsangebots und die Beseitigung der bestehenden Arbeitslosigkeit würde demnach in den beiden kommenden Jahrfünften unter Hinzurechnung der gegenwärtig bestehenden Arbeitslosigkeit die Neuschaffung von jeweils 40 000 Arbeitsplätzen erforderlich machen. Dabei bleibt unberücksichtigt, daß sich im Laufe der Zeit als weiterer Faktor eine Veränderung der bisherigen Erwerbsgewohnheiten bemerkbar machen kann. Insbesondere ist heute die Erwerbstätigkeit der Frauen noch vergleichsweise gering. Eine Hinwendung zu den in wirtschaftlich höher entwickelten Ländern bestehenden Verhältnissen würde also zu einem über die genannten Zahlen hinausgehenden Arbeitsangebot führen.

Die Tendenzen der bisherigen Wirtschaftspolitik

Die Notwendigkeit schnelleren Wirtschaftswachstums in Mauritius ist nicht erst jetzt erkannt worden. Die aufkommenden Probleme werden vielmehr schon seit Jahren mit Sorge beobachtet, und etwa 1957 wurde ein „Economic Planning Committee" gebildet, das sich aus Fachministern oder gleichrangigen Kolonialbeamten zusammensetzt. Es setzte sich die Aufgabe, die staatliche Aktivität auf dem Gebiet der Wirtschaftsentwicklung längerfristig im voraus zu planen, d. h. ein Programm zu entwickeln und durchzuführen, das Mauritius den Übergang von einer im ganzen stationären Wirtschaft zu ausreichendem Wirtschaftswachstum ermöglichen sollte. Dieses zum 1. 7. 1957 in Kraft gesetzte Programm (A Plan for Mauritius) wurde indessen durch die verheerenden Aus-

[5] Eine zusammenfassende Schätzung der Beschäftigung liegt bisher nur für den März 1958, einen Monat mit saisonal niedriger Beschäftigung, mit 174 000 vor. Vgl. R. W. Luce, Report on Employment, Unemployment and Underemployment in the Colony in 1958, Sessional Paper No. 7 of 1958.

wirkungen zweier Zyklone um die Jahreswende 1959/1960 zum Erliegen gebracht. Plötzlich stellten sich Aufgaben des Wiederaufbaus von Wohnhäusern, Schulen, Krankenhäusern usw., an die früher gar nicht gedacht werden konnte, und das bei gleichzeitig geschwächter Ertragskraft der Wirtschaft. Als Konsequenz schuf das Economic Planning Committee das „Reconstruction and Development Programme 1960—1965", nach welchem gegenwärtig die staatliche Investitionspolitik ausgerichtet ist. Zwar wurde auch dieses im Jahre 1962 durch einen so kurzfristig nicht wieder erwarteten Zyklon beeinträchtigt, so daß am Gesamtvorhaben einige Abstriche gemacht werden mußten; in seinem Niveau und seinen Einzelmaßnahmen ist es jedoch im wesentlichen unverändert geblieben. Es schließt für die Periode 1960 bis 1965 mit einer Gesamtsumme staatlicher oder staatlich direkt beeinflußter Investitionen von 342 Mill. Rupien[6], d. h. knapp 70 Mill. Rupien im Jahresdurchschnitt. Das gegenwärtige Gesamtvolumen der volkswirtschaftlichen Bruttoinvestitionen beträgt dagegen etwa 140 Mill. Rupien, von denen ungefähr 50 Mill. als im Rahmen des Aufbau- und Entwicklungsprogramms geleistete Aufwendungen anzusehen sind.

Das Programm ist somit nicht umfassend. Es bleibt offen, welche Vorstellungen bei der Aufstellung dieses Plans über die Investitionsentwicklung in den übrigen wirtschaftlichen Bereichen bestanden haben. Daher ist der gesamtwirtschaftliche Effekt, den es im Falle einer planmäßigen Durchführung haben würde, nicht leicht zu übersehen. Vieles spricht indessen dafür, daß das Programm als Ergänzung einer sich im ganzen wenig verändernden Investitionstätigkeit in der privaten Wirtschaft anzusehen ist. Die private Wirtschaft hat durch die kurz hintereinander aufgetretenen Zyklone schwere Schäden davongetragen. Sie ist daher in ihrer Ertragskraft geschwächt und somit gegenwärtig kaum in der Lage, die jährlichen Investitionen ansehnlich zu erhöhen. Im Gegenteil war eine kräftige Zunahme der Verschuldung zu beobachten, deren Abtragung als dringend empfunden wird. Daneben soll aber das Investitionsprogramm der Regierung zu einem nicht geringen Teil durch eine Erhöhung der inneren Verschuldung des Staates bestritten werden. Die vorgesehenen laufenden Ersparnisse des Staates (aus den laufenden Einnahmen) sind verhältnismäßig klein. Neben den einkalkulierten äußeren Hilfen, vornehmlich aus Großbritannien, kann die Finanzierung des Programms nur gelingen, wenn ein erheblicher Teil der Gewinne der privaten Wirtschaft dem Staat als Anleihe überlassen wird.

Eine größere Dynamik des Wirtschaftsgeschehens müßte daher in erster Linie von den wachsenden staatlichen Investitionen ausgehen. Die pri-

---

[6] Eine Rupie entspricht 0,84 DM.

vaten Investitionen werden in ihrer augenblicklichen Höhe nur wenig zur Milderung des Beschäftigungsproblems beitragen können. Sie fließen zum größten Teil in Bereiche, in denen der Beschäftigungseffekt von Investitionen klein ist, oder sie sind Re-Investitionen, bei denen eher ein Substitutionseffekt als ein Beschäftigungseffekt angenommen werden kann.

Betrachtet man unter diesem Aspekt die von dem staatlichen Investitionsprogramm zu erhoffenden Wirkungen, d. h. die Zahl der (ohne Berücksichtigung der Induktionseffekte) neuen Arbeitsplätze, wird man keine zu großen Erwartungen haben dürfen. Im Vordergrund des Programms stehen Vorhaben des Wohnungsbaus, der Wasserwirtschaft und Kanalisation, des Straßenbaus, der Elektrizitätswirtschaft u. a., alles Maßnahmen, die heute mit der Bezeichnung „Ausbau der Infrastruktur" bedacht werden und in denen die Kosten eines neuen Arbeitsplatzes außerordentlich hoch sind. Im wesentlichen dürfte aus dem Gesamtprogramm nur ein Betrag von etwa 50 Mill. Rupien, der über das Bankensystem als Investitionshilfe an private Investoren fließen oder der Landwirtschaft direkt zur Verfügung stehen soll, einen merklichen langfristigen Beschäftigungseffekt haben. So kann angenommen werden, daß die direkten Resultate des Programms in der Schaffung von (im besten Falle) 8000—10 000 neuen Arbeitsplätzen bestehen werden. Daneben können während der Laufzeit des Programms für die Ausführung der Bauvorhaben selbstverständlich noch eine nicht unerhebliche Zahl von Arbeitskräften z. B. in der Bauwirtschaft beschäftigt werden. Beides zusammen wird jedoch nicht ausreichen, das künftige Mehrangebot an Arbeitskräften aufzunehmen, besonders da nun schon die Hälfte der Laufzeit dieses Programms verstrichen ist und über die Hälfte der veranschlagten Mittel ausgegeben worden sind, die Schätzung des künftigen Arbeitsangebots aber vom Jahre 1963 ausging, in dessen Beschäftigungsniveau schon ein Teil der primären und induzierten Beschäftigungseffekte des Investitionsplans zu finden sind.

Damit sind selbstverständlich nicht alle Wirkungen des Investitionsprogramms erwähnt und gewürdigt worden. Ausbau der Infrastruktur, die Schaffung neuen und besseren Wohnraums sind für die Erhöhung der wirtschaftlichen Leistungsfähigkeit der Menschen und ihrer Wirtschaft unentbehrlich, sie sind Bedingung jeden weiteren Fortschritts. Sie allein reichen aber auch nicht aus, die wirtschaftlichen und sozialen Probleme eines Landes wie Mauritius zu lösen.

Die künftigen Möglichkeiten

In welche Richtung die künftige Entwicklung gehen sollte und wie ein Programm aussehen müßte, mit Hilfe dessen der Wirtschaftsablauf in die richtigen Bahnen gelenkt werden könnte, das kann an dieser Stelle nur skizzenhaft angedeutet werden. Für exakte ökonometrische Berechnungen fehlen auf alle Fälle adäquate statistische Unterlagen, so daß eine Gesamtprogrammierung zur Zeit immer nur pauschal möglich ist.

Ziel einer solchen Wirtschaftsplanung müßte sein, denjenigen Wachstumspfad zu bestimmen, bei dessen Befolgung sowohl die Mindestanforderungen an das durchschnittliche Einkommensniveau als auch ein ausreichend hohes Beschäftigungsvolumen gewährleistet werden. Nach dem weiter vorn Ausgeführten zeigte sich, daß der dominierende beider Faktoren die Forderung nach „Vollbeschäftigung" sein wird. Von der

Tabelle 3

Daten zur Zuckerwirtschaft Mauritius'

Jahr	Produktion von Zuckerrohr	Produktion von Rohzucker	Flächenerträge bei Zuckerrohr		
			Plantagen	Pflanzer	Insgesamt
	in Mill. t	in Mill. t	in t per Arpent[1]		
1950	3 720	457	30,9	15,7	24,6
1956	4 421	573	32,0	21,0	26,3
1957	4 344	562	32,2	19,1	25,6
1958	4 329	526	30,5	19,1	24,5
1959	4 743	580	32,5	20,5	25,9
1960	2 394	236	15,3	10,4	12,9
1961	4 943	553	32,2	20,8	26,5
1962	4 624	533	28,0	19,7	23,9

[1] 1 Arpent = 0,42 ha.

Richtung des Einsatzes der neu in Beschäftigung kommenden Arbeitskräfte wird dann letztlich die anzustrebende gesamtwirtschaftliche Fortschrittsrate (oder, falls ein solcher Wachstumspfad sich z. B. wegen Kapitalmangels als unerreichbar erweist, eine erreichbare, niedrigere Rate) bestimmt werden.

Erfahrung und technisches Wissen der mauritianischen Bevölkerung konzentrieren sich zur Zeit fast ganz auf die Landwirtschaft und hier die Zuckerwirtschaft. Dies führt dazu, daß — noch sichtbarer als in den Sozialproduktsdaten — die Zuckerwirtschaft die gesamten Exporte des Landes (mit Ausnahme der Teewirtschaft mit einem Anteil von rd. 1 vH) bestreitet. Auf der anderen Seite wird ein hoher Anteil der für die Versorgung der Bevölkerung notwendigen Nahrungsmittel eingeführt. Ein Drittel (rd. 110 Mill. Rupien) der gesamten Einfuhren besteht aus Nahrungs- und Genußmitteln einschließlich tierischer und pflanzlicher Fette.

Eine Ausdehnung der landwirtschaftlichen Erzeugung in Richtung einer höheren Selbstversorgung könnte daher zur Mehrung des Volkseinkommens und zur Entlastung der Handelsbilanz (bzw. zur Freistellung von Mitteln für entwicklungsnotwendige Einfuhren) beitragen.

Möglichkeiten hierzu sind gegeben. Schrittweise kann die landwirtschaftliche Nutzfläche ausgedehnt werden, obwohl die hierfür insgesamt noch in Frage kommenden Reserven doch gering sind. Stärkere Möglichkeiten liegen in einer intensivierten Nutzung der bereits unter Kultur stehenden Flächen. Im Zuckerrohranbau sind die Erträge je Flächeneinheit bei großen und kleinen Betrieben sehr unterschiedlich. Die kleineren Pflanzer erzielen im Durchschnitt nur etwa zwei Drittel des spezifischen Ertrages der großen Plantagen. Bessere Methoden der Feldbearbeitung, der Pflanzenpflege und Düngung könnten zum Ausgleich dieser Unterschiede beitragen[7]. Auch die Teewirtschaft ist entwicklungsfähig, ihr gelten bereits erhebliche staatliche Bemühungen. Nimmt man dazu die bestehende Möglichkeit zum Zwischenfruchtbau (dem Anbau von Nahrungsmittelpflanzen auf den Zuckerrohrfeldern im Anschluß an die Zuckerrohrernte), die Entwicklungschancen in der Viehwirtschaft und besonders in der Fischerei (Mauritius ist eine fischimportierende Insel!), so ergibt sich allein von hier aus die Möglichkeit, Sozialproduktssteigerungen zu erreichen, die etwa in der Größenordnung des Bevölkerungswachstums liegen: Die im Meade-Report gestellte Forderung nach Aufrechterhaltung des gegebenen Einkommens je Einwohner könnte ohne allzu großen zusätzlichen Aufwand bereits mit solchen „traditionellen" Maßnahmen erfüllt werden.

Ein Sich-Bescheiden mit diesem Resultat würde allerdings das Beschäftigungsproblem weitgehend ungelöst lassen. Viele dieser Aufgaben können mit den bereits beschäftigten Arbeitskräften bewältigt werden; allenfalls wäre eine Angleichung von saisonalen Hochs und Tiefs zu erwarten.

Greift man zurück auf die früher genannten Daten des Arbeitsangebots in den kommenden Jahrfünften (Wachstum in 5 Jahren um etwa 40 000 Menschen) und hält dagegen die Beschäftigungseffekte des laufenden staatlichen Investitionsprogramms (unter der Annahme von dessen Fortführung auch über das Jahr 1965 hinaus) und die — geringeren — Wirkungen der für den landwirtschaftlichen Bereich erwähnten Maßnahmen, so ergibt sich ein noch zu absorbierendes Arbeitsangebot von jährlich wenigstens 4000—5000 Menschen.

---

7 Die Bodenfluktuation vom Kleinbetrieb zum Großbetrieb ist gering, so daß eine Tendenz zum größeren Betrieb, die zu einer Erhöhung der spezifischen Erträge führen könnte, kaum erkennbar ist.

Da andere „natürliche" Voraussetzungen für die Entwicklung neuer wirtschaftlicher Aktivität fehlen (etwa Bodenschätze für die Errichtung von Bergbaubetrieben), liegt der einzige Ausweg im Aufbau einer verarbeitenden Industrie. Eine Beschäftigung der wachsenden Zahl an Arbeitskräften ist nicht mehr allein in den gewohnten Wirtschaftsbereichen möglich. Mauritius unterscheidet sich damit von vielen anderen Entwicklungsländern, die wesentlich dünner besiedelt sind und in denen daher ein derart drückender Zwang zur Industrialisierung nicht vorliegt. Leitbild für die künftige wirtschaftliche Entwicklung können daher nicht diese Länder sein, sondern allenfalls Gebiete wie Hongkong oder Singapur, die heute — bei einer noch ungleich höheren Besiedlungsdichte — allein auf der Grundlage einer entwickelten verarbeitenden Industrie lebensfähig sind.

Überlegungen, den sich aus dem Bevölkerungswachstum ergebenden Problemen anders als durch diesen „Sprung nach vorn" auszuweichen, sollen hier nur erwähnt werden. Es sind dies Geburtenkontrolle und Auswanderung. Beide Maßnahmen können keine merkliche Entlastung vom Bevölkerungsdruck und seinen Auswirkungen bringen. Eine Auswanderungsbewegung großen Stils wird an mangelnder Aufnahmebereitschaft der näheren Nachbarländer scheitern, eine Abwanderung in entfernt gelegene Gebiete würde aber so teuer sein, daß die Schaffung von Arbeitsplätzen auf der Insel selbst, mit all den damit verbundenen Vorteilen rentabler erscheint. — Maßnahmen zur Geburtenkontrolle werden aber den vom Arbeitsangebot ausgehenden Druck in absehbarer Zeit nicht mildern können. Alle in den nächsten 15 Jahren Arbeitsuchenden sind bereits geboren, so daß selbst eine erfolgreiche Geburtenregelung nur langfristig entlastend wirken kann. Sie sollte deshalb nicht etwa unterlassen werden, die brennenden gegenwärtigen Probleme sind jedoch nur anders zu lösen.

Der künftige Wachstumspfad

Für die Industrien, die sich für den Standort Mauritius' besonders eignen, fehlen im Lande bisher fast alle Vorbilder. Die äußeren Bedingungen — Kapitalknappheit, Abhängigkeit von Rohstoffeinfuhren bei weiten Transportentfernungen — geben jedoch Anhaltspunkte für die von diesen Industrien zu fordernden Charakteristika. Sie sollten einen geringen Kapitalbedarf je Beschäftigten, einen geringen Kapitalbedarf je Output-Einheit, einen niedrigen spezifischen Energieverbrauch haben und nicht sehr materialintensiv sein.

Aus Untersuchungen, die im Deutschen Institut für Wirtschaftsforschung über Investitionen, Anlagevermögen und Beschäftigung in der Industrie der Bundesrepublik Deutschland durchgeführt worden sind, lassen sich die für die deutschen Industriezweige typischen Koeffizienten ableiten[8]. Am meisten entsprechen diesen Bedingungen die in den Gruppen der Investitionsgüterindustrien und der Verbrauchsgüterindustrien zusammengefaßten Zweige. (Viele der in der Gruppe der Investitionsgüterindustrien enthaltenen Betriebe produzieren ebenfalls vorwiegend Verbrauchsgüter.) In den Grundstoffindustrien und in den Nahrungs- und Genußmittelindustrien sind die Koeffizienten im allgemeinen wesentlich höher und damit ungünstiger. Dieses Resultat kann aber nicht bedeuten, daß beide letztgenannten industriellen Typen grundsätzlich außer Frage stehen. Soweit sie z. B. für die Verarbeitung von im Inland erzeugten Nahrungsmitteln aufgebaut werden, sind Betriebe der Nahrungs- und Genußmittelindustrie durchaus sinnvoll. Die für diese Betriebe geltenden Relationen — hoher Kapitalbedarf je Arbeitsplatz und je Output-Einheit, hohe Produktion je Beschäftigten — lassen von dieser Gruppe aber keinen wesentlichen Beitrag zur Lösung des Beschäftigungsproblems erwarten.

Im allgemeinen wird man — angelehnt an die Rechenergebnisse für die deutschen Investitionsgüterindustrien — mit folgenden Richtwerten der Koeffizienten rechnen dürfen[9]:

Kapitalbedarf je Arbeitsplatz (Kapitalintensität)	10 000 Rupien
Netto-Output je Kapitaleinheit	0,9 Rupien

Industrien mit diesen Koeffizienten entsprechen im allgemeinen auch den übrigen genannten Forderungen: niedriger spezifischer Energieverbrauch und Materialeinsatz. Aus diesen Daten lassen sich die Umrisse eines Investitionsprogramms ableiten: Für zusätzlich zu schaffende 20 000—25 000 Arbeitsplätze in der verarbeitenden Industrie wären zusätzlich Brutto-Anlageinvestitionen in Höhe von 200 bis 250 Mill. Rupien in den nächsten 5 Jahren erforderlich, jährlich also 40 bis 50 Millionen. Mit den damit neu geschaffenen Betrieben kann ein jährlicher Netto-Mehroutput von 35 bis 45 Mill. Rupien (Kapitalkoeffizient 0,9) erzielt werden.

---

8 Vgl. Rolf Krengel, Anlagevermögen, Produktion und Beschäftigung der Industrie im Gebiet der Bundesrepublik von 1924 bis 1956; Sonderhefte des Deutschen Instituts für Wirtschaftsforschung, N. F., Nr. 42, Berlin 1958.

9 Internationale Vergleiche zeigen, daß diese Kennziffern in verschiedenen Ländern eine ähnliche Größe haben, so daß ihre Übertragung auf Mauritius zu keiner allzu großen Fehlschätzung führen dürfte.

Für die Aufstellung eines stark vereinfachten Wachstumsmodells, das alle bisher genannten Voraussetzungen einschließt (d. h. jährliches Wachstum des Bruttosozialprodukts bei Mobilisierung der in den „traditionellen" Bereichen liegenden Wachstumsreserven von etwa 3 vH bei gleichbleibender Quote der Brutto-Anlageinvestitionen am Sozialprodukt plus zusätzliches industrielles Investitionsprogramm in einer Größe, das auf längere Sicht Arbeitsplätze für das gesamte Arbeitsangebot gewährleistet) wurde das Jahr 1963 als Ausgangsjahr gewählt. Zwar gibt es für dieses Jahr noch keine offizielle Sozialproduktsrechnung (es ist zum Zeitpunkt, zu dem dieser Aufsatz geschrieben wird, noch nicht einmal abgelaufen). Die Daten der drei vorhergehenden Jahre sind jedoch sämtlich durch außergewöhnliche klimatische Ereignisse beeinflußt worden; das letzte „Normaljahr" ist in Mauritius 1959 gewesen. Die möglichen Ergebnisse des Jahres 1963 können jedoch an Hand des bisher Bekannten mit mindestens der gleichen Zuverlässigkeit geschätzt werden, mit der eine Bereinigung der Daten früherer Jahre von den ihnen anhaftenden Irregularitäten möglich wäre, und zudem hat 1963 den Vorteil, gegenwartsnah zu sein.

Das Bruttosozialprodukt (zu Marktpreisen) für 1963 kann vorläufig auf etwa 900 Mill. Rupien geschätzt werden. Es würde bis 1968 unter der Voraussetzung eines Wachstums von nur 3 vH jährlich auf rd. 1050 Mill. Rupien steigen, das Einkommen je Einwohner würde dabei konstant bei rd. 1300 Rupien bleiben. Die Bruttoanlageinvestitionen würden bei etwa 19 vH des Bruttosozialprodukts verharren[10].

Durch ein zusätzliches industrielles Entwicklungsprogramm im oben umrissenen Umfang müßten im ganzen 200—250 Mill. Rupien aufgebracht werden. Ihr Netto-Produktionseffekt wäre mit etwa 200 Mill. zu beziffern, um die das Sozialprodukt des Jahres 1968 größer wäre, als ohne dieses Programm. Die durchschnittliche jährliche Zuwachsrate des Sozialprodukts würde sich auf 7 vH erhöhen, die der Investitionen würde 10 vH betragen, aber auch für die übrigen Verwendungsbereiche des Sozialprodukts (öffentlicher und privater Verbrauch, Vorratsbildung, Außenbeitrag) ergäbe sich insgesamt ein mögliches Wachstum von jährlich 6 vH. Die Investitionsquote würde sich von 19 vH auf etwa 22 vH erhöhen.

---

[10] Die hohen Zuckerpreise, die in diesem Jahr auf dem Weltmarkt gezahlt werden, haben die Ertragssituation der Zuckerproduzenten beträchtlich verbessert. Falls dieser hohe Stand längere Zeit erhalten bleibt, könnten Rückwirkungen in Form höherer Investitionen und besserer Anbaumethoden auch bei den kleinen Pflanzern eintreten. Dies soll hier außer acht gelassen werden.

Tabelle 4

Modell der Wirtschaftsentwicklung in Mauritius
1963 bis 1968

	Einheit	1963 [1]	1968		Jährlicher Zuwachs 1968/1963 in vH	
			A [2]	B [3]	A	B
Einwohner	1000 Pers.	700	805	805	3	3
Beschäftigte	1000 Pers.	210	225	250	1,5	3,5
Bruttosozialprodukt zu Marktpreisen	Mill. Rp.	900	1050	1250	3	7
Brutto-Anlageinvestition	Mill. Rp.	170	200	270	3,5	9,5
Verbrauch, Vorratsbildung, Außenbeitrag[4]	Mill. Rp.	730	850	980	3	6
Investitionsquote[5]	vH	19	19	21,5	·	·
Bruttosozialprodukt je Einwohner	Rupien	1290	1300	1550	0,5	4
Bruttosozialprodukt je Beschäftigten[6]	Rupien	4280	4670	5000	2	3

1 Schätzung. — 2 Ergebnisse bei weiterer Entwicklung in den bisherigen Bahnen; das jährliche Sozialprodukt wächst um rd. 3 vH. — 3 Ergebnisse im Falle einer Industrialisierung, mit der das Überangebot an Arbeitskräften Beschäftigung findet. — 4 Bruttosozialprodukt abzüglich Brutto-Anlageinvestition. — 5 Brutto-Anlageinvestition in vH des Bruttosozialprodukts. — 6 Gesamtwirtschaftliche Produktivität.

Es wird weiteren Untersuchungen vorbehalten bleiben müssen, die ferneren Wirkungen dieses Modells vor allem auf Handels- und Zahlungsbilanz, Einkommensbildung und Ersparnis darzustellen. Das Problem der ausreichenden Ersparnis, d. h. der Kapitalbeschaffung, scheint sich im Rahmen eines derartigen Wachstumsverlaufs dann lösen zu lassen, wenn die jährliche Zunahme der Verbrauchsbereiche in der Grenze der genannten 6 vH gehalten werden kann. Sicherlich wird das Geldkapital während des Anlaufs eines solchen Programms aber nicht im Inland verfügbar sein. Bis zum Ausreifen der Investitionen, d. h. bis zum Produktionsbeginn der neu zu gründenden Betriebe wird daher ein hoher Kapitalimport erforderlich sein. Seine Größe wird entscheidend vom „timing" der hier nur für den gesamten 5-Jahres-Zeitraum behandelten Bruttoinvestitionen bestimmt werden.

Ist ein solches Modell nun nur lediglich in die Luft gebaut, auf dem Papier entwickelt und somit ohne Realitätsgehalt? Diese Frage ist sicherlich berechtigt. Für viele Entwicklungsländer wird ein Planen in dieser Form gewiß nicht zulässig sein. Aber vieles, was in diesen Ländern fehlt und vor dem ernsthaften Erwägen eines solchen Programms erst geschaffen werden muß, ist in Mauritius schon vorhanden.

1. Als wichtigstes hat das Volk von Mauritius einen vergleichsweise höheren Bildungsstand. Es gibt praktisch kein Analphabetentum, die Menschen bringen also die Voraussetzungen zum Aneignen der neu erforderlichen Fähigkeiten und Kenntnisse mit.

2. Die Grundvoraussetzungen jeder industriellen Tätigkeit, die Gewährleistung einer Versorgung mit Elektrizität und Wasser, innere Verkehrsverbindungen, d. h. eine tragfähige „Infrastruktur", ist vorhanden und wird weiter entwickelt.

3. Mauritius gehört nicht zu den Ländern mit einem chronischen Defizit der Handelsbilanz. Eine ausreichende innere Ersparnis kann daher durchaus zu einer Finanzierung des Importbedarfs an Kapitalgütern aus den laufenden Exporterlösen führen, d. h. eine ausreichende Selbstbeteiligung des Landes an einem derartigen Programm darf als möglich erachtet werden.

Hinderlich steht einer derartigen Entwicklung vor allem der Mangel an technischem Wissen und in der Kenntnis der Weltmärkte gegenüber. Der kleine innere Markt von gegenwärtig nur 700 000 Menschen zwingt dazu, beim Aufbau einer Industrie von vornherein auch Exportmöglichkeiten mit einzukalkulieren.

In beiden Fällen bedarf das Land dringender noch als bei der Kapitalbeschaffung der Hilfe von außen, der Unterstützung von Technikern und Ökonomen aus den Industrieländern. Der günstigste Weg in die Zu-